Dreimaster.

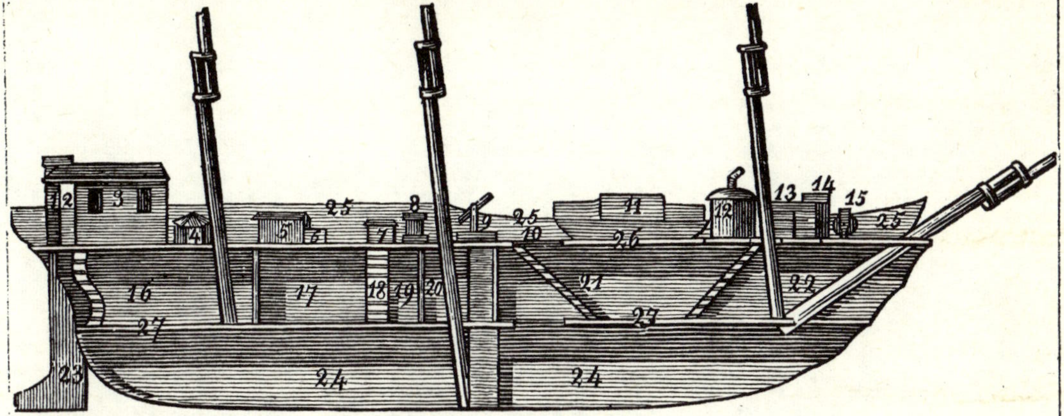

1. Zwei Abtritte der Cajütenpassagiere.
2. Zugang zu vorigen und Raum zum Rad des Steuerruders.
3. Zimmer des Capitäns und der Cajüt-Reisenden mit einer Treppe hinab.
4. Licht gebendes Gehäus z. untern Caj.
5. Ein gleiches zur zweiten Cajüte.
6. Kiste zu Aufbewahrung nothwendiger Matrosenwerkzeuge.
7. Eingang zur Cajütentreppe.
8. Windstock zum Ein- und Ausladen.
9. Doppelte Wasserpumpe.
10. Oeffnung zum Einladen der Waaren.
11. Schweine-, Küh- und Hühnerställe.
12. Cajütenküche. 13. Küche d. Reisenden.
14. Eingang in das Matrosenloch.
15. Windstock um die Anker zu lichten.
16. Männer-Cajüte. 17. Damen-Cajüte.
18. Cajütentreppe.
19. Bereitungsort der Speisen 2c.
20. Unser Raum.
21. Raum der übrigen Reisenden.
22. Matrosenhöhle. 23. Steuerruder.
24. Keller worin die Waaren verpackt.
25. Höhe des Geländers oder Bordes.
26. Verdeckboden
27. Zwischendeckboden.

Reisebericht

der

Familie Köpfli & Suppiger

nach

St. Louis am Mississippi

und

Gründung von New-Switzerland

im

Staate Illinois.

Sursee 1833

Neu-verlegt bei Herbert Lang

Bern, 1973

Das Originalexemplar für diesen Faksimile-Druck stellte uns freundlicherweise die Zentralbibliothek Luzern, Eidg. Sammelstelle für Helvetica vor 1848, zur Verfügung

1973

Verlag Herbert Lang & Cie. AG, Bern

Printed in Switzerland

Gesamtherstellung durch die Offizin Reda AG, Genf

ISBN 3 261 00897 0

Wahre Freiheit, Gerechtigkeit, Eintracht, und eine wohlgeordnete Zentralkraft; das ist die Grundfeste vereinigter Republiken, und weise, biedere Regenten die Krone derselben.

Washington.

Meinem
lieben Rolf
mit den besten
Geburtstagswünschen.

[illegible], 6.8.73 Jörg

Vorbericht.

Dieser Reisebericht und die anhangenden Briefe waren von den Verfassern nicht zum Drucke bestimmt, sondern nur für die zurückgebliebenen Familien derselben geschrieben; nur auf vielseitiges Ersuchen entschloß man sich, sie dem Publikum nicht vorzuenthalten. Dieselben sind abgedruckt wie sie geschrieben; nur Familienangelegenheiten enthaltende Theile sind weggelassen; aus diesem Grunde mag der Leser, wenn ihm Ausdrücke oder Schreibart nicht ganz gefallen, stets bedenken, das vor ihm liegende sei ein flüchtiges Tagbuch eines Reisenden und die Briefe nur an ihre zurückgelassenen Familienglieder gerichtet, der Ausgewanderten Schicksale und Lebensverhältnisse berichtend; daher soll dem Leser nur die Wahrheit die in diesem Schriftchen lebt werth sein.

Der Zweck dieses Schriftchens ist kein anderer, als vielen Freunden der Ausgewanderten derselben Reise und Schicksale zu erzählen, den Auswanderungslustigen über die Reise und ihre Gefahren zu belehren, ihm die aus der Erfahrung genommenen Lehren mitzutheilen, und im Ganzen manche schiefe Ansicht über Auswanderung, Ansiedlung, Landwirthsaft rc. zu erläutern.

Die Verfasser dieses Berichts und der Briefe haben ihrem Niederlassungsorte den allgemeinen Namen ihres alten Vaterlandes gegeben. Wenn wir den Hang zur Auswanderung und unsere Verhältnisse im Ganzen ins Auge fassen, so dürfte leicht in wenig Jahren aus dem Neu-Schwitzerlande etwas bedeutendes werden. Alle Ausgewanderten Schweizer, welche die Berichterstatter zerstreut in vereinigten Staaten Nordamerika's antrafen, fühlen im Ganzen sich glücklich, aber eines mangelt ihnen, es fehlt ihnen Centralisation. Sie vermissen gerne die alten gewöhnten Gebirgsgegenden, aber die Sprache der Väter, die Gebräuche der Heimath, das trauliche Beisammenleben mangelt ihnen. Diesem allem abzuhelfen liegt in dem Plan der Ausgewanderten und ist auch Ziel der schweizerischen Auswanderungsgesellschaft. Mit vieler Mühe, nach langem Herumreisen und Prüfen, haben die HH. Köpfli und Suppiger sich in einer Gegend niedergelassen, wo Klima und Lage ihren Wünschen entsprach. Tausend und tausend Acker Landes erwarten noch ihre Bebauer im Staate Illinois, daher entschloß man sich so viel als immer möglich die auswandernden Schweizer in diese Gegend zu leiten. Wie erfreulich muß es dem Schweizer sein, wenn er nach einer langen Reise in eine gesunde schöne Gegend kömmt, und da Schweizer findet, und die Sprache seiner Heimath, die religiösen und Familiengebräuche wieder hat; wie tröstlich dem Familienvater, wenn er im fernen Vaterlande wieder Schulen und religiösen Unterricht, wie in der Heimath trifft; wenn er weiß, daß wenn er in Noth oder Krankheit kömmt, seine Freunde für ihn und die Seinigen sorgen. Nur wenn dieses alles mit dem guten Boden, der Freiheit des Landes zusammentrifft, dann kann des Ausgewanderten Lage glücklich sein, und dieses Glück läßt sich leicht schaffen, nur müßen die Auswanderer sich in einer Gegend wieder finden, nicht vereinzelt im großen Lande sich verlieren, sondern ein Volk im neuen Vaterland bilden.

Was den Reisebericht und die Briefe betrifft, können im Falle eines Zweifels die Originale eingesehen werden. Joseph Suppiger, Sohn, hat das Tagbuch geführt.

Die Reisegesellschaft bestand aus Folgenden:

Hr. Dr. Kaspar Köpfli, Vater, mit Frau, drei Söhnen, einer Tochter und einer Magd.

Hr. Joseph Suppiger, Sohn, und dessen Bruder Anton.

HH. Joseph Vonarx von Stüßlingen, Kantons Solothurn; Sebastian Keller und Kaspar Helfenstein von Neukirch; Moritz Geißhüsler von Hildesrieden, und Alois Kappeler, Schreiner von Sursee.

Erster Theil.

Reise von Sursee bis Havre.

Freitag den 22. April 1831.

Am Tage unserer Abreise rückten wir mit dem Fracht-Wagen nach Sissach im Kanton Basel vor, was wir dadurch möglich machten, daß über den ganzen Hauenstein andere Pferde angespannt wurden.

Mir kam der Abschied gar nicht härter, als zu einer Reise von 6 — 12 Wochen. Eine gewisse innere Zuversicht, Euch meine Lieben wieder zu sehen, verdrängte meine Thränen. Schnelle und unvermuthete Entfernung mag aber am meisten dazu beigetragen haben. Ich grolle den Thränen der Freundschaft nicht, Dank sei den ungesehen geflossenen. Allein es ist doch immer besser sich das Herz nicht zu stark zu beschweren; es hilft im Grunde nichts. Da ich ohnedem die Absicht habe, sobald möglich wieder nach Hause zu kommen, war es für mich kein Abschied auf ewig.

Samstag, 23. April.

Bis zur Mittagszeit erreichten wir die französische Grenze bei St. Louis, dem alten Bourglibre. Nur die lästigen Kantonalzölle, fielen mir auf, welche den Transit der Waaren nicht nur belästigen, sondern höchst vertheuren.

Wenn ganz Frankreich nach Verhältniß in so viele kleine Theile zerbröckelt wäre, als man von Sursee bis Basel Stücke von Schweizerkantonen durchfährt, so würden Aus- und Eingangszölle, Brücken-, Weg- und Geleitgelder und wie man diese Prellereien überall heißt, mehr kosten als der Unterhalt unserer 7 Pferde. Wenn der Transit durch die Schweiz blühen soll, muß diese Belästigung weg fallen. Bis nur die Kosten so vieler Beamtungen von Aufsehern und Einnehmern herausgeschlagen sind, kostet es enorme Summen, die im Grunde keinem Fuhrmann und keiner Waare etwas nützen, im Gegentheil den erstern nicht wenig belästigen. Könnte man diese kleinen Posten nicht auf einen Punkt vereinigen? die Kantone unter sich die Zölle u. s. w. aufheben und einen gemeineidgenössischen Zoll zur Deckung der Straßenkösten errichten? auch die Verbindungsstraßen auf Gesammtkosten der Schweiz unterhalten? Allein so was werden wir schwerlich erleben. Das sind Luftbilder, die im veralteten Europa nicht mehr gedeihen können. Die alten verrosteten Vorrechte der Kantone gegeneinander sind so nachtheilig, als die der einzelnen Familien gegen ihre Mitbürger.

Nachmittags sollten nun auf der französischen Douane unsere Effekten durchsucht werden. Der Wagen wurde abgepackt; auf offener Straße stellten wir nebeneinander unsere Kisten in Reihe und Glied, alle Schlösser offen; der Visitator erschien. Die erste Kiste welche es traf, hatte oben auf viele neue Stiefeln und Schuhe. Schnell riß er das Papier von einigen weg, warf einen Blick darauf und fuhr uns mit den Worten an: „Das ist neue Waare, weg damit, diese kann nicht passieren!“ lief davon und stellte die Untersuchung ein. Daß wir hierauf ein wenig verblüft da stunden, ist leicht zu errathen, doch ich erholte mich bald, indem ich mich aufs gegebene Wort des Herrn Unter-Inspektors verließ, was er noch diesen Morgen mir mit vieler Freundschaft wiederholte. Dieser Herr, welcher die Oberaufsicht über hiesige Douane verwaltet, war gerade nicht da. Als er nach 3 Uhr erschien und unsere Effekten noch ununtersucht traf, obschon er Ordre hinterlassen, uns schnell zu spedieren, hielt er sich nicht wenig darüber auf. Das Blättchen wendete sich. Ein Douanier wurde zum Untersuche geschickt, ob bloß Kleidungsstücke und keine neue Waaren vorhanden seien. Dieser beguckte die Sache nur ganz oberflächlich. Von auspacken war gar keine Rede, mehrere Kisten, zu denen uns gerade die Schlüssel fehlten, wurden nicht geöffnet, und in Zeit einer Viertelstunde war der Rapport fertig. Es ward uns nicht nur freien Durchzug gestattet, und von den Lebensmitteln kein Zoll abgefordert, sondern der Hr. Unter-Inspektor versah uns noch mit einem Rekommandationsschreiben an die zweite Douanenlinie, um auch daselbst ohne fernern Aufenthalt durchziehen zu können. „Ich sehe wohl, sagte er, ihr seid keine Contrebandiers, sondern führt blos eure Effekten mit, und solche Leute bin ich befugt frei durchgehen zu lassen.“ Dies ist der erste Menschenfreund, welchen ich auf solchen Anstalten getroffen; er verdient Liebe und Achtung von seinen Mitmenschen. Er versteht den Sinn der Gesetze und urtheilt nicht nach dem todten Buchstaben; er unterscheidet Ehrlichkeit von Betrügerei und ist von Vorurtheilen frei. Er sieht ein, daß es Frankreich nützt, wenn die amerikanischen Colonisten durch dasselbe ihren Weg einschlagen. — Ohne Zweifel wird in Kurzem mehr für solchen Transit geschehen. Es stehen Männer an der Spitze Frankreichs, die den Vortheil ihres Landes gehörig zu schätzen wissen. Auch ist die Presse wieder frei. Man darf sicher erwarten, daß manche Stimme laut werden wird.

Nun kam es an den Frachtwagen selbst. Schon in Basel vernahmen wir, daß derselbe mit drei Pferden nicht unbestraft durchs Land gehe, und auch für zwei Pferde zu schmale Räder habe. Ich lief voraus und erhielt im Waghaus die Erlaubniß, den Wagen ohne Gefahr bis zur Douane zu führen. Das französische Wagengesetz ist im Grunde nichts weniger als drückend, für diejenigen welche es kennen; wird aber meistens irrig verstanden. Dies ist die Ursache, warum wir bei uns niemals richtige und genugsame Erkundigung darüber einziehen konnten. Meine folgenden Bemerkungen mögen daher nicht am unrechten Orte und für die Zukunft nützlich sein. Das französische Gesetz verlangt, daß an Lastwagen, nicht aber an Chaisen oder Char-à-Bancs u. dgl., aufs schmälste 2 Zoll breite Felgen sein sollen. Auf diese Breite darf aber nur ein Pferd vorgespannt werden. Die Last ist nicht vorgeschrieben; jeder ladet so viel sein Pferd ziehen kann. Vorspann darf keiner angewendet werden. Die Franzosen treiben es oft auf 25 — 30 Zentner. Um zwei Pferde vorspannen zu dürfen, soll der Wagen schon 4 Zoll 2 Lin. fr. Mß. breite Radfelgen haben. Sobald ein Fuhrwerk diese Breite hält, wird nicht mehr auf die Pferdezahl, sondern auf die Last der Ladung gesehen; denn diese ist es, welche die Straßen ruinirt, wenn selbe zu hoch getrieben wird. Die Franzosen halten dafür, daß man mit der Last, die ein einzelnes Pferd fortbringen kann (über Berg und Thal), die Straße nicht verderben könne, und daß wenn man für einen breiträderigen Wagen das Gewicht der Ladung bestimme, der Weg auch nicht mehr leide, ob man an denselben 2 oder 20 Pferde anspanne. Dies ist auch gewiß die richtigste Ansicht, verlangt aber Einrichtungen, um die Lasten zu wägen, die in Frankreich überall vorhanden sind, und den Fuhrmann keine fünf Minuten aufhalten.

Ein Wagen mit 4′ 2″ breiten Felgen darf 85 Zentner laden. Pferde dürfen vorgespannt werden, so viel man Lust hat; nur wer mehr ladet wird bestraft. (Die zwei Linien sind für das Ablaufen berechnet.) Von dieser Breite an darf mit der zunehmenden Breite der Radeisen auf jede Linie eine gewisse Anzahl Zentner mehr geladen werden, so daß die Last der Felgenbreite stets adequat bleibt. — Hierin wird nur derjenige Zwang finden, welcher das wohlthätige dieses Gesetzes nicht einsieht.

Was die Naben betrifft, so rührt dieses Gesetz von einem alten Gebrauche oder vielmehr Mißbrauche her. Ellenlange Naben zu führen, wodurch kleine Wagen oft so breit wurden, daß sie in engen Stadtstraßen nicht neben einander vorbeifahren konnten, veranlaßte manch Unglück. Dieses so wohlthätige Gesetz verlangt nun ebenfalls, daß die Radnaben über die Felgenflucht nicht mehr als 4 Zoll fr. Mß. vorstehen dürfen. Daß dieses der Solidität der Wagen keinen Eintrag thue, beweisen die französischen Fuhrwerke mit 8 — 12 Zoll breiten Rädern, auf welchen verhältnißmäßig ungeheure Lasten geführt werden.

Um also wieder auf unsern Lastwagen zurückzukommen, muß ich melden, daß derselbe beide Fehler hatte. Alter Wagen war keiner zu finden der die vorgeschriebene Form hatte, weil das Nabengesetz erst zwei Jahre besteht, und ein neuer Wagen würde uns 18 — 20 Louisd'or gekostet haben, weil alle neue Wagen hier stark mit Eisen belegt und ganz gegossenen Metallbüchsen versehen werden. — Während wir hin und her dachten, hin und her liefen, und zu keinem festen Entschlusse kommen konnten, langte auch die Reisekutsche an. Es waren auch Fuhrwerke vorhanden mit denen wir die Fracht nach Paris oder Havre hätten verdingen können, allein das Fuhrgeld kam zu hoch, weil die Ladung für französische Frachtwagen zu gering war; und ohne selbst bei unsern Effekten zu sein, würden dieselben nicht durchs Land gebracht werden können. Alle neue Effekten würden ausgeschlossen. — Froh durch die Angekommenen Rath zu erhalten, wurde beschlossen, die beim dortigen Schmiede Hrn. Lehmann aufgefundenen Postkutschenräder an unsern Wagen anpassen und die Achsen abnehmen zu lassen; was aber nicht wenig kostete. Der Akkord mit dem Schmied ward gemacht, bis Montags zur Mittagszeit soll der Wagen fertig stehen.

Sonntag den 24. April.

Weil am Sonntage in Basel die Comptoirs geschlossen bleiben und wir auf den morigen Tag unsere Wechselangelegenheiten verschieben mußten, brachten wir die Zeit theils mit Regulierung unsrer gegenseitigen Reiserechnung, theils mit der Versendung der Abschiedsbriefe zu. Auf den Abend traf Hr. Alois Kappeler ein, der sich als Reisegefährte uns anschloß.

Hr. Jakob Dommann, Vater, Hirschenwirth von Sursee, der uns gestern Abend unsern Reisegefährten Hr. U. Joseph Vonarx herbrachte, machte uns nicht geringe Freude. Seine freundschaftliche Theilnahme wird jedem im Andenken bleiben.

Montag, 25. April.

Unsere erste Sorge war die Wechselgeschäfte abzuthun. Die alte Redlichkeit und Freundschaft, welche das baselsche Handelshaus der HH. Gebrüder Iselin von jeher uns bewiesen, fühlten wir auch jetzt. Bis Nachmittags 3 Uhr war alles richtig; bis ans Gold wechselte ich alles aus; so meine Gefährten. Wir erhielten Wechsel auf ein Tag Sicht nach Newyork auf das Haus der HH. De Rhan, Iselin und Moore. Der amerikanische Dollar ward uns zu 36 Bz. berechnet; der Brabanterthaler zu 38½ Bz., und der französische zu 39 und der Fünflivrethaler zu Bz. 33¾ angenommen. Je nachdem der Cours steht erhält man auf die Brabanter ein Agio. Diesmal war es ¾ pr. % mit ½ pr. % Courtage, was auf bedeutende Summen beträchtlich ist. (Agio heißt dasjenige, was man auf eine Geldsorte die gesucht wird Aufwechsel erhält, und Courtage was der Auswechsler als Verdienst für sich fordert und vom Agio abzieht. Diese Auswechslung versehen in Basel meistens alte bekannte Juden; oft thun es die Handelshäuser selbst unter einander.)

Bei diesem wichtigen Geschäfte ist folgende Lehre genau zu beobachten. Bevor man die Wechsel kauft, erkundige man sich bei dem Wechselhause genau über den Cours des Geldes, was man immer auf einige Wochen ziemlich genau angeben kann, weil man bei großen Summen nur auf die verschiedenen Geldsorten einige hundert Franken verdienen kann. Hätten wir gewußt, daß die alten franz. Thaler zu 39 Bz. angenommen würden, und die Brabanter nur zu 38½, würden wir leicht auf diese Geldsorte viel verdient haben, da man selbe bei uns zu 39 Bz. hätte aufwechseln können. Hätten wir gewußt, daß auf die

Brabanterthaler $^3/_4$ pr. % Agio gegeben würde, so hätte man statt der franz. Fünflivrestücke diese Sorte vorziehen müssen.

Für Wechsel auf 60 Tag Sicht hätten wir am Dollar fünf Centimes verdient. Allein wir zogen vor in Newyork sogleich über unsre Gelder disponiren zu können.

Die Adresse des Hauses in Newyork ist wie oben bemerkt: „MM. de Rhan, Iselin & Moore." Alle Briefe an mich werden mir am schnellsten durch die Vermittlung dieses Wechselhauses zukommen, welche also den HH. Gebrüder Iselin in Basel zuzusenden sind. Alle Briefe die übers Meer gehen, müssen frankirt werden, daher Ihr mit diesem Hause in Basel über Unkosten und Briefporto Euch verabfinden wollet. Durch den gleichen Kanal werden später meine Berichte fließen.

Nachmittags besuchten wir noch Hrn. Prof. Troxler der uns gastfreundlich empfieng und uns bloß den Vorwurf machte, nicht eher zugesprochen zu haben, was wir deßhalb nicht gethan, um durch Verschiebung der Wechselgeschäfte nicht längere Zögerung zu leiden. Am späten Abend nahmen wir noch in Hüningen von diesem edeln Vaterlandsfreunde Abschied. Gerne würde dessen Gemahlin iezt schon uns nach Amerika gefolgt sein.

In Bourglibre zurückgekommen fanden wir unsern Lastwagen zum Abmarsch bereit, der inzwischen von den übrigen Reisegefährten wieder beladen worden. Der Pferdezoll ward entrichtet und auf den folgenden Morgen früh der Abzug bestimmt.

Bis diesen Nachmittag war die Witterung immer ziemlich günstig; auf den Abend aber trat heftiger Regen ein.

Dienstag, 26. April.

Eine Marschroute bis Havre wird hier nicht am unrechten Orte stehen. Dieselbe ist aus einem französischen Wegweiser und nach Poststunden die Entfernung angemerkt.

Von St. LOUIS oder Bourglibre nach

Les-trois-Maisons . —		4	Provins	4	94½
Altkirch	5	9	La maison rouge .	3	97½
Chavanne-sur-l'Étang	4	13	Nangis	3	100½
Belfort	4	17	Mormonet	3	103½
Champagney . . .	4	21	Guignes	2	105½
Lure	4½	25½	Brie-Comte-Robert .	4	109½
Calmoutiers . . .	4	29½	Gros-Bois	2	111½
Vesoul	3	32½	Charenton	3	114½
Pont-sur-Saône . .	3	35½	PARIS	2	116½
Combeau-Fontaine .	3	38½	Courbevoie	2	118½
Cintrey	3	41½	Herblay	3	121½
Fay-Billot	3	44½	Pontoise	2	123½
Les Griffonotes . .	3	47½	Bordeau-de-Vigny .	4	127½
Langres	3	50½	Magny	3	130½
Vesaignes	4	54½	Tilliers	4	134½
Chaumont-en-Bassigny	4	58½	Éconis	4	138½
Suzenecourt . . .	4	62½	Bourg-Boudoin . .	3½	142
Colombey-les-2-églises	2	64½	La-Forge-Foret . .	2	144
Bar-sur-Aube . . .	3½	68	Rouen	3	147
Vandeuvre	5	73	Barentin	4	151
Montieramé . . .	3	76	Yvelot	4½	155½
Troyes	4½	80½	Alliquerville . . .	3	158½
Les Grez	3	83½	Bolbec	2½	161
Les Granges	2	85½	La Rotte	3	164
Pont-sur-Seine . .	3	88½	Le HAVRE	4	168
Nogent-sur-Seine .	2	90½	Sursee nach Basel .	14	182

Heute war nichts als Regenwetter. Dieses, und noch ein kleines Uebel an einem Finger, so wie daß wir des

Morgens nüchtern von St. Louis abreiseten, wirkte so sehr auf unsre Frau Doktorin, daß wir glaubten sie werde erkranken. Allein es war leicht vorübergehend, und Stärkung durch ein Frühstück brachte alles ins Geleise. An diesem Tage rückten wir bis Chavanne-sur-l'Étang vor, von wo aus wir Euch die Schriften für die von Herrn Dr. Köpfli übertragenen Geschäfte übersandten. Ungehindert konnten wir überall durchziehen, nur hie und da forderte man uns an den Postorten die sogenanute Postgebühr (droit de poste) ab.

Es besteht nämlich in Frankreich eine streng geregelte Post-Ordnung. Jeder Posthalter muß zu jeder Zeit genug Pferde bereit halten, nicht nur um die regelmäßigen Postkutschen, sondern auch die Extra-Postea und Fuhrwerke der fremden oder einheimischen Reisenden zu jeder Tagesstunde eiligst weiter befördern zu können. Alles geht flugs von einer Station zur andern. Diese Stationen werden von der Regierung verpachtet. Zur Entschädigung dieser Pferdhalter, die bei Strafe nicht mehr als die gesetzliche Taxe fordern dürfen, für vorkommende Dienstleistungen, besteht das Gesetz, daß kein Lehnkutscher fremde oder einheimische Reisende durch Frankreich führen dürfe, denn auf jeder Poststation (2 kleine Stunden) per Pferd dem Posthalter 7 Sols zu zahlen. Mit eignem Fuhrwerk darf jeder fahren wo er will. Sobald wir uns also als Eigenthümer der Pferde und Wagen ausgewiesen, ließ man uns frei passiren. Dieß ist für die Reisenden zwar ziemlich lästig allein es ist Gesetz. Ein gemeiner Reisewagen würde nicht so viele Anfragen verursacht haben. Doch sah man uns überall sogleich als Auswanderer an: theils wegen dem Gepäcke auf der Kutsche, theils wußte man es deßhalb, weil dies Frühjahr ziemlich viel Colonisten durchs Land gezogen. — Ueber die Orte und Gegenden, die wir durchzogen, dürfet Ihr keine Beschreibungen erwarten; in gedruckten Reisebeschreibungen und Wegweisern kann man dergleichen genug nachlesen, die auch besser beschrieben, als es im flüchtigen Vorbeifahren möglich wäre.

Daß aber unsre Erwartug von Frankreichs Reichthum ziemlich getäuscht wurde, kann ich nicht unbemerkt lassen. Der Landmann scheint mir weit ärmer, lebt schlechter und wohnt in ärmlichern Hütten als bei uns. Der reiche Gutsbesitzer mag es um so besser haben. Auch herrscht große Unreinlichkeit bei den Bauern. Ungeheure Strecken durchwandert man, ohne ein einziges Haus zu sehen; alles scheint wie ausgestorben; selten erblickt man bei einem Landhause eine Scheune oder Stallung, so daß ich mir bis jetzt nicht vorstellen kann, wohin die Erndte der unermeßlichen Felder, die fast durchgehends angesäet sind, hin kömmt. Der Boden, den wir bis jetzt gesehen, ist gut, fruchtbar und leicht zu bearbeiten. Wenige Gegenden ausgenommen, sahen wir meistens nur mit zwei elenden Stück Vieh pflügen; sehr oft mit einem Pferde. Der Pflughalter macht zugleich den Fuhrmann. Wer sich zu dieser Nation und in diese Gegenden bequemen könnte, würde sich durch Landwirthschaft bald erschwingen. — Unsre frühere Meinung von der weit vorgerückten Civilisation Frankreichs verlor sich aber allmählig, und es befestigte sich mehr und mehr in uns die Ueberzeugung, daß die Franzosen ihr Eigenlob weit übertreiben, zu hochtrabend rühmen und Schönheiten und Freiheiten sehen, wo im Grunde ein unpartheiisches Auge sie oft nicht wahrnimmt, und bei uns gewöhnliche Sache ist.

Mittwoch, 27. April.

Ziemlich früh verließen wir heute wieder unser Nachtquartier und erreichten frühzeitig die Feste Belfort, welche frischerdings hergestellt wird. Ueberall kriegerische Zurüstungen und militärische Waffenübungen.

Hier versah man unsere zwei Wagen mit einer Aufschrift, daß wir die Eigenthümer davon seien; dieses sollte uns an den Postorten schneller vom Anhalten befreien. Die vom Hrn. Unter-Inspektor von St. Louis mitgebrachte Empfehlung that ihre gehörige Wirkung; ohne Umstände ließ man uns frei durchziehen. Nachts trafen wir in Lure, einer alten aber doch ziemlich bedeutenden Stadt, ein. Keine besondere Vorfälle, nur schlecht Wetter. Der Landbau wie bisher gleich; das Erdreich durchgehends röthlich, vom Eisengehalt. Ueberall beim gemeinen Volke die gleiche Dürftigkeit und Unreinlichkeit.

Donnerstag, 28. April.

Immerfort Regenwetter. Die Straßen fingen an eine erbärmliche Gestalt anzunehmen. Ungeheure Geleise erschwerten das Fahren. Die Straße ist durchgehends breit, aber wie es scheint von schlechter Materie gebaut, meistens weiße Kalksteine, wovon der zerriebene Sand durch Regenwetter sich leicht verschleimert, bei trockener Witterung aber wieder eben so schnell Staubwolken erzeugt. Gegen 4 Uhr Abends erreichten wir Pont-sur-Saône, ein Städtchen, das an beiden Ufern der Saone liegt. Eine schöne Brücke verbindet beide Stadttheile. Weil gerade der Regen etwas nachgelassen, trachteten wir noch weiter: ungehindert kamen wir durch. Außerhalb fängt die Straße ziemlich an zu steigen. Nach 8 — 10 Minuten Entfernung kam ein junger Bursche nachgerennt, aus vollem Halse rufend, daß wir das Postrecht zahlen sollten. Wir suchten ihm wie gewöhnlich verstehen zu geben, daß wir als Eigenthümer des Fuhrwerks und der Pferde nichts bezahlen müssen; er hielt sich zurück. Die Sache für abgethan betrachtend, ließen wir vorwärts bergan ziehen; nach kaum 20 Schritten erschien mit dem vorigen Burschen ein größerer Postknecht, der den Pferden sogleich in die Zügel fiel und uns nicht mehr vom Platze fahren ließ. Alles vernünftige Zureden, jegliche Erklärung war fruchtlos; die Gemüther beider Seiten erhitzten sich, und bald wäre es zwischen unserm Leibkutscher Helfenstein und dem Postillon zur Thätlichkeit gekommen. Die nacheilende Posthalterstochter vermehrte noch durch ihr arges Geschrei die Lebhaftigkeit des Auftrittes. Eine Menge Zuhörer umzingelte nach und nach unsern Wagen; sogar der Postmeister mußte kommen. Aber auch der war nicht vernünftiger. Entweder kannte er den Sinn des Gesetzes nicht; also ein dummer Kerl), oder wollte seinen Gang nichts desto weniger bezahlt haben und sich vor den umstehenden Leuten nicht beschämen lassen, (also ein schlechter Mann), kurz wir hatten keine andere Wahl, als zurückzukehren vor den Richter oder zu zahlen.

Etwa eine Viertelstunde vom Städtchen entfernt, die Nacht auf dem Halse, die Furcht, noch mehr Unkosten haben zu müssen, weil der Richter leicht uns hätte strafwürdig finden können, weil man überall lieber Fremde, als Einheimische auf die Nase wirft, alles bewog uns die Kleinigkeit zu bezahlen und die lästige Scene zu beendigen, da ohnedem wieder reichlich Regen vom Himmel stürzte. Das schadenfrohe Lächeln des Postmeisters und der umstehenden Gaffer bewies uns um so mehr das Bewußtsein seines Unrechts.

Dieses Abentheuer versäumte uns so lange, daß wir erst gegen 10 — 11 Uhr Nachts das Dörfchen Combeau-Fontaine erreichten. Ich lief eine Strecke vor, um ein Nachtquartier zu suchen. Die Garde nationale (Nachtwache), die mich in so später Stunde vermuthlich für einen Vagabunden ansah, fuhr mich ziemlich unsanft an. Bei der Ankunft der ganzen Reisegesellschaft ward dieselbe aber durch die Vorweisung der Schriften sogleich beruhiget. Bei Tage forderte man uns nirgends Pässe ab, wir machten es uns zur Regel, wenn immer möglich, nie mehr bei Nacht zu reisen. Das Nachtquartier war wie das letzte ziemlich gut; nur mit den Speisen hatten wir überall Anstände; da wir die ganz großen Hotels geflissentlich mieden, und die kleinern Gasthäuser beinahe überall manches zu wünschen übrig ließen, fanden wir auch selten etwas nach unserm Geschmacke. Hier trafen wir zwei Zürcher an, die mit großen Schafheerden nach Paris zu Markte zogen.

Freitag, 29. April.

Nur hie und da ließ dieser Tag einige freundliche Blicke sehen; besonders der Abend brachte starke Regengüsse. Es schien, als sollten wir in Europa noch alle möglichen Unbequemlichkeiten erfahren, daß alle Liebe an's alte Vaterland erlösche. Die Geleise glichen Schanzgräben, das Fuhrwerk litt ungemein. Wir rückten nach Langres vor, erreichten aber diese Stadt auch erst am späten Abend. Hier trafen wir wieder einmal leidentliche Kost, zwar nichts Ausgesuchtes; mit den gleichen Zuthaten würde man bei uns weit besser leben.

Samstag, 30. April.

Weil das beständige Regenwetter unserm Hrn. Doktor Catarrh zugezogen, ließen wir heute den Frachtwagen früher abziehen, damit durch langsameres Fahren des Wagens und der Pferde auf dem überaus schlechten Wege geschont werden könne, theils auch um dem Hrn. Doktor durch längeres Bettliegen zum Ausschwitzen seines Catarrhs zu verhelfen. Um 9 Uhr eilten auch wir mit dem Reisewagen nach, mit welchem wir bald die Vorangegangenen einholten. Immer noch nasses Wetter. Zwischen Chaumont-en-Bassigny und Suzainecourt schlugen wir in einem Dorfe unser Nachtlager auf.

Sonntag, 1. Mai.

Es schien heute, als wollte der liebe Gott mit etwas besserem Wetter das durch ganz Frankreich gefeierte Philippsfest des neuen Königs verherrlichen helfen. Ueberall hörte man das Trommeln der Nationalgarden. In einem elenden Dörfchen, wo die Gardisten keine Uniform vermochten, machten selbe doch mit alten verrosteten Gewehren und Säbeln Parade in dem Morgen-Gottesdienste. — In Bar-sur-Aube, einem artigen Städtchen, fehlte es weniger an Mitteln, das Fest zu verherrlichen. Nichts ward gespart; jedermann schien sich zu freuen. Am Abend hatten öffentliche Belustigungen, als: Tänze, Feuerwerke und dgl., statt. Dreifarbige Fahnen wehten vor jedem Hause. Mit einbrechender Nacht, wo wir in Vandeuvre Halt machten, wurden wir mit Regen begrüßt. — Das Logis war heute nicht übel.

Montag, 2. Mai.

Heute früh sollte der Wagen wieder einige Zeit voraus; aber bald war auch die Reisekutsche reisefertig. Kaum

200 Schritte außerhalb Vandeuvre begegnete uns schon der rückkehrende Unglücksbote Keller, und meldete: daß am Lastwagen, beim Herumwerfen in den tiefen Geleisen ein Lung ausgefallen, das hintere rechte Rad abgefallen, und die Achse zerschmettert sei. Der Stand des Wagens zeugte deutlich, daß nicht die Fuhrleute, sondern der schlechte Weg Ursache dieses Unglücks gewesen sei. Der Reisewagen wurde vorwärts ins nächste Ort beordert. Bühlmann, Kappeler und ich blieben nebst den 3 Fuhrknechten beim Wagen zurück. Sogleich wurde in Vandeuvre Schmied und Wagner hergeholt. Ohne abzuladen, was bei der ungünstigen Witterung unserm Gepäcke viel nützte, wurde die Ober- und Unterachse abgenommen, der Wagen unterstellt, mit einer Wacht zurückgelassen, und im Orte selbst schleunigst neu gemacht. Spät in der Nacht, unter heftigen Blitzen und Regenschauern wurde die neue Achse wieder an den Wagen befestiget; Alles billig, was vielleicht an hundert andern Orten schwer Geld gekostet hätte. Nachts 11 Uhr langten wir in gestrecktem Galopp, eine Stunde außerhalb Vandeuvre im nächsten Dorfe bei den Vorausgereisten an — ein östreichischer Tagsmarsch — eine volle Stunde Wegs.

Dienstag, 3. Mai.

Bei der Revue unsers Frachtwagens fand sich an der neuen Achse auf der gleichen Seite der Schild zerbrochen, auf welcher gestern das Rad abgegangen; er wurde sogleich zum Schmied beordert, um das Nöthige zu verbessern. Langsam und behutsam wurde vorwärts getrappt, obwohl wir am vorigen Abend in vollem Laufe hieher gezogen. Geißhüsler und ich begleiteten den Wagen. Nach 5 bis 600 Schritten, auf schöner Bahn, glitschte das Rad ab und paff, lag der Wagen wieder auf dem Boden. Die Unterachse blieb dießmal verschont, nur die Oberachse und die Gabel waren entzwei. Bis Nachmittags 1 Uhr war wieder Alles in Ordnung, nicht ohne Mühe; denn hier fehlten uns die gestrigen Arbeiter; doch auf gleiche Weise, ohne abzuladen, wurde die Sache wieder bewerkstelliget. — Von einer Wagenwinde wußte man hier nichts, auch fand sich kein rechtes Stück Holz hier. Was uns die Geschichte zu schanzen gab, verspürten diejenigen, welche dabei waren. Daß die heutige geringere Arbeit des Schmieds nach Verhältniß mehr kostete, als die gestrige, ist eben so bemerkenswerth, als zu wissen nöthig ist, daß der elende Meister nicht ein Stück neues Eisen hatte.

Nachmittag bewegte sich unsere Karavane wieder vorwärts bis auf ½ Stund vor Troyes etwa 5 — 6 Stunden vom letzten Haltort. So wenig wir diese zwei Tage vorgerückt sind, so wenig bedauerten wir doch deßhalb Zeit verloren zu haben. Es schien eine Fügung des Himmels gewesen zu sein, um unsere Pferde zu schonen. Einen Ruhetag hätten wir doch halten müssen, und wenn wir den Platz selbst hätten auswählen können, würden wir es vielleicht übler errathen haben; denn wir waren in dem elenden Dorfe recht artig und billig einquartirt. Diese zwei Rasttäge mögen uns an den Pferden mehr genützt haben, als alle Unkosten am Wagen betrugen.

Einige Stunden vor Troyes trafen wir in einer Pinte, in welcher wir gerade zu einem Abendtrunke Halt machten, einen Mann an, der sich Wirth des nächst an der Stadt gelegenen Dörfchens nannte, und uns einlud recht billig bei sich aufzunehmen, und versprach uns gute

Bedienung. Als wir bei demselben abstiegen und in der Küche nach Speisen fragten, war leider nichts vorhanden. Von Fleisch war gar keine Rede, so wenig, als in den zwei noch andern im Dorfe befindlichen Wirthshäusern. Hätten wir nicht schon die Pferde im Stalle, und unsere Effekten aus dem Reisewagen abgepackt gehabt, würden wir ohne anders noch nach Troyes aufgebrochen sein. Der für eine Weile unsichtbar gewordene Gastgeber schleppte endlich einige beim Nachbar aufgefundene Erdäpfel herbei, die unsere Leute selbst bereiten mußten; auch erhielten wir noch ein Bischen Butter und Brod. Die Lagerstätten waren schlecht, die Zimmer auf dem Erdboden hin feucht. Auch in der Küche stund nach allgemeiner französischer Sitte ein Bett, welches Herr Doktor mit seiner Frau besetzte. Geißhüsler und Vonarx hielten Wache; die übrigen lagerten nebenan in einem nassen Saale. — Gegen Mitternacht entschlummerte auch unsere Wache; nur die Wirthsmagd blieb heiter. — Auf einmal erschien die Dorfgarde, machte sich über die Ueberbleibsel des Tisches; das Zureden der Magd half nichts; endlich zog die Garde wieder ab. Nicht in geringen Schrecken geriethen die darüber erwachten Herr Doktor und seine Frau, die halb schlafend nicht wußten, was vorging. Kaum waren die Kerls verschunden, wurden wir geweckt und man erzählte uns den Vorfall. Herr Köpfli dessen Catarrh noch nicht nachgelassen, befand sich durch das feuchte Lokal, den Küchendunst und Rauch sehr übel. Die vorgefallene Geschichte wirkte ebenfalls auf ihn. — Kaum hatten wir zur Verluftung die Thüre eröffnet, erschienen die betrunckenen Kerls nochmals. — Laut Gesetz sollen diese Garden auch zur Nachtzeit in jedes Haus wo Licht bemerkt werde und die Thüre nicht geschlossen sei, das Recht haben einzudringen. — Trotzig verlangten sie nun unsere Schriften zu sehen, die ich anfänglich verweigerte und ihnen das unzweckmäßige Verhalten vorwarf. Um die Grobiane vom Halse zu schaffen, holte ich endlich unsre Reisepässe herbei, aber leider verstund selbe keiner zu lesen und buchstabirten ihnen verdächtige Orte und Namen daraus hervor, die sie in keiner Welt zu finden wußten. — Den französischen Reisepässen, mit den ausgestrichenen Linien nicht trauend holten sie sogar ihren Kapitain aus dem Schlafe herbei. Dieser gleich einem alten Dorfschulzen, trug ein blaues Küherhemd, so wie auch diese National-Garden keine Uniform hatten. Mit Hülfe seiner Nasenklammer fand endlich doch der Herr Kapitain unsere Schriften in Ordnung und strich sich auf meine Beklagung über das Betragen seiner Untergebenen so geschwind als möglich davon. Der inzwischen auch herbei gekommene Wirth, nachdem er den Verlauf der Sache inne geworden, schob aber die ungebetenen Gäste mit ziemlich unsanften Fußtritten zur Thüre hinaus. — Das heißt französische Polizei! — Nationalgarde! — Nachtwache! O du liebe Freiheit, wohin führst du deine unmündigen Söhne? —!

Mittwoch, den 4. Mai.

Daß uns die Sonne in unserm abentheuerlichen Quartiere nicht mehr lange beschien, darf ich wohl nicht erst sagen. Alle waren froh frische Luft zu schöpfen, welche auch unserm Patienten ziemlich zusagte. Wir spazierten nach Troyes hinein, hielten in dieser ziemlich wichtigen und großen Stadt einige Stunden an. Herr Doktor erholte sich bald wieder. Hier fanden wir ächten Champagnier. Strumpfweberei ist das Hauptgewerb dieses Ortes was die 5 bis 10 Schuhe langen rothen Aushängschilde auf 50 Schritte Entfernung erkennen lassen. — Heute hatten wir einmal einen freundlichen Tag. Hier beginnt auch das Straßenpflaster bis Paris. Eigentlich größere Vorstellung muß man sich davon nicht machen als es in der Wirklichkeit ist. — Es verhält sich so. Im Durchschnitt mögen die Heerstraßen in Frankreich 40 Schuh Breite haben, sind aber auch zweimal schlechter als unsere Schweizerstraßen. Mangel an guter Materie mag das Hauptübel sein, deßwegen muß es mehr der Nothwendigkeit, als Pracht zugeschrieben werden, daß rings um Paris herum auf 30 Stunden Wegs alle Heerstraßen mit Steinen besetzt sind, denn wenn man sich die ungeheure Volkszahl der Pariser vorstellt und bedenkt, daß alle Lebensmittel von außenher regelmäßig zugebracht werden müssen, und man annimmt (was wir aus den durchzogenen Straßen leicht folgern können), daß bei anhaltend schlechter Witterung die Straßen in Zeit 8 Tagen so zugerichtet wären, daß kein Lastwagen ohne Gefahr mehr durchkommen könnte, — wenn man bedenkt, daß auf solche Weise beim Zusammentreffen verschiedener unvorhergesehener Verhältnisse, Paris sehr leicht, wenn nicht in Hungersnoth, doch in eine plötzliche Theuerung gerathen könnte, so muß man erkennen, daß dieses Straßenpflaster zur Erhaltung der Einwohnerschaft von Paris ausschließlich nothwendig ist. Diese Steine sind aber nicht große Platten, wie man bei uns glaubt, sondern viereckige circa achtzöllige Würfel von weißen Kalksteinen, nicht behauen, sondern mit Hämmern zurecht geschlagen, so daß selbe ziemlich regelmäßig sind. Von der großen 40 Schuh breiten Straße ist aber nur auf deren Mitte eine 8 bis 10 Fuß breite

Bahn mit diesen Steinen besetzt, sie wird ziemlich fleißig verbessert. Es können aber mit Noth kaum zwei Wagen bei einander vorbei, und gewöhnlich weicht einer auf die Nebenstraße aus, die um so schlechter unterhalten ist, d. h. blos aus dem natürlichen Boden, ohne künstliche Anlage besteht. Die Pferde laufen sehr gerne auf diesem Pflaster, die Last fährt man richtiger, aber die Wagen müssen dauerhaft gebaut sein, sonst halten sie das Schlagen nicht lange aus. — So ungeheure Kosten die Unterhaltung dieser Straßen um Paris herum verursachen, halte ich doch das Quantum des Pflasters in Paris, (das aus gleichen Steinen besteht) für größer als aller übrigen 30 Stunden von Paris ausgepflasterten Straßen. — Man denke sich die enorme Summe, was dieses kosten mag! — und die ungeheure Anzahl der durch Menschenhände zurechtgeschlagenen Steine! —

Heute rückten wir auch nicht weiter als nach Les Granges vor. Vorzüglich auffallend war uns auf der Straße die herrlichsten Feuersteine zu finden, unter den Kalksteinen die an der Straße an Haufen zerbröckelt lagen. Eben so merkwürdig schienen uns mehrere Gebäude dieser Gegend, die ganz von einer Art Kreidestein aufgebaut waren. Wir sahen diesen Stein doch hauptsächlich nur für Ställe und Nebengebäude verwendet, weil er weich ist und allzugroßen Druck nicht aushielte. Er scheint am Wetter gerne aufzuspringen. In Le Grez ist die Stallung des Wirthshauses ganz damit gebaut. Die Kreide ist weiß und zum schreiben weich genug. Der heutige Tag blieb freundlich. Das Nachtquartier war artig. Keine Belästigung. Kein Unglück.

Donnerstag, den 5. Mai.

Heute wollten wir den Gesellschaftswagen erst gegen 10 bis 11 Uhr abgehen lassen, um unsern Reisepatron gänzlich zu restaurieren. Ich zog als Zahlmeister mit dem Frachtwagen voraus, in der Verabredung mit demselben so weit als möglich vorzurücken ohne auf die Uebrigen zu warten. Gegen 4 Uhr aber wurden wir schon wieder eingeholt und fast eine Stunde früher erreichte die Kutsche La Maison rouge, den Platz unsers heutigen Nachtlagers. Ein tüchtiger Platzregen durchnäßte uns noch am Ziele der heutigen Wanderung. — Gutes, aber sehr theures Quartier.

Freitag, den 6. Mai.

An diesem Tage wollten wir die Ordre des Vorigen wiederholen. — Heute wurde Herr Vonarx als Zahlmeister mitgesandt. Hier hätte ich viele Bemerkungen von fürstlichen Jagdgebäuden u. dgl. zu erzählen, aber ich habe schon gesagt, daß ich davon schweigen wolle.

Samstag, den 7. Mai.

Nachmittags erreichten wir zeitig Paris. Um der Durchsuchung auszuweichen, welcher alle in die Stadt gehenden Chaisen und Wagen unterworfen sind, fuhren wir rings um die Stadt, die sogenannten Barrières herum, und langten etwa nach zwei Stunden bei der Barrière la Chapelle St. Denis an, durch welche die Straße nach Havre führt. Unten in dieser Vorstadt bei der La ville Damiens nahmen wir unser Quartier, nicht wissend ob wir noch heute Paris verlassen wollten oder nicht. Letzteres war sonst der verabredete Plan, den wir wegen der Billigkeit und Artigkeit der gefundenen Wirthschaft umänderten.

Um so eher machten wir hier Halt, da wir fest entschlossen waren unsre Pferde in Paris zu verkaufen. Während nun jemand dem Frachtwagen entgegenging, fuhr ich in einem Fiacre in die Stadt auf die Post, zu sehen, ob kein Brief von Havre da sei, und besuchte sogleich Herrn N. Wüst, um von demselben allfällige Erkundigungen einzuziehen. — Von diesem vernahm ich auch die sichere Abfahrt der Dampfschiffe nach Havre. Wir begaben uns mitsammen ans Bord St. Nicolas wo diese Schiffe halten und erfuhren, daß gerade übermorgen eines abgehe, der Transit sei per Kopf 12 fr. de Fr. und für die Effekten per 100 Pf. 25 Sols.

Brief fand ich keinen auf der Post, aber die eingezogene Nachricht erfreute die ganze Reisegesellschaft nicht wenig, welche sogleich beschloß mit der ersten Abfahrt abzureisen. Die Dampfschiffe sollen von Paris 3½ bis 4 Tag gebrauchen; sind aber vielmehr für den Transport der Waaren, als für die Ueberfahrt von Leuten berechnet. Haben keine Cajüten, sondern nur den ziemlich hohen Waarenkeller und ein offenes Verdeck. Halten aber des Nachts an, wo sich die Reisenden einquartiren können. —

Gegen 4 Uhr langte der Frachtwagen auch glücklich an. Ich erkundigte mich auch, ob nichts ohne Untersuch in die Stadt hineingehe. Alle Lebensmittel und Kaufmannsgüter müssen verzollt werden, deßwegen ist in den Vorstädten ächterer Wein und billiger zu leben. Transit wird plombiert und mit einer Wacht bis ans andere Stadtende begleitet. — Was in der Stadt verladen wird, wie unsere Effekten, kann nicht als Transit betrachtet werden, man versprach uns dennoch das gleiche zu beobachten und unsere Wagen plombiert ans Bord zu begleiten. Dort ist stets eine Wache angestellt, die nichts hinzu und weggehen läßt, ohne Notiz davon zu nehmen. —

Sonntag, den 8. Mai.

Unsere dringlichste Beschäftigung war den Schiffs-Accord zu schließen und unsre Effekten an Bord zu bringen. Letzteres kostete nicht wenig Mühe, doch wurde endlich der Wagen in der Stadt-Douane plombiert und nach dem St. Nicolas-Bord begleitet. Da trafen wir eine Menge deutscher Auswanderer an, jedoch meistens Leute von solchem Schlage die uns wenig Respekt einflößten. Schon auf dem Wege nach Paris begegneten wir oft auswandernden Familien, mit ihren bedeckten Wagen. Daß aber ein so großer Zulauf von Auswanderern sei, bildeten wir uns nicht ein. Aber die meisten verließen ihr Vaterland ohne bestimmtes Ziel, ohne ordentliche Leitung. Viele wußten nicht einmal den Namen der Gegend, in der sie sich anzusiedeln gedachten, außer dem Namen Amerika schien ihnen die ganze neue Welt unbekannt. — Wenige mögen glücklich werden dachte ich, oder wenn dies dennoch geschieht, so muß die neue Welt Wunder wirken. Es waren meistens Würtemberger und Badenser, auch Baierer. Schweizer konnten wir keine finden, nur von einem Landammann aus Graubünden, von dem wir schon in St. Louis gehört, vernahmen wir durch einen jungen Graubündner, daß er vermuthlich über Land nach Havre gereist sei. — Auch dieser junge Mensch schiffte sich dahin ein.

Es war am Morgen noch nicht bestimmt, ob heute Abends oder erst Morgen früh das Schiff abgehen sollte, in jedem Falle rieth man uns, alles an Bord zu bringen und uns in Bereitschaft zu halten. — Hr. Joseph Köpfli und ich wurden bestimmt zum Verkaufe der Pferde und Wagen zurückzubleiben. Zum Füttern der letztern wurde uns Geißhüsler beigegeben. Kaum waren wir Nachmittag mit dem Einladen unsrer Effekten fertig, als es hieß, das Schiff gehe diesen Abend fort bis St. Cloud. Eiligst mußte uns ein Bote in unserm ½ Stund entlegenen Qartier abholen; auch sollte Geißhüsler der den Wagen hinausführte noch schnell die Pferdegeschirre auf einem Pferde herbringen, die wir noch zum Hinziehen des Frachtwagens brauchen mußten. — Dieser als alter Soldat war in Paris bekannt und kam leicht durch. —

Eben kamen unsre Leute an, Abends 6 Uhr, als das Dampfschiff zum abfahren bereit war. Ein zweites eben so großes Schiff wurde daran gebunden, beide mit amerikanischen Auswanderern, über 200 an der Zahl, angefüllt. Wir nahmen Abschied auf einige Tage. Keller und Helfenstein fehlten, für welche schon der Schifflohn bezahlt war.

Montag, den 9. Mai.

So sehr ich eines Theils um unsre verlornen Gesellschafter bekümmert war, hielt ich es doch für dieselben als eine treffliche Lehre. Sie hatten nun die schönste Gelegenheit die Größe von Paris kennen zu lernen. Weil ich eben in die Druckerei der täglich erscheinenden petits Affiches gehen mußte, um eine Verkaufs-Ankündigung unserer Pferde und Wagen aufnehmen zu lassen, so ließ ich mich durch Geißhüsler in den nämlichen Gassen herumführen, in welchen er sie gestern aus dem Gesichte verloren. Allein sie waren verschwunden, da wir selbe aber auch nicht im Todtenhause fanden, hielten wir fürs beste der Sache abzuwarten.

Wegen gutem Verkaufe hatten wir wenig Trost. Durch die Vertreibung des Charles X. sind so viele Pferde und Wagen um Spottpreise in Umlauf gekommen, daß nichts zu machen sei. Für die Lieferung ist hier wenig zu thun, auch besteht ein festgesetzter Preis von fr. 400 und für diese Summe möchte ich eben keine Pferde nach Paris führen, auch haben hierin die Großhändler der Stadt die Vorhand. Weil mit dem letzten König fast alle Karlisten aus der Stadt zogen, die früher am meisten Aufwand machten, weil auch diese ihre Pferde und Wagen verkauften, Bediente abdankten; weil seitdem der Handel in Paris sehr niedergedrückt ist und man überall nur von Mangel und Verdienstlosigkeit jammern hört; weil es bei dem jetzigen Zustande nicht lange bleiben kann, sondern jeder befürchtet, eine bald wiederholte Revolution würde ihm sein Eigenthum vernichten; alle diese und noch mehr solcher weils machen uns ziemlich gegründete Sorge, daß unser Pferdhandel keine 100 pr. % Interesse verschaffe.

Nachmittag brachte ein gewisser Bieler von Biel im Kanton Bern (der sich hier schon seit 13 Jahren als Schneidermeister etabliert hatte) unsre verlornen Söhne zurück, weil sie ihm sagen konnten, daß wir außerhalb der Stadt wohnen, gegen die Schweizerseite hin, und er sie durch mehrere Vorstädte in Kreuz und Quere führte, fanden sie endlich miteinander nach einem Spaziergange von 5 bis 6 Stunden unser Logis. Da Donnerstag wieder ein Dampfschiff abging, wurde ihre Abreise dahin verspart. Daß sie sich nun hüteten, nicht mehr zu weit von der Thüre wegzugehen, versteht sich.

Dienstag, den 10. Mai.

Bald stellten sich Käufer für unsere Pferde ein. Weil uns aber die schönsten herausgefischt worden wären, wenn wir einzeln verkauft hätten, so faßten wir den festen Entschluß alle in einen Kauf zu schließen, wofür Pferdehändler zugegen waren, die übrigens auch Stückweise eben so viel als andere Privaten darauf bothen. Es anerboth uns einer für sämmtliche 7 Pferde 110 Napoleons. Er soll der größte Pferdhändler sein. Wir glaubten den Preis zu niedrig und dachten noch warten zu müssen. Für Wagen und Chaise zeigte sich keine Seele. Der Wagen hatte ein armseliges Aussehen und nicht nach Landesart, und für solche Familien-Chaisen waren die Liebhaber mit dem alten König gestorben. — Ein gut Glück für uns daß die Pferde so schön aussahen, denn alle sieben waren besser am Leibe, als da wir von Hause wegzogen. Auch die Verkäufe der übrigen Auswanderer klingten noch weit trauriger als wir doch jetzt Hoffnung hatten.

Mittwoch, den 11. Mai.

Die Geschichte langweilt uns. Wir und die Pferde kosten täglich viel Geld und es ist besser ab der Kost zu kommen. Wir suchten diesen Morgen unsere Käufer wieder auf, allein weil ihm gestern bei der Lieferung von 40 Pferden nur etwas über die Hälfte angenommen wurde, war er nicht zu bester Laune. Wieder ein verdammter Handel für uns! — Nichts destoweniger kam er zu uns, ließ sich die Pferde nochmal vorführen, fand aber so viele Mängel auszusetzen, daß wir bedauerten ihm selbe nicht gestern überliefert zu haben. Eines, das kleine rothe wollte er nicht mehr, und für die übrigen 6 anerboth er

100 Napoleon, was uns genügen mußte. Wir hatten zwei Mäkler in Sold genommen, die vom Verkaufe ihren Lohn bekamen, diese riethen uns Morgens das letzte Pferd auf den Markt zu führen. —

Diesen Nachmittag wandten wir also dazu an das Kabinet der Kunsterzeugnisse zu besichtigen, und auf den Abend das Palais-Royal. Wenn man schon mehrere Monate aneinander sich im ersten aufhalten könnte, es reichte nicht hin, mit Nutzen alle Produkte der meisten Künstler, Fabrikanten, Mechaniker, Handwerker etc. zu besichtigen. — Denke man sich eine Sammlung von allem Möglichen, das durch künstliche Menschenhände ins Leben gerufen wird; jedes Fach hat sein Muster hier, wenn nicht möglich in großem, doch in verkleinertem Maasstabe. Vom Palais-Royal, welches Privat-Eigenthum des jetzigen Königs Philipp I. ist, und in welchem er noch wohnt, mag ich keine Beschreibung beginnen. Bloß damit Sie wissen, was man darunter versteht, will ich Ihnen sagen, daß es ein ungeheurer großer Palast ist, der außerhalb mit den Häusern anderer Gassen verwechselt wird, in seinem Innern aber (er macht ein längliches Viereck aus mit doppeltem Hofe) mit solch einer verschwenderischen Pracht ausgebaut ist, daß jedermann staunend ausruft, es giebt nur ein Palais-Royal in der Welt. Die Zimmer zur ebenen Erde, neben und unter-Hallen sind von Kaufleuten, Künstlern, Wechslern, Zuckerbäckern etc. besetzt, und mit allen erdenklichen Waaren und Kostbarkeiten ausgeschmückt. Alles was man wünscht kann man da haben. Vergnügungen und Waaren. Von diesem Gebäude zieht Philipp jährlich bei 8 Millionen Franken Miethzins. Hier sind auch die Roulettspiele aufgestellt etc. Allein ins Einzelne kann ich hier nicht eingehen. Alle diese Blätter würde man mit der Erklärung anfüllen.

Donnerstag, 12. Mai.

Während Hr. Jos. Köpfli heute auf dem Markte den Verkauf des übrig gebliebenen Pferdes besorgte, ließ ich unsere Kutsche an Bord St. Nicolas bringen, für welche uns Niemand irgend einen Anschlag machte. Gestern noch hatte ich den Akkord getroffen, daß die Schiffleute dieselbe für Fr. 15 nach Havre brächten; auch sollte heute Geißhüsler, den wir jetzt nicht mehr hier brauchten, mit den zwei übrigen abschiffen. Wie ich ans Bord kam und unsere Chaise besichtiget wurde, wollte man selbe nicht übernehmen. Mit Hülfe des Hrn. Wüst, welcher den Schiffsherrn recht tapfer ausschalt, daß er seinem Akkorde untreu werden wollte, brachte ich's endlich dahin, daß dieselbe für Fr. 30 angenommen wurde, und alle drei Reisegefährten fuhren Nachmittags mit dem gleichen Dampfschiffe ab.

Auf der Diligence sorgte ich sogleich auf Morgen Abends für 2 Plätze, weil fast jedesmal 2 — 3 Tage zum Voraus alle Plätze besetzt sind. Klägliche Sachen mußte ich vernehmen, als ich zum Mittagessen in's Logis kam; auf dem Markte galten schöne Pferde kaum 8 — 10 Napoleon, und Staatspferde Fr. 400. — Für den Frachtwagen zeigten sich auch keine Käufer; wir liefen zu mehrern Wagnern und Schmieden, um das Holz und Eisen anzubringen; Niemand hatte Lust. Auf den Abend sahen wir, daß unser Pferd an den hintern Füßen verletzt war und zu hinken begann.

Freitag, 13. Mai.

Gegen den Abend sollten wir verreisen, und hatten noch mehrere Geschäfte in der Stadt abzuthun, und noch nichts verkauft. Als ich früh Morgens in den Stall kam, war schon einer unserer Mäckler darin; ich traute dem Kerl nicht und glaube, diese Spitzbuben haben uns das Pferd hingerichtet; die Hinterfüße waren stark geschwollen, wir befürchteten daher es möchte steif werden. Es zeigte sich eine Mäcklerin für unsere Reste, wir gaben das Pferd für Fr. 140, und den Wagen für Fr. 80 her, bezahlten den Wirth, rafften unsere Bagage zusammen, und eilten über Hals und Kopf nach der Stadt, froh, noch so davon gekommen zu sein. Eiligst kauften wir noch einige Nothwendigkeiten an, besuchten Nachmittags mit Hrn. Wüst die Kunstausstellungen im Louvre, die Tuillerien, Bibliotheke, die Kirche Notre Dame, den Thiergarten und botanischen Garten, und das Museum; aber alles im Sprunge. Kaum hatten wir Zeit, die Zimmer zu besichtigen, denn alle Gegenstände zu sehen war unmöglich.

Erst jetzt bedauerten wir, das uns früher zum Eckel gewordene Paris schon verlassen zu müssen. Jahre reichen nicht hin, alle Merkwürdigkeiten darin kennen zu lernen. Die ungeheure Häusermasse langweilt besonders, da es nicht jedem gelingt, sich in den Gassen sogleich zurecht zu finden; aber bei Betrachtung der Gegenstände, die in den verschiedenen Kabinetten aufgestellt sind, verstreicht die Zeit, ohne daß man daran denkt. Wer noch in der letzten Stunde so viele verborgene Schätze, wie in einem Traume, an sich vorüber eilen sah, den muß der so schnelle Verlust des Genusses äußerst schmerzen. — Mit diesem Doppelgefühle verließen wir Paris; denn von unserer Exkursion zurückgekommen, stund der Postwagen zum Abmarsche bereit und rollte mit uns davon.

Einige Notizen über das jetzige Treiben in Paris

möchten hier mehr Interesse haben, als die Beschreibung seiner Merkwürdigkeiten, worüber Folianten die kleinsten Kleinigkeiten berichten.

Die Karlisten haben fast alle die Stadt geräumt, ihre Dienerschaft abgedankt, Pferde und Wagen verkauft, und sich entweder auf ihre Landsitze versteckt, oder außer Land begeben. Die Hinterlassenschaft Karls an Mobilien soll zur Deckung seiner Schulden zu Spottpreisen versteigert worden sein. Durch die Entfernung des alten Adels sind viele Leute brodlos geworden; diese bedauern den Sturz des alten Königs und so herrscht eine Doppelstimmung unter dem gemeinen Troß, daß die jetzige Ordnung ohne große Mühe nicht behauptet werden kann. Drei Partheien kämpfen mit einander, und jede hat ihre Anhänger. Nämlich erstens die Karlisten, welche noch immer mächtige Schützer, besonders unter der Priesterschaft hat; für diese schreit und jammert der durch ihren Sturz brodlos gewordene Pöbel, der sich nur die alten guten Brodzeiten zurückwünscht. Zweitens: die Philippisten, welche besonders die gemäßigtern Republikaner für sich haben; deren Anhang besteht hauptsächlich aus den Glücksrittern, die durch die Umänderung gewonnen, auch aus den Arbeitern derjenigen Fabriken, die hiedurch wieder in Schwung gekommen. Drittens: die Napoleonisten, welche den jungen Herzog von Reichstadt auf den französischen Thron wünschen. Diese Häupter scheinen eine Menge Anhänger im Solde zu haben, als Sänger, Markschreier, Komödianten, Bilder- und Liederkrämer, u. dgl. deren ganzes Treiben nur dahin geht, den Namen Napoleon zu verewigen und den Sohn beim Volke in Liebe und Achtung zu bringen. Wo man geht und steht wird man von dieser Klasse mit Anträgen belästiget. Meistens werden Schriften und Bilder unentgeltlich, meistens für Trinkgelder anerbothen. Der Hauptsammelplatz dieser Leute ist der Vandôme-Platz, bei der ehernen Säule Napoleons, deren Fuß über und über mit Kränzen umhängt war, daß man vom Bilderwerk nichts mehr sah. Dort hört man in fanatischem Feuer gesungene Freiheitslieder, Erklärungen der Säule, welche die Thaten Napoleons bildlich darstellen ꝛc. ja sogar den Herzog von Reichstadt rief man daselbst zum Könige der Franzosen aus. — Der Auflauf war vorgestern so stark, daß sich die Polizei mit Macht darein mischen und den Haufen zerstreuen mußte. — Die Zierden der Säule wurden weggenommen, und eine Wache versperrte von nun an den Zutritt zum Geländer.

Man fürchtet in Paris gegenwärtig schon für den Bestand vom Throne Philipps, und vereinigen sich die gesunknen Karlisten mit den Napoleonisten, so ists eben so schnell als mit Karl X. geschehen. Den neben an stehen noch die Demokraten, welche aus Frankreich eine repräsentative Republik zu stempeln wünschen. Mit den Napoleonisten werden sich diese leicht vermischen.

Der Pöbel in Paris scheint mir zu allem fähig. Strenge und gute Ordnung allein kann die Ruhe erhalten, aber soll diese dauernd werden, so muß für Handel und Gewerbe gesorgt werden. — In diese Zweige muß Leben gebracht werden, damit man die müßigen und brodlosen Hände in Paris beschäftigen kann, ums Geld sind diese feil. — Philipps Regierung scheint mir ziemlich milde und weise darauf berechnet, das Zutrauen der Franzosen sich zu verschaffen. Nächsten Sonntag hält er persönlich Revue über die hiesige Nationalgarde. — Auch will er im Reich herumreisen; seine Gegenwart wird ihm viele Gemüther gewinnen. —

Hier eine Anekdote, die über die Art der Franzosen, mit welchen sie das Publikum in Bewegung zu bringen suchen, und über den Grad ihres Fanatismus, einiges Licht ertheilt. — Bei einer meiner Wanderungen durch die Gassen von Paris sah ich einen betagten Mann. Seine Kleidung hatte einige Stücke eines alten Soldaten. — Er kniete auf dem Boden, lehnte sich mit dem Oberleibe, den Kopf auf seine Hände gestützt, an die Ecke eines Hauses und weinte! — über was? Auf dem Boden vor ihm lag im groben Holzstich, ein Bild vom Diktator Napoleon, zum Verkauf auf dem Pflaster ausgebreitet. Dieser Mäkler zeigte so gefühlvollen Antheil am Verluste des Vaterlandshelden, daß er vor lauter Gewinnsucht Thränen erpreßte und so die Vorübergehenden zum Kaufe seiner Waare zu bewegen suchte.

Ein honett gekleideter Mann, der eben vorüber ging, lächelte, auch ich. — Aus diesen Zeilen möget Ihr den Zustand von Paris selbst beurtheilen, ich fahre mit meinem Tagebuch fort.

Samstag, den 14. Mai.

Die ganze Nacht rollte der Wagen mit ungeheurer Schnelligkeit fort. Bis heute Abends sollen wir schon in Havre ankommen. Auf die Person kostete der Platz fr. 30. Der Staub war eine schreckliche Plage, denn seit der Ankunft in Paris hatten wir schön Wetter. Von den während der Nacht durchzogenen Orten kann ich nichts erzählen. Es wurde ein Halt gemacht, um bei den Stationen schnell die Pferde zu wechseln bis nach La-Forge-

Feret, wo man frühstückte. Um 8 Uhr trafen wir schon in Rouen ein. Hier hielt die Post eine Stunde an, die wir zur Besichtigung der Stadt verwandten. Die Stadt-Fronte gegen den Fluß ist schön, meistens neue Gebäude, die übrigen Stadtgassen enge und finster. Am Bord lagen unzählige Schiffe von aller Art, denn Rouen ist eine der bedeutendsten Handelsstädte Frankreichs und ziemlich große Meerschiffe können bis hieher die Seine hinauffahren. Eine herrliche steinerne Brücke aus Napoleons Zeiten, mit zwei Bögen, und eine alte Schiffbrücke verbinden das jenseitige Ufer mit der Stadt; dort ist die Häuserzahl unbedeutend. — Um 9 Uhr hieß es wieder fort. Lange zog sich die Straße in einer Ebene fort, links und rechts mit Häusern besetzt. Hinter den letzten Häusern bog sie sich auf einmal in einen rechten Winkel. Der Condukteur öffnete den Kutschenschlag und bat uns auszusteigen; wir befanden uns am Fuße eines steilen Berges. Es ist Mode bei den französischen Deligencen bei steilen Abhängen die Reisenden zum Laufen zu bitten, was jeder gerne thut. Denn Tag und Nacht in einem solchen fahrenden Futerale zu sitzen, ist keine Kleinigkeit. — Hier hatte das Land ein besseres Aussehen, auch Obstbäume. Es wird hier viel Apfelwein getrunken. Er ist nicht übel und billig. — Etwas nach 6 Uhr fuhren wir in Havre ein. Am Thore wurden unsere Päße besichtiget, doch sogleich zurückgestellt. Vor dem Posthause erwarteten uns schon die vorausgegangenen Reisegesellschafter.

Wie erstaunt vernahmen wir auf die Frage, ob wir Morgens verreisen könnten, daß es noch nicht an dem sei, daß unser Hr. R., auf den wir uns verlassen zu können geglaubt, weder für die Schiffsplätze, noch für ein Logis gesorgt habe. Uebermorgen fahre wohl ein Postschiff ab, das aber mit Reisenden voll besetzt sei. Wir mußten auf die Abfahrt des nächsten Paquetbootes bis zum 1. Juni warten, dafür sei gesorgt. Die Ueberfahrt koste pr. Kopf fr. 150 und für uns sei fr. 300 vorbezahlt worden. Sich ins Schicksal fügen war das Beste was man thun konnte; auch überzeugten wir uns, daß 2 bis 3 Tage nicht hingereicht hätten, um sich auf's Schiff zur Reise gehörig zu verproviantiren.

Mit einem Quartier hatten die unsrigen viele Noth. Durch die unzählige Menge Reisender war alles besetzt. Herr Landammann Hitz, der sich mit den unsrigen auf dem Dampfschiffe befand, und auf der Reise von Paris hieher mit ihnen bekannt wurde, hatte ein Freund, Namens Herr Jenny (ein Glarner Bierbrauer und Wattenfabrikant) der hier für ihn ein Logis gemiethet hatte. Dieser gute Mann, von welchem später mehreres in meinem Tagebuche vorkommen wird, erlaubte den unsrigen sich zu ihm einzuquartieren, obwohl er eine zahlreiche Familie bei sich hatte. — Sie wurden mit dieser Familie um so eher bekannt, da die ganze übrige Dampfschiff-Gesellschaft meistens aus solchen Subjekten bestund, die man bei uns zum Auswurfe der Menschheit rechnet. Es sei das größte Glück gewesen einen vernünftigen Kapitain zu erhalten und schönes Wetter zu haben. Denn bei den unreinlichen, schmutzigen, abstoßenden, zerlumpten und groben Leuten im Schiffsraume, wo sich ein pestilenzialischer Gestank erzeugte, hätten die unsrigen erkranken müssen.

Man fügte sich nun so gut möglich zusammen. Eine Küche, Stube, zwei kleine Nebenzimmer und eine Dachkammer war das ganze Logis für 24 Personen. Für unsre größten Effekten räumte man einen Platz in einem Magazine ein. Unsre Wohnung war wirklich so ökonomisch benutzt, daß ich mich nicht enthalten kann, diese Vertheilung in meinem Tagbuche zu bemerken. — Da ohne dem die Landreise fertig ist und die Zurüstungen zur Seereise beginnen.

In dem kleinsten Nebenzimmer, von welchem die Thüre wegen dem darin aufgestellten Bette nur zur Hälfte geöffnet werden konnte, lag Herr Dr. Köfli, in meinem mitgebrachten Kunstbette (denn er hatte die meiste Erhohlung nöthig) schrege mit den Füßen unter dem Gestelle durch hinter der Thüre auf einer Matratze am Boden dessen Frau und Tochter. — In dem daranstoßenden zur Hälfte größern Gemache schliefen Herr Hitz und Frau, dessen Sohn und Frau mit noch zwei kleinen Kindern. In der Wohnstube, die zur Tagszeit geräumt wurde, lagerten sich vier Töchter des ältern und zwei Töchter des jüngern Hr. Hitz, nebst Hr. Doktors Magd und die Frau Meuli (eines Reisegesellschafters von Hrn. Hitz). In der Dachstube, die gerade zwei Schuh breiter als unsere Matratzen lang und so lange war, daß man 4 Matratzen nebeneinander legen konnte, lagerten sich die drei Söhne vom Herrn Doktor, unser Bonarx, ein Herr Doktor Lüthy, der in Gesellschaft des Hrn. Hitz reisete, mein Bruder und meine Wenigkeit. Ueberdies noch in dem einem Winkel ein Bergknappe, Abraham Ambüel, aus Graubünden, im andern ein Italiener, Namens Toscan. Ersterer gehörte zum Gefolge des Herrn Landammanns und Letzterer zu Herrn Meuli, der in einem andern Quartier sich aufhielt. — Eben so mußten unsre

Landsleute Kappeler, Keller, Helfenstein und Geißhüsler ein anderes Quartier beziehen. — Es versteht sich von selbst daß unsere Strohsäcke und Matratzen alle auf dem Boden lagen.

Sonntag, den 15. Mai.

Hier wurde nun ein Theil unsrer Reisegesellschaft aufgelöst. Die Rechnung wurde abgeschlossen, den Hrn. Kappeler, Keller, Helfenstein und Geißhüsler, welche ihr Reisegeld an Herrn Köpfli abgegeben hatten, ihren Restanz ausgeliefert (d. h. an Helfenstein und Geißhüsler erst bei der Abfahrt des Schiffes) und so sorgte nun für seinen Lebensunterhalt ein jeder für sich so gut und wohlfeil er konnte.

Die Reisekosten für den Lebensunterhalt und Logis stieg auf die Person bis hieher auf fr. 132 89 c. de Fr. Für die Theilhaber am Fuhrwerk stieg es um soviel höher, was der Verlust an Pferd und Wagen betraf und die Anschaffung derselben und der Unterhalt zu Hause, betraf. Dieses letztere belief sich pr. Kopf auf fr. 19 96 c. was mit dem Verluste an Pferd und Wagen (inclusive des Zolles in St. Louis) pr. Kopf fr. 74 c. 94, somit im Ganzen auf die Summe von fr. 226 89 de France anstieg. Besondere Unköſten hatte ein jeder für sich zu bestreiten.

Urtheil über diese Art zu reisen.

Obwohl ich eigentlich die Kosten-Summe nicht übertrieben finde, so glaube ich doch, daß diese Reise durch Frankreich, wenn nicht angenehmer, doch schneller gemacht werden könnte. Es wäre leicht möglich, daß man ein andermal einen günstigern Zeitpunkt zum Verkaufe von Pferd und Wagen treffen und somit noch etwas dabei verdienen könnte, allein eigenes Fuhrwerk verursacht doch immer viele Mühe und Unannehmlichkeiten. Ich meines Theils würde folgende Reiseart vorziehen, welche in Zukunft, bei der Eröffnung des Transits durch Frankreich möglich wird, was bis jetzt nicht angegangen wäre.

Ohne Zweifel werden in Zukunft Frachtfuhren von Havre bis Basel regelmäßig fahren, weil der Verkehr mit Nordamerika es erfordert und dies der beste und kürzeste Weg ist. Dann wäre das Gepäcke von St. Louis nach Havre durch diese Fuhren zu spediren. Weil die Rückfuhren von Basel nach Havre weniger zu laden erhielten, glaubt man, würde sich der Centner zu fr. 6 höchstens fr. 8 de France accordiren lassen. In Havre ließe man dasselbe an ein Speditionshaus abgeben. Die Personen, welche nun blos für kurze Zeit die nothwendigsten Kleidungsstücke bei sich hätten, was in der Deligence frei durchgeht, benutzten diese Gelegenheit, mit welcher man in 3 Tagen in Paris und von da in 1½ Tag in Havre ist.

Damit die Reise nicht zu strenge wäre und man sich auch eine Zeit zum Ausruhen verschaffen könnte, würde ich selbe in 3 Stationen vertheilen und in Troyes und Paris nach Belieben einige Tage Halt machen. — Das Postgeld (inclusive des Trinkgeldes für die Postillons) würde pr. Kopf circa 70 bis 72 fr. betragen. Auf die Reisetage würde der Unterhalt (pr. 4½ Tag) 18 fr.; für 6 bis 8 Tag Aufenthalt in Troyes und Paris höchstens 40 fr.; circa 3 Centner Bagage Fracht à 8 fr., 24 fr. kosten. Summa 154 fr. de France.

Mit diesem Betrage könnte sich aber jeder ziemlich wohl sein lassen. Am Lebensunterhalt könnte vielleicht noch etwas erspart werden, doch wenig.

Würde man aber dennoch vorziehen, mit eigenem Fuhrwerk zu fahren, so würde ich artige aber ganz wohlfeile Pferde anschaffen, so daß im schlimmsten Falle wenig daran verspielt werden könnte, d. h. doch keine Schindmähren. Das Fuhrwerk würde am besten nach Art holländischer Reisewagen eingerichtet, nämlich eine Art gedeckter Rennwägelein. Dabei hat man auf keine Räderbreite zu sehen, wenn nur 1 Pferd vorgespannt wird und kömmt überall ohne Anhalt durch. Die Ladung müßte also gerade für 1 Pferd eingerichtet werden, dann hat man keine Last, welche das Fuhrwerk hinrichtet. Würde man sogleich etwas Kochzeug mitführen, um in den armseligen Landwirthshäusern Frankreichs selbst zu kochen, so könnten weniger bemittelte Familien gar billig durchkommen. Solche Wagen bringt man ohne große Kosten über Meer und sind selbe gut und solid gebaut, so ist man in Amerika froh darüber, weil solche daselbst viel mehr kosten. — Gewöhnlich zahlen die Reisenden für solche Wagen nichts, weil selbe wenig Raum einnehmen wenn sie auseinander gelegt sind.

Zweiter Theil.

Reise übers Meer nach Newyork.

Sonntag, den 16. Mai.

Heute sollte eigentlich das Postschiff abgehen, aber gewöhnlich verzögert sich die Abfahrt einige Tage, doch fing man an einzuladen. — Ich brachte heute die Zeit mit Besichtigung des Hafens und der darin liegenden Schiffe zu. Havre soll einen der vorzüglichsten Hafen besitzen, weil er die Einrichtung hat, daß auch zur Zeit der Ebbe die Schiffe im Wasser bleiben können. Er ist nämlich durch Kunst mitten in die Stadt geführt, so daß der größte Theil der Stadt gleichsam eine Insel bildet. An den Enden dieser künstlichen Bassins sind Schleußen, wie an Kanälen, welche den Rücktritt des Wassers sperren, so daß vor dem Hafen zur Ebbezeit alles trocken liegt, während die Schiffe im Hafen im Wasser bleiben. Dieß ist auch ein Werk von Napoleonszeiten. — Mitten in der Stadt wimmelt es daher von Mastbäumen und Segelstangen, daß man einen abgestorbenen Wald vor sich zu sehen glaubt. Lange lief ich herum, die großen Meerschiffe die schwimmenden Städte, wie ich mir vorstellte, aufzusuchen; denn ein Gebäude das etwa 2 bis 300 Personen beherbergen kann, muß ziemlich lang sein und manche

Stockwerke haben. Ich machte den ganzen Kehr im Hafen und unter den unzähligen Schiffen konnte ich keines finden, das ich für ein Meerschiff qualifizieren konnte. Wie ich nun nach den Postschiffen fragte, oder nach den Newyorker Paquetbooten, die sich vor allen andern an Größe und Schönheit auszeichnen sollen, zeigte man mir zwei Schiffe, wie deren auch vor unserm Hause lagen, nur niedlicher gemalt. — Freilich waren noch viele Fahrzeuge da, die kleiner und leichter schienen und wie jene drei, nur zwei oder gar nur einen Mastbaum hatten. Diese hielte ich nur für Flußschiffe und konnte es nicht glauben daß man sich mit solchen auf die hohe See wage. Unbekannt mit dem Seewesen, was durch die zu große Entfernung nicht anders möglich ist, und das Lesen mancher Geschichten, die von schwimmenden Palästen mit mehreren Stockwerken reden, bilden oft bei dem Menschen Ideen, die in der Wirklichkeit sich nicht vorfinden. Da ich später oft von den verschiedenen Arten der Schiffe zu reden Gelegenheit habe, will ich den Raum hier für andere Gegenstände benutzen.

Dienstag, den 17. Mai.

Nirgends ist vielleicht Ebbe und Fluth bemerkbarer als in den französischen Seehäfen. Je nach dem Stande des Mondes, welchem man auch diese Wirkung zuschreibt, steigt hier die Fluth von 12 bis 18 fr. Fuß, so daß die Schiffe über Stellen hinfahren, die bei der Ebbezeit 6 bis 8 Fuß über dem Wasser stehen.

Ich habe für mich am besten gefunden, bei einem Traiteur die Kost zu nehmen. Auf diese Art kann man hier äußerst billig leben. Viele Lebensmittel sind bedeutend wohlfeiler als im übrigen Frankreich. Hauptsächlich gilt dieses von Milch, Butter und Brod. Fleisch ist ziemlich theuer. — Ich bezahle pr. Tag 30 Sols Kostgeld, oder pr. Essen 10 Sols. Ein täglich lebhafter Gemüsmarkt versieht die Einwohner mit allerhand Lebensmitteln.

Die Stadt Havre scheint mir sehr fest. Sie hat zweifache und an etwelchen Stellen dreifache Schanzgräben die stets Wasser führen; die Schanzen sind gut erhalten. Wirklich sind keine Truppen da, die National-Garde versieht die Wachen, doch herrscht ziemlich gute Ordnung. Die Gassen sind ziemlich regelmäßig angelegt, auch ist für Vergrößerung gesorgt, die Straßen alle sind schön geordnet. Nur findet man in Havre wie meist in dem modetönenden Frankreich keine Abtritte, dafür ist die weite Welt bestimmt, oder ein Nachtgeschirr. — O tempora, o mores! — In guten Zeiten dürfte Havre bald doppelt so groß sein. Die Stadt liegt ganz eben. Außerhalb, dem Festlande zu, geht es sogleich bergan, und wie mit Havre zusammengebaut scheint Engoville, wo ein Erziehungs-Institut vorhanden. Auf der Anhöhe daselbst genießt man eine überraschend schöne Aussicht über die Stadt, deren Umgebung und den angrenzenden Ocean im Hintergrunde. Wer noch nie am Ufer des grenzenlosen Meeres gestanden, bei dem weckt es sicher zum erstenmale den Gedanken an Gottes Größe in seiner unendlichen Schöpfung.

Mittwoch, den 18. Mai.

Heute zur Mittagszeit soll das Postschiff, der François I. abgehen. Daß wir auch hingingen, die Einrichtung zu sehen, um zu wissen, was uns für ein Schicksal gewärtige, versteht sich von selbst. Aber lange konnten wir es nicht ausdauern. Mit Schrecken bebten wir zurück. Das Schiff war vollgepfropft und die Reisenden schienen uns kein besseres Loos zu haben, als man bei uns von den Sclaven erzählt. Nur die Freiheit, für sich selbst zu sorgen, ließ man ihnen noch, was vielleicht ihr Geschick noch verbittert. — Der Schiffsraum, in welchem diese Auswanderer verpackt waren, hielt etwa 22 bis 24 Fuß Breite, und 44 bis 50 Fuß Länge. Rings an den lichterlosen Wänden herum waren circa 5 Fuß breite und 5½ Fuß lange Cabanen angebracht, und zwar doppelt übereinander. Die Höhe des Zimmers mag etwa 6 bis 6½ Fuß betragen. Unter der untern Cabane oder Bettbritsche war ein Raum von 1½ à 2 Fuß Höhe gelassen um die Kisten der Reisenden unterschieben zu können. Nicht genug mit diesem, auch die Mitte wurde noch mit zweifachen Doppel-Cabanen ausgefüllt, so daß zwischen denjenigen, so an die Wand stoßen und diesen mittlern ein Raum zum Durchgehen von 2½ bis 3 Fuß übrig blieb. Man stelle sich nun diesen Raum mit 160 Reisenden und ihrem Gepäcke und Lebensmitteln auf 60 Tag besetzt vor, wo kein ander Licht und keine andere frische Luft eindringt, als durch zwei Löcher, durch welche man die Kaufmannsgüter einladet, und wo jetzt zusammen genagelte Bretterstiegen angebracht waren, — man wisse ferner, daß bei Regenwetter diese Löcher auch noch geschlossen werden und sich die Einwohner wie in einer unterirdischen Grube, durch eine Laterne einiges Licht verschaffen müssen, — man füge der Unreinlichkeit der Kinder und vieler großen Personen noch das unausbleibliche Uebel der Seekrankheit zu — wem sollte nicht die Haut schaudern, wenn er ein solches Schiff fortsegeln sieht.

Viele weinten und wollten ihre Plätze andern abtreten, mehrere der besseren Reisenden verzweifelten fast. Einige verkauften um den halben Preis ihre Plätze. Die meisten waren zu arm, ein solches Opfer zu bringen, indem all ihre Hoffnung damit aufgerieben wäre. Das Fahrgeld war ohne dem dies Jahr höher als sonst. Viele Familien-Väter hofften mit 70 bis 80 fr. pr. Kopf durchzukommen und nun mußten sie fr. 150 zahlen, und fanden sich entblöst am Vermögen bevor sie Europa verlassen. —

Um 12 Uhr verließ das Schiff den Hafen. Zu gleicher Zeit noch ein kleineres Fahrzeug auch für Newyork und ein drittes größeres für Neu-Orleans.

Also in einem christlichen Staate von Europa, und in demjenigen, welcher am meisten über Rettung und Erhaltung der Menschenrechte schreit, verpackt man noch auf solche Art Menschen für ihr eigen Geld! O Frankreich! O Menschheit! — Hören und Sehen verging uns bei dieser Geschichte. Uns war bange um die eigene Haut. Ich bin versichert, daß jeder von uns, wie ich innerlich vor Gott schwor, sich nicht so verpacken zu lassen, und sein Leben aufs Spiel zu setzen. Zwar banden uns die erlegten 300 fr. ans nächste Postschiff, allein auf 32 Personen vertheilt, die es anging, traf es pr. Kopf kaum fr. 10 und lieber diese als sein Leben im Stiche lassen. Nicht nur innerlich im Stillen, sondern auch offen ward der Entschluß gefaßt uns eine bessere Ueberfahrt zu verschaffen. —

Aber, wird mancher fragen, giebt es denn auf den Paquetböten keine bessere Plätze? — Ja freilich, aber für besseres Geld. Die Cajütenplätze mit der Kapitainskost, ohne welche kein solcher Platz zu haben ist, kostete jezt nicht weniger als fr. 750 ohne das Trinkgeld, welches die Huarte erwarten. Man rechne z. B. die Summen, welche nur die Familie Köpfli ausgegeben hätte! — Für einen Familienvater und Leute die nichts zu verschwenden haben sind diese Kabinette zu theuer, und billiger ließ sich dießmal nichts auffinden, weil Reisende genug vorhanden und Mangel an Fahrzeugen war. —

Wir gingen sogleich zu Hr. Barbe, welcher die Paquetboote befrachtet, erklärten ihm sogleich, daß wir uns nicht so verpacken lassen und den Platz zu sehen wünschten der für uns bestimmt sei. Wir würden gerne fr. 1000 oder 1500 de Fr. mehr aufopfern, wenn wir nur das hintere Cajütenzimmer und einige Schlafstellen daselbst und den übrigen Raum im Zwischendeck erhalten könnten. —

Allein er antwortete uns mit glatten Worten, man würde uns besser behandeln und den nächsten Platz neben der Cajüte einräumen. Ueber diese selbst habe er keine Befugniß und der Kapitain sei wirklich in Paris. Wenn wenig Cajüten-Passagiere vorhanden seien, was bis jetzt der Fall wäre, würde sich vielleicht der Kapitain doch zu einem Accorde verstehen. — Allein alles das tröstete uns wenig. Den Platz wollte man uns auch nicht ausmessen. Kurz wir waren nicht weiter als vorher. —

Wer konnte länger in einer solchen Ungewißheit stecken bleiben. Unser mit Hrn. Barbe geschlossene Accord verlangte weiter nichts, als was die Abgefahrnen auch erhalten, und wer konnte auf die schmeichelhaften Worte eines Menschen bauen, der sich nicht entblödete, so ein Schiff voll zu pfropfen und noch dabei lächelnd gestund, daß sich diese Leute recht wohl befinden? — Wir begnügten uns nicht blos bei diesem Seelenhändler (bessern Namen verdient er gewiß nicht) nachgesucht zu haben, wir ließen uns auch zum Handelshause führen, welches die Fracht der Waaren dieser Schiffe besorgt. Allein unser Begehren ging über dessen Befugniß und man konnte uns nur mit der Ankunft des Kapitains trösten. — So verstrich der Tag.

Donnerstag, den 19. Mai.

Heute bestürmten wir Hrn. Barbe nochmal, und verlangten wenigstens die schriftliche Zusicherung unsers an der Cajüte versprochenen Platzes und die Bestimmung der Größe desselben. Alles blieb bei ausweichenden Antworten. Nun fingen wir an andere Schiffe aufzusuchen. Nirgends fand sich etwas vor. Einige französische Schiffe wurden wohl zu 150 bis 140 fr. pr. Kopf befrachtet, allein die Fahrzeuge waren meist weit schlechter und dabei hätten wir nichts gewonnen, da selbe keine Cajüten haben, und zum Theil schon mit Reisenden zur Abfahrt besetzt waren. Der Andrang der Auswandernden war zu groß, täglich kamen theils über Land, theils über die Seine herab an. Die Schiffspreise stiegen immer mehr. Die französischen Handelshäuser benutzten die Gelegenheit ebenfalls, ließen alte Fahrzeuge ausbessern und sandten selbe mit Menschen befrachtet ab. Vor einem Monate hätte man für fr. 6000 höchstens fr. 10,000 die schönsten Schiffe miethen können, nun wurden sie nicht einmal feil gebothen. Wir hatten bald im Sinn nach England überzuschiffen, wohin Dampfschiffe da lagen, und von dort mit dem Liverpoler Paquetboote abzufahren. —

Während wir unentschließlich im Hafen herumliefen, begegneten uns Hr. Piccoli und Joller, und sagten es sei ein Schiff zu haben. Ersterer war der junge Graubündner von Anders und letzterer ein hiesiger Commis, an welchen er empfohlen war. Das besprochene Schiff hieß „Henriette“, lag schon segelfertig, sollte bis längstens den 26. Mai abfahren, war vom Hrn. André Guillot & Comp. gemiethet um von Newyork nach Guadelupe zu gehen und von dort mit einer Ladung Zucker zurückzukehren. Man wollte es für den überaus billigen Preis von fr. 18,000 erlassen, da aber jemand anders es zu nehmen im Sinne hatte, sollte man sich sogleich entschließen. Ohne Ueberlegung ja zu sagen, wäre vielleicht thöricht gewesen. Bis Morgen versprachen wir Auskunft. Wir besichtigten das Schiff, betrachteten den Raum, gingen wieder hin und betrachteten es wieder. — Es war kein Paquetboot — sondern nur ein französisches Schiff, von dem wir vernahmen, daß es von der Douane in Arrest gelegt sei, weil die Eigenthümer letzlich fallirt und den Eingangszoll nicht entrichtet hätten. — Der Zwischenraum, für welchen wir fr. 18,000 bezahlen sollten war 22 Fuß breit und 75 Fuß lang, zu zwei Drittheilen 5 Schuh hoch und von da bis zum Hintertheile 2 Fuß ansteigend höher. Vornen konnte kein großer Mann aufrecht stehen, auch fehlte die Eleganz der Paquetboote, dennoch war dieser Dreimaster das größte französische Schiff, das gegenwärtig im Hafen lag. — Nun war an den Erkundigungen und Urtheilen anderer Kenner uns am meisten gelegen, wofür wir uns nicht wenig bemühten. Es hieß allgemein: Die Henriette sei der beste Segler, ein fast neues Schiff, blos weil es einige Zeit unbenutzt im Verhafte gelegen, habe es nicht so niedliches und sauberes Ansehen, was es durch die Reinigung schon wieder erhalte. Der Kapitain, der uns führen sollte,

Namens Fritz, sei der erste französische Seemann, der sein Fach von Grund aus verstehe und durch mehrere Entdeckungen und Berichtigungen der westindischen Inseln sich in geographischer und statischer Hinsicht Verdienste erworben, und von der Pariser-Gesellschaft dafür decoriert worden sei. Ueber das Handelshaus Guillot & Comp. konnten wir auch nichts gefährliches erfahren und der Handel schien uns thunlich. —

Freitag, den 20. Mai.

Am meisten Gefahr schien uns von daher zu drohen, weil das Schiff verrarestirt war. Allein eben die Hrn. Guillot & Comp. hatten sich engagirt, die Douane zu zahlen und somit waren wir von dieser Seite gesichert. — Wir waren heute noch den ganzen Tag unschlüssig. Ein Bote nach dem andern erschien, ob wir es nicht wollten. Eben dieses Zudringen verdächtigte uns die Sache. — Warum befrachtet dieses Handelshaus nicht selbst das Schiff und zieht den Gewinn, wenn welcher herausschauen sollte? — Da aber auch Herr Picoli und Hr. Joller uns bestürmten und sagten, es sei Jemand der fr. 500 mehr zahlen wolle, hielten wir Rath, d. h. die Familie Köpfli, Hitz und ich, und beschlossen den Kauf.

Beherzigend die Trauerscene des abgesegelten François I., die Ungewißheit in der wir uns befanden, die schlechte Aussicht besser wegzukommen, — wiewohl uns ein englisches Dampfschiff und ein Schooner, das erstere für zwei Guineen pr. Kopf und letzteres für die Hälfte nach Portsmuth oder Suthampton führen wollte, aber wer versicherte uns daß wir in England menschlicher behandelt würden — betrachtend ferner, daß die Sicherheit das Leben noch ganz nach Amerika zu bringen uns lieber als

Gold sei, und man dafür wohl ein Bürgerzimmer einstweilen an eine Bauernstube tauschen könne; betrachtend, daß die eingezogenen Erkundigungen sowohl über das Schiff als dessen Kapitain gut lauteten, faßten wir endlich den für uns nicht unbedeutenden Entschluß, den Accord zu schließen — wobei ich mich aber zur Leitung des Geschäftes hergeben mußte. Ich versprach mein Möglichstes und Nachmittag wurde der Accord niedergeschrieben.

Bei diesem Akt überzeugte ich mich erst von der Redlichkeit des jüngern Hrn. Guillot, indem er alle mögliche Vorsichtsworte nach meinem Willen in den Contract aufnahm, wo ich glaubte, daß er für uns Blößen zur Gefährdung haben könnte. Er wurde redigiert und doppelt auf Stempel geschrieben.

Der Hauptinhalt war folgender:

„Daß die Unterzeichneten von dem Dreimaster Henriette von 400 Tonnen das Zwischendeck zur Befrachtung von 160 Personen, nach Newyork für die Summe von fr. 18,000 de Fr., von Hrn. Guillot & Comp. gemiethet haben, daß die Reisenden frei ohne Unkosten aufs Schiff kommen, und eben so ohne andere Belastung wieder am Bestimmungsorte aussteigen können, jedoch gehalten seien, sogleich nach Ankunft das Bord zu verlassen“ (Weil das Schiff schnell nach Guadelupe abgehen sollte.)

Ferner:

„Daß das Schiff unter der Leitung des Hrn. Kapitain Fritz bis längstens den 28. Mai abgehen müsse und jede Verzögerung per Tag mit fr. 100 von derjenigen Parthei, die selbe verursache, der andern Parthei der Contrahenten vergütet werden müsse. (Ungünstiger Wind ausgenommen.)

„Daß der Kaufmann für genugsames und gutes Wasser und Holz für die Reisenden (laut Gesetzen), so wie auch für eine Küche sorgen müsse, und daß er die Cabanen nach unserm Gutdünken verfertigen lasse, aus gutem trocknem Holze.“

„Daß an die Summe des Contracts sogleich (wir konnten die Summe selbst bestimmen) fr. 3000 baar erlegt und der Rest vor der Abreise des Schiffes berichtiget werden müsse.“

Dessen zur Bezeugung der Zufriedenheit dieses Contractes ꝛc. (Folgten die Unterschriften.)

Dieses war der Inhalt des geschlossenen Tractats. Eben als Hr. Hitz, Köpfli und ich denselben unterschrieben, kam Hr. Picoli aus uns unbekannten Gründen zum Kaufmann. Wir hatten untereinander keine Verabredung oder Uebereinkunft getroffen, sondern jeder war für seine und der seinigen Haut besorgt, und unsre Absicht ging dahin, den unsrigen einen bessern Platz zu verschaffen. Erkenntlich gegen Hrn. Picoli wollten wir ihn nicht von uns ausschließen, sondern auch den nämlichen Vortheil genießen lassen, und damit er dessen sicher sei, nöthigten wir ihn so zu sagen dem Contracte beizustehen und sich auch zu unterzeichnen — was er anfänglich durch ausflüchtige Antworten zu vermeiden schien. Wir hielten es für Höflichkeit, daß er uns das Zutrauen ohnedem schenke, da wir ihn vom gleichen Genuße nicht ausschließen würden. — Die Cautions-Summe ward sogleich erlegt und ans Werk geschritten. —

Weil das Schiff keine Cajüte hatte, bestimmten wir den Platz des Hintertheiles für uns, den wir durch eine Bretterwand von dem übrigen Raume abschließen ließen.

Um aber dem Zwecke unsers Handels nicht untreu zu werden und nicht den gleichen Fehler zu begehen, weßwegen wir das andere Schiff flohen, ward zum voraus bestimmt nur so viele Passagiere einzuladen, als wir mit Menschlichkeit thun konnten, denn weniger durften wir laden, nur mehr nicht. Denn das amerikanische Gesetz bestimmt auf 5 Tonnen Last 2 Personen. — Ich vermaß den ganzen Raum, nahm es zu Papier und vertheilte die Cabanen so, daß es in ein Bett 3 Personen traf — während auf dem François I. 4 bis 6 beisammen liegen mußten — auch statt zwei Cabanen übereinander nur eine. Nach diesem Plane wären aber alle Bettstellen mit den schmälern Seiten gegen die Wände zu stehen gekommen, nach Art der Casernenbritschen, und der Mittelpunkt des Schiffes wäre frei geblieben.

Samstag, den 21. Mai.

Heute wurde geworben, nach der gemachten Eintheilung konnten wir noch etwa 122 Personen ohne unsere Familie einladen. Das Schiffsgeld stellten wir fr. 10 niedriger auf fr. 140 pr. Mann, es mußte aber sogleich erlegt werden. Obschon wir so viel möglich Familien mit vielen Kindern auswiechen, hatten wir doch bis am Abend unsre volle Zahl und das baare Geld auf dem Tische. Unter 122 Personen befanden sich $6^1/_2$ Platz nicht bezahlt, nämlich 13 Kinder, von denen wir nur die Hälfte bezogen. Die Familie Hitz, Köpfli, Piccoli und ich mit meinem Bruder zählten 29 Köpfe, so daß unsre Ladung nun aus 151 Seelen bestund. In unsrer Cajüte hätten wir noch für einige Raum gehabt, allein wir wollten bequem sein, und lieber 9 Personen weniger einladen.

Aber wie ists möglich, wird mancher fragen, daß man in einem französischen Schiffe 151 Passagiere bequem sollte einladen können, da in den größern Paquetbooten 160 nicht anders als wie Häringe verpackt werden können? — Dieß kommt daher, weil in jedem Paquetboote auf dem Hintertheile eine Herren- und eine Damen-Cajüte ist, die meistens über 50 Fuß Raum wegnehmen, so daß der übrige Zwischenraum viel kürzer wird, obschon die Schiffe etwa 15 bis 20 Fuß länger sein können. Eben dieß war der Fall bei unsrer Henriette, die Stelle der Cajüte benutzten wir für uns und überließen den noch weit größern Raum einer kleinern Zahl Passagiere. — Bei den Paquetbooten werden die Cajüten-Reisenden nicht zu den übrigen gezählt und sie machen die volle Ladung hinten, ohne die vordern in Betracht zu nehmen.

Ein noch eben so wichtiger Umstand rührt daher, weil auf unserm Schiffe der sogenannte Keller für die Aufbewahrung der Effekten und Lebensmittel der Reisenden hergegeben wurde, während derselbe auf den Paquetbooten mit Waaren vollgepfropft und verkittet wird und die Reisenden all ihre Sachen unter und um die Cabanen herum zu halten gezwungen sind.

Sonntag den 22. Mai.

Heute besichtigten wir mit dem Hrn. Kaufmann und Kapitain das Schiff, um uns über die Einrichtung der Cabanen zu verständigen. Ich rückte mit meinem Plane heraus, der aber von unserm erfahrnen Seemann mit Gründen verworfen wurde. Denn wenn beim Schreggehen des Schiffes, was jedesmal beim Seitenwinde der Fall ist, die eine Seite fast ganz im Wasser, die andere fast frei sei, müssten bald der Kopf zu hoch, bald die Füße wie gen Himmel gestreckt sein, auch würden die Ruhenden bei starkem Schwanken keinen Haltpunkt haben und leicht hinausgeworfen werden. — Er würde es vorziehen lieber zwei Cabanen übereinander zu machen, (denn ohne dieses zu thun hätte man diese Zahl nicht hineingebracht) und dann nur zwei Personen zusammen legen wenn es möglich wäre.

Der Cabanen-Plan wurde also abgeändert. — Man ließ die untere Cabane nur 3 Zoll vom Boden erhöhen, und die obere brachte man in der halben Höhe an, so daß zwischen dieser und der Diele mehr Raum blieb als auf denen der Paquetboote, wo unterhalb viel Raum für die Effekten freigelassen wurde. Um die Zahl zu bekommen mußten wir in der Mitte an 3 Orten ebenfalls Cabanen anbringen. Allein weil wir selbe nur 3½ Fuß breit, nämlich für zwei Personen einrichteten, blieb überall ein Durchgang von 5 bis 6 Fuß. Diese Abänderung ward unsern Reisenden sogleich angezeigt und die Wahl gelassen auszustehen, allein die Meisten erkannten den Vortheil schnell und keiner wollte unser Schiff verlassen, obwohl man dasselbe auf alle Weise zu verschreien suchte. Denn es war ein solcher Andrang zum Schweizerschiffe, wie man jetzt die Henriette nannte, daß wir so viele abweisen mußten, womit es uns leicht möglich gewesen wäre in Zeit drei Tagen, mehrere Schiffe zu befrachten, wozu andere Mäkler so viele Wochen brauchen.

Sehr viele Reisende haben sogar andere Schiffe und ihr Cautionsgeld im Stiche gelassen, so viel Zutrauen hatte man sogleich zu uns. Daß uns deßwegen die französischen Mäkler zu hassen anfingen ist leicht zu denken, nebstdem daß sie den sie verlassenden Reisenden die Pässe nicht mehr herausgeben wollten, streuten sie allerhand böse Gerüchte in Umlauf um uns zu verdächtigen. Z. B. Diese deutschen Schweizer seien Spitzbuben, man könne auf der Huth sein, wenn sie von den Passagieren das Geld haben, werden sie sich damit aus dem Staube machen, deßhalb ziehen selbe die Fracht sogleich ein. Ferner die Henriette sei gar nicht nach Amerika bestimmt, sondern werde die Passagiere nach Afrika und Algier führen, wo französische Colonien angelegt werden und d. gl. mehr. Aber alle Verläumdungen halfen nicht, bloß daß sie uns zu bekämpfen Mühe machten.

Montag, den 23. Mai.

Indessen wurde die Ausrüstung unsers Schiffes beschleuniget. Der Schreiner, mit dem der Kaufmann die Arbeit veraccordirt hatte, brachte schon zeitig das Holz zu den Cabanen. Hr. Kapitain Fritz untersuchte es, fand es alt, naß und verlegen, verwarf es und ein anderer Arbeiter mußte auf den Platz, der dann gesundes Holz verschaffte.

Dienstag, den 24. Mai.

Die Wasserfässer für die Henriette stunden bereits beim Brunnen. Sie werden gewöhnlich gefüllt, zwei Tage stehen gelassen, wieder ausgeleert und frisch gefüllt. Unser thätige Hr. Kapitain untersuchte auch diesen äußerst wichtigen Gegenstand, fand daß die meisten Fässer nicht ausgekohlt worden, obwohl früherhin rother Wein darin aufbehalten worden, und bemerkte uns, daß das Wasser in Zeit 2 bis 3 Tagen verdorben wäre und frisches Anfüllen nichts helfe.

Daß wir gegen die Aufrichtigkeit des Hrn. Guillot & Comp. einigen Zweifel zu hegen begannen, konnte man uns nicht verargen, da uns auch dessen Kargheit das erste schlechte Cabanen-Holz herbeigeschafft zu haben schien, und wir bedauerten beinahe am 21. d. noch fr. 10,000 bezahlt zu haben. Je nun die rückständigen fr. 5,000 waren uns noch Caution genug. Wir verlangten sogleich andere Wasserfässer oder daß er die vorhandenen auskohlen lasse. Letzteres wurde sogleich veranstaltet.

Mittwoch, den 25. Mai.

Daß diese Arbeit einige Zögerung verursachte, waren wir einen Theils froh. Denn mehrere von unsern Passagieren hatten ihre Schriften nicht in Ordnung, was auch ich besorgen mußte. Weil Baden und Würtemberg die Auswanderung nicht begünstigen, so hatten die meisten ihre Päße nur nach Frankreich ausgestellt und viele, besonders Weibsleute hatten bloß Tauf- und Heimathscheine. Diese wurden von der Polizei verworfen, (eigentlich vielmehr nur vom hintersteckten Polizeischreiber, der einen Theils von den erbosten Mäklern gegen uns aufgewiegelt, andern Theils von unserm Kaufmann selbst zur Zögerung aufgemuntert war, damit er Zeit gewinne, die Wasserfäßer in Ordnung zu bringen). Ich mußte nun mit meinen Auswanderern, weil selbige meistens kein Wort französisch verstunden, von Pontio zum Pilatum ziehen und konnte lange an kein Ende kommen.

Der preußische Consul, welcher hierin für alle deutschen Staaten die Geschäfte besorgt, wunderte sich nicht wenig als wir für mehrere Wanderbücher und Päße sein Visa verlangten. Er ist ein sehr guter und thätiger Mann, wies uns jedoch zuerst ab, ertheilte uns aber ein Billet an die Polizei, worin er sich wörtlich so ausdrückte. „Er verwundere sich warum man diese Päße nicht anerkennen wolle, da doch 100 und 100 Deutsche hier nach Newyork eingeschifft worden und er noch niemals um sein Visa ersucht worden sei.“ Allein es half nichts die Sache mußte nach dem Kopfe der Polizei gehen.

Nun half uns der Hr. Consul. Er visierte nicht nur die mangelhaft erfundenen Pässe, sondern stellte auch auf Heimath- und Taufscheine hin mehrern Familien frische Pässe aus. Nun mußte ich zum drittenmale über diese Schriften Register verfertigen. Nachdem nun dieselben von der Polizei gut erfunden, mußten alle Passagiere auf die Polizei, wo jeder seinen Namen ins Register einschreiben mußte. Daß im erstenmal nicht alle beisammen waren, und ich mehrere Mal mit diesen nach der Polizei hingehen mußte, machte mir die Dollmetscherei etwas verdrießlich.

Donnerstag, den 26. Mai.

Während diesen Beschäftigungen ließ uns Hr. Barbe die Ankunft des Hrn. Capitän Funk von der „La France“ wissen. Wir hatten demselben schon früher den hinterlegten Reisepaß von Hrn. Hitz abgefordert, den er verweigert hatte. Wir erklärten nun demselben sogleich, daß wir für uns ein eigenes Schiff gemiethet und nicht im Sinne hätten, mit der „La France“ abzufahren, und wünschten, daß er uns die Fr. 300 zurückzahle. Wenn er es verlange, so wollen wir unsere Plätze mit andern Reisenden besetzen, indem dergleichen noch genug da wären. Aber eben so kurz antwortete uns Hr. Barbe: es sei noch nicht an dem; wenn wir nicht auf sein Schiff kämen, so habe er das Recht, nicht nur zu den Fr. 300, sondern zur Hälfte des akkordirten Frachtgeldes; dafür bestehe ein Gesetz. Daß uns diese Erklärung in nicht geringe Bestürzung versetzte, kann man sich leicht denken, denn 2600 Fr. (so viel hätte es Entschädigung getroffen) verlieren, oder uns verpacken zu lassen, war keine Kleinigkeit. -- Dies war nun die erste Wirkung der Rache der Mäkler.

Zwar schmeichelte uns Barbe mit einem Accommodement, das wir mit Hrn. Cap. Funk würden treffen können, und womit wir zufrieden sein dürften. Wir glaubten aber dadurch zu entgehen, daß wir uns über dies Anerbieten unzufrieden stellten. Allein der Mäkler beharrte auf seinem Contrakt. Wir hatten also keine andere Wahl, als einen Prozeß anzufangen, oder das halbe Frachtgeld zu bezahlen, oder auf die „La France“ zu gehen und unsere Plätze auf der „Henriette“ mit andern Reisenden zu besetzen. Die Wahl schmerzte, aber wir hatten keine Zeit zu verlieren, denn übermorgen sollte die „Henriette“ abgehen und das eine oder andere ließ sich nicht so schnell ausführen. Wir entschlossen uns zu letzterm, unter der Bedingung, daß man das Versprechen halte, und gingen nun zum Capitän um zu sehen wie wir die Sache beendigen.

Von einem Cajüten-Zimmer war gar keine Rede, ohne die Cajütenkost würden selbe nicht abgegeben. Was wir erhalten konnten, war, daß man uns einen eigenen Raum durch eine Bretterwand von den Uebrigen abschloß und dafür sollten wir pr. Kopf 25 Fr. mehr bezahlen, auch erzielten wir einen Ausgang durch die hintere Cajütenstiege, was für uns von größtem Werthe war.

Freitag, den 27. Mai.

Als wir dem Hrn. Guillot unsere Geschichte erzählten und er unsere Verlegenheit bemerkte, mochte er vielleicht schon an die 100 Fr. Zögerungsvergütung gedacht haben, indem er lächelnd uns sagte: unsere Reisepässe liegen schon auf der Marine, allein er wolle sehen, daß er dieselben zurückziehen könne; nur müssen wir trachten, unsere Plätze heute noch zu besetzen, da Polizei und Marine nicht immer Zeit nehmen die Schiffe nach Belieben abzufertigen; auch habe er der Polizei für jeden Paß einen Franken bezahlen müssen, damit alles schnell befördert werde, was wir zu vergüten und von den Reisenden zu fordern hätten. Wir hatten nicht Zeit alles genau zu untersuchen, was richtig sei oder nicht. Suchten dann in aller Eile Reisende auf und zwar nun die volle Zahl 160, weil zweischläfige Kabanen genug waren.

Samstag, den 28. Mai.

Bis Mittags hatten wir diese Anzahl beisammen. Weil ich durch das wiederholte Erneuern der Register und durch das Wirrwarr der unregelmäßigen Schriften (da oft 2 — 4 Personen nur 1 Paß hatten, oft an zwei Orten eingetragen waren u. dgl.) am Ende einen Passagier zu viel hatte; mußten wir also einen ausschließen. Zum Glück hatte einer während diesen Tagen die wilden Pocken erhalten, was uns Anlaß und Grund gab, ihn von seinem Platze auszuschließen; was uns von dieser Verlegenheit befreite.

Allein uns war noch eine andere Züchtigung vorbehalten und zwar von unserm Mitschweizer Picoli. Auf Anstiften Hrn. Jollers ließ dieser uns sagen, daß er als Unterschriebener des Contracts den vierten Theil des Gewinnstes verlange. — Denn wenn wir die Plätze der Gesellschaftsglieder auch wie der übrigen zu fr. 140 berechnen, so übersteige dieß die Summe von fr. 18,000 und von diesem Ueberschuße verlange er den 4ten Theil. Daß uns diese Forderung nicht nur in Erstaunen setzte, sondern höchst ungerecht schien, wird jeder zugeben, der weiß, daß wir hier keine Handelsspekulation treiben, sondern nur unsern Familien und uns zu billigen und bequemern Plätzen verhelfen wollten. Weit entfernt dem Hrn. Piccoli und seinen Kameraden fr. 140 zu fordern, waren wir der Meinung das Deficit der fr. 18,000 durch die Zahl der Gesellschaftsglieder zu theilen und so jeden Kopf pro rata zu besteuern — nämlich nach der ersten Rechnung hatten wir 122 Passagiere, welche uns laut Rechnung abzüglich der weniger bezahlenden Kinder fr. 16,170 de Fr. abwarfen. Das Deficit, welches durch zwei später noch angenommene Reisenden nur noch fr. 1550 betrug, sollten also die 29 Gesellschaftsglieder decken, was daher pr. Kopf fr. 53 45 c. betragen hätte.

Allein damit befriedigte sich Hr. Piccoli nicht. Herr Joller ging in seiner Unverschämtheit noch so weit, daß er überdieß uns noch eine Rechnung von fr. 350 zustellte, für das Affrettement der Henriette, wie ers nannte, und uns die Stunde und Hausnummer darin bemerkte, bis wann und wo wir diese Summe zu entrichten hätten. — Zu dieser Sache lachteu wir eigentlich nur und gaben keine Antwort. Hr. Piccoli wußte inzwischen doch jemand von der Gesellschaft für seine Sache zu gewinnen, nämlich den Hrn. Meuli und Frau, die früher mit Hr. Hitz hieher gereist; und daß der Hr. Italiener Toscar es mit demselben hielt versteht sich von selbst.

Sonntag, 29. Mai.

Weil schon seit einigen Tagen widriger Wind war, konnte gestern das Schiff nicht abgehen, was dem Hrn. Guillot besser als uns bekam, indem Heute noch Wasser eingeladen werden mußte. — Hr. Hitz, welcher an Hr. Wanner, Langer und Comp. eine Empfehlung hatte, war erst gestern hingegangen. Es war wirklich ein Glück für uns dieses Haus kennen zu lernen, hauptsächlich Hr. Wanner von Nidau, ein Schweizer aus dem Kanton Bern. Auch wir hatten von Basel aus an dieses Haus eine Empfehlung durch Vermittlung Hrn. Iselin von Hrn. Bettin erhalten. Bei der Abgabe derselben war Hr. Wanner nicht gegenwärtig und wir benutzten deßhalb dieselbe nicht mehr. — Wir hatten lange bis wir dem Hrn. Wanner unsere Abentheuer alle erzählt hatten, er staunte nicht wenig über die dictatorische Forderung des Hrn. Sollers. Versprach uns alle mögliche Hilfe zu leisten und uns diesen Nachmittag zum schweizerischen Consul zu begleiten, von dem wir so eben eine Einladung erhielten, die Hr. Picoli bewirkt hatte. Selbe lautete wörtlich:

Le soussigné Consul de la Confédération Suisse invite Messieurs Hitz, Köpfli, Suppiger & Picoli de se rendre chez lui, Rue de la Couderie Nr. 45 aujourd'hui à midi & demi pour affaires importante qui les concerne. Havre le 29. Mai 1831.

(Sig) B. Mandrot de Luze.

mit der Adresse:

à Monsieur Picoli avec Charge de la communication
à MM: Köpfli, Hitz & Suppiger
en Ville.

Herr Wanner bedauerte uns nicht früher gekannt zu haben, und wir bedauerten ihn sogleich mit unangenehmen Bitten bestürmen zu müssen. Um halb 1 Uhr trafen wir beim Consul ein, Hr. Picoli mit seinem Verführer und Dolmetscher, Hr. Soller und seinen Kameraden Toscan und Meuli und wir unserseits in Begleitung des Hrn. Wanner. Eine gerichtliche Copie des Schiffs-Accords lag schon in Händen unsers Consuls. Alle Bemühungen und Erklärungen des Hrn. Wanner waren fruchtlos. Hr. Soller überschrie ihn im eigentlichen Sinne des Wortes zehnfach. Hr. Mandrot nahm die Sache faktisch wie ihm selbe vor Augen lag und wir sahen bald wohin die Sache sich lenkte. Wir ließen keinen Rechtsspruch ergehen, sondern erklärten sogleich, so ungerecht die Forderung sei, dennoch dem Hrn. Picoli den verlangten vierten Theil zu überliefern. Doch mit seiner persönlichen Forderung zog Hr. Soller ab, worüber er sich nicht wenig schämte. Hätten wirs nicht schriftlich gehabt, er würde es weggeläugnet haben. — Wie unverschämt war es aber, ohne mit der ganzen Geschichte einige Mühe, ohne einen Kreuzer Caution geleistet zu haben, uns eine dictatorische Rechnung von fr. 350 zuzustellen, daß er uns mit seinem Freunde Picoli angezeigt hatte, es wäre bei Hrn. Guillot ein Schiff zu miethen. Wir sind überzeugt, aber können es nicht beweisen, daß Hr. Soller und Piccoli ihr gutes Geld von Hrn. Guillot für ihren Lohn bezogen, wenn sie ihm fr. 18,000 für das Schiff erhalten könnten. Da sie aber sahen, daß wir nicht nur ohne Schaden davongekommen, sondern noch zu unsern Gunsten etwas vorgeschlagen, beneideten sie uns, und suchten uns durch diese Ränke zu bestehlen.

Ich überbrachte noch diesen Nachmittag dem Hrn. Consul einen Auszug über den Stand unsrer Schiffsrechnung, der nun nach unsern ersetzten Plätzen folgendermaßen lautete.

Für 155 Plätze waren fr. 20,310 bezogen worden, Piccoli bleibt für zurückgehaltene 5 Plätze fr. 700.

Summa fr. 21,010. Für die Befrachtung laut Accord wurden fr. 18,000 bezahlt; es restiren demnach fr. 3010, und wovon der vierte Theil, fr. 752 50 c. als Antheil dem Hrn. Piccoli vergütet werden mußte. Da er fr. 700 noch an die Kassa zu entrichten hatte, restirten ihm fr. 52 50 c. welche sogleich der Rechnung beigefügt wurden, die Hr. Piccoli als empfangen unterzeichnen mußte.

Schon wieder eine Lehre, daß man Unbekannten nie zu geschwind trauen soll. Ohne die Leitung von Hrn. Soller würde Piccoli diese niederträchtige und schmutzige Prellerei nicht verübt haben. Schon daraus konnten wir ersehen, daß er etwas im Schilde führe, daß er die Zahlung von ihm, Hrn. Meuli und Frau, dem Toscan und einem andern italienischen Kameraden zurückhielt. — Er war nicht zufrieden sich und den seinigen einen bessern und billigern Platz verschafft zu haben; sondern er wollte Gewinn, unbilligen Gewinn.

Wir waren nun einen Theils froh nicht mit der Henriette abreisen zu dürfen, der Anblick dieses Sch*** würde uns manche Stunde verbittert haben. Auch Kappeler, Geißhüsler und Helfenstein ersetzten wir durch keine Andere, und den Sebastian Keller ließen wir deßhalb mitfahren, weil wir die Chaise und Pferdgeschirre, welche uns die la France nicht aufnehmen wollte (d. h. ohne Zahlung) auf die Henriette eingeschifft hatten. Dieser ward also zur Besorgung derselben mitgesandt. — Alle waren zufrieden weil der Schifflohn auf der La France pr. Kopf fr. 175 betrug und nicht so bequemen Raum erhalten hätten. —

Montag, den 30. Mai.

Noch immer widriger Wind. Ungeduld fängt die Passagiere an zu plagen, allein sie sehen ein, daß es unmöglich ist aus dem Hafen zu fahren. Heute statteten wir dem Hrn. Kapitain Fritz noch einen Besuch ab, und machten demselben auf unsre Schiffsrechnung hin ein Geschenk von 6 Flaschen Champagnier. Aeußerst höflich empfing er uns und wir bedauerten mit einander, nicht in Gesellschaft die Reise machen zu können. Wir empfahlen ihm hauptsächlich unsern Landsmann Keller.

Dienstag, den 31. Mai.

Kaum drehte sich der Wind ein wenig, als Kapitain Fritz die Segel spannen ließ. Um Mittagszeit und mit ihr unser Kummer und unsre Sorgen fuhr die Henriette ab und ein Dreimaster, ebenfalls mit Auswanderen beladen, folgte ihr.

Mittwoch, den 1. Juni.

Heute hätte eigentlich das Postschiff abfahren sollen, aber auch dießmal ging es länger, denn die Ladung war noch nicht fertig. — Wegen der Schiffskost, für die ich in dem Wirrwarr von Geschäften nicht sorgen konnte, hatte ich schon früher mit Hrn. Hitz gesprochen, der mir die Sache zu besorgen versprach.

Heute zogen wir auch ins Schiff, denn es war uns darum zu thun, sobald möglich unsre Hausmiethe zu verlassen, den schon in der ersten Woche unsers Daseins fing der Eigenthümer an zu lärmen, daß er nur eine Familie und nicht für ein ganzes Regiment seine Zimmer vermiethet habe. Der Accord war sonst von Hrn. Jenny mit fr. 2 pr. Tag abgeschlossen worden und nun forderte derselbe nicht weniger als fr. 8. Welche Unverschämtheit? Hätte der Kerl das Doppelte des ersten Accords verlangt, so hätte man glauben können er wolle sich pr. Kopf bezahlen lassen, aber viermal so viel, war zu arg.

Sollte es ihm nicht gleich sein ob 14 oder 24 Personen in seinem Zimmer gewesen wären, sie waren ja um so unbequemer! — O ihr christlich-jüdischen Franzosen. Zwanzig Tage in einer Küche, Stube und Wohnzimmer sich aufzuhalten kostete in Havre fr. 160 Miethzins was für fr. 40 veraccordiert war.

Wir schliefen diese Nacht schon im Schiffe. Die größern Kisten und Lebensmittel lagen noch am Borde. —

Donnerstag, den 2. Juni.

Den ganzen Vormittag lud man noch Wasser, Holz und Waaren ein. Mit vieler Mühe brachten wir unsre Effekten über Bord. Wir glaubten daß man dieselben in den Keller placieren würde. Allein alle Beschwerde half nichts, wir mußten sie in unser Verschloß nehmen. — Mehrere Freunde kamen noch, uns auf dem Schiffe zu besuchen und glaubten, wir wären herrlich einquartiert, selbst Hr. Wanner sagte, daß wir weit besser seien, als er je Auswanderer abreisen gesehen. — Gut und schön waren wir wohl, aber zu eingeengt wegen unserm Gepäcke. Dieser Hr. Wanner ist der beste Mann, den wir in Havre trafen. Ihn erwählten wir zu unserm Correspondenten. Nichts versöhnt mehr mit einem Orte, an dem man viel Mißliebiges erfahren, als wenn man unter der großen Menge am Ende ein mitfühlendes Herz findet, einen Mann, der mit Rath und That dem Nebenmenschen zu helfen sucht. — Er versah uns mit Empfehlungsschreiben nach Newyork.

Nachmittag 1/4 nach 1 Uhr verließen wir den Hafen. Zwei andere Schiffe segelten mit Auswanderern nach dem gleichen Bestimmungsorte ab. Das eine hieß „Antonin,“

ein elender Zweimaster, welchem die hohe See schon einmal untersagt war, das andere ein Dreimaster, Namens „Martiniquaise.“ Beide französische Schiffe.

Mit uns, so wie mit jedem abgehenden Schiffe, war ein Gensd'arme der Marine an Bord. Dieser übergiebt dem Kapitain die Schriften seiner Passagiere, und haltet Revue im ganzen Schiffe. Alle Reisende müssen aufs Verdeck, während der Gensd'arme mit dem Kapitain jeden Winkel untersucht, damit keiner einschleichen kann. Wird ein blinder Reisender, so heißt man diese Eingeschlichenen, entdeckt, führt ihn der Polizeidiener mit sich zurück. Diese Untersuchung hat fern vom Lande in offener See Statt. Eine Schaluppe mit Bootsknecht ist am großen Schiffe festgebunden, und fährt den Gensd'arme nach der Untersuchung zurück. — Nach etwa zwei Stunden kehrte er zurück. Es war alles in Ordnung, nur ein junger Bäckergeselle, der die Ueberfahrt nicht mehr bezahlen konnte und schon mehrere Tage auf diesem Schiffe den Matrosen geholfen, glaubte daß ihn der Kapitain mitnehmen würde, um auch auf der See Matrosendienst zu thun, allein dieser wollte nichts davon wissen, zahlte ihn für die gethane Arbeit und er mußte mit dem Gensd'arme zurück.

Auch der Buchhalter Hr. Barbe erfreute uns noch mit seiner Gegenwart auf dem Schiffe und hatte das Vergnügen auch von andern Reisenden, die er betrogen hatte, mit gleicher Lieblichkeit und Höflichkeit, wie von uns begrüßt zu werden. — Er glaubte uns mit der Prahlerei zu trösten, daß wir mit diesem Postschiffe doch 8 Tage vor der Henriette in Newyork anlangten, indem es mit den Segeln besser ausgestattet sei. Denn dieses Schiff müsse am 1. Juli in Newyork sein, um Mitte Juli wieder zurückzukehren. Er wollte unsre ganze Schiffsfracht wetten in längstens 26 Tagen kämen wir dort an. — Wir ließen ihn schwatzen und betrachteten ihn mit Verachtung. — Später mehr von ihm.

Freitag, den 3. Juni.

Schön Wetter. Schwacher Wind. Links immer die französische Küste im Auge. Herrlicher Sonnenaufgang, noch weit schönern Untergang. Wir rückten heut wenig vorwärts. Kühler Abend, kalte Witterung. Später sahen wir noch einige Seevögel, so wie wir gestern noch von den hüpfenden Schwarzfischen sahen.

Unser Lokal auf dem Schiffe für 24 Personen hatte 24 Fuß Breite und 11 Fuß Länge.

Da wir alle zusammen auf dem freien Platze nicht Raum genug zum Aufrechtstehen hatten, mußten wir bei Tage einige Bette auf die Seite in die Cabanen schieben, um wenigstens Raum zum sitzen zu erhalten. Viele Fässer mit Zwieback und andern Lebensmitteln, auch die Weinfässer waren außerhalb unsrer Bretterwand, wo man ihnen beinahe nur auf Gnad und Barmherzigkeit den Platz anwies und damit den übrigen Reisenden so den Platz verengte, daß die durchs dortige Loch hinunter gehörende Treppe nicht hingestellt werden konnte, sondern daß die Reisenden über unsre Effekten hinaufklettern mußten. Es ist himmelschreiend, wie man die Menschen behandelt.

Aber jetzt ist's nicht anders möglich. Der Keller ist mit Waaren vollgepfropft und verkittet, damit durch allfällig oben eindringendes Wasser die Waaren nicht naß werden können; die Damen-Cajüte ist ebenfalls mit Ballots angefüllt, was sonst gar nicht üblich sei. Die Wasserfässer sind statt im Keller auf dem Verdecke, auch das Holz zum

Kochen. Die Weinfässer band man auch noch dazu. Das ganze Verdeck war beinahe mit Gegenständen aller Art überhäuft, so daß nur vornen auf dem Kapitainsplatz noch einiger freier Raum blieb. Zur Küche kann man nur über Holzschichten und Wasserfäßer gelangen.

Samstag, den 4. Juni.

Herrliches Wetter. Morgens schwacher Wind, Nachmittag besser. Immer noch im Kanal, links die französische Küste, rechts die englische. Kalte Witterung. Mehrere Schiffe fuhren nahe bei uns vorbei, meist gegen England. Eine herrliche englische Fregatte mit zwei Verdecken und 48 Kanonen fuhr so nahe an uns vorbei, daß unser Kapitain durch die Stellung der Mittelsegel den Lauf unsers Schiffes hemmen mußte, um nicht aneinander zu rennen. Wir wurden mit herrlicher Musik begrüßt. — Der Wind verstärkte sich auf den Nachmittag, trieb uns aber Nord-Nord-West, mit einemmale erblickten wir die Küste Englands bald so deutlich, daß wir nicht nur Gebirge, sondern Waldungen unterscheiden konnten. Herrlich war dieser Anblick in der Abenddämmerung. — Die Segel mußten geändert werden, um nicht ans Land zu fahren, hiemit erhielten wir die Richtung von Süd-Süd-West. — Heute begonnen schon die Wirkungen der Seekrankheit; bei einigen schon am ersten Abend.

Es wird Euch nicht unangenehm sein mit unsrer Schiffsgesellschaft bekannt zu werden, später will ich auch so gut ich kann das Schiff beschreiben. Nämlich:

An der Spitze stund Hr. Kapitain Funk, der nur englisch sprach; 2 Steuermänner, der erste konnte etwas deutsch, der zweite nicht; 11 Matrosen, von verschiedenen Zungen und Nationen; 5 Schiffjungen, meistens Verwandre vom Kapitain, dann 2 Stuarte, 1 Koch, 1 Küchenjunge und 1 Mulattin. Also 24 Personen Schiffsvolk.

Zu den Cajüten-Passagieren gehörten:

Ein junger amerikanischer Mediziner, der eben von der Universität kam; 1 Italiener, aus der Gegend Roms, Reiseliebhaber; 1 Franzose mit einem Töchterchen und einem Knaben, deren Vater im Staate Newyork lebt; 2 Knaben von 6 bis 8 Jahren, Franzosen, welche zu ihren Eltern nach Amerika wollen; 3 Franzosen (30 bis 40 Jahre alt) gehen nach dem Staate Newyork um sich in dessen nördlichen Theile oberhalb Utica anzusiedeln. Also Cajüten-Personal 10 Personen.

Entrepont-Passagiers waren:

In unserm kleinem Nebenzimmer 3, unserm Verschloß 24, außerhalb 129 also Zwischendeckreisende 156 Personen. Totale Schiffsbevölkerung 190 Personen.

Sonntag, den 5. Juni.

Schönes Wetter aber starker Westwind, wir mußten ganz gegen Norden lavieren. Auf den Abend wurde der Wind noch heftiger. Viele Schiffe und die Küste Irrlands vor Augen. In zwei Stunden wären wir am Lande, aber Segeländerung und wir flogen südwärts. Das Schreggehen des Schiffes und das Schwanken verursachte den meister Erbrechen.

Unter unsrer Reisegesellschaft wurden wir am schnellsten mit Hrn. Weinmüller einem Bierbrauer aus München vertraut, der aber neben an im kleinen Verschloß wohnte. Dieser gute Mann zahlt mit seinen zwei andern Kameraden für seinen Winkel fr. 750. Hr. Barbe hatte ihm beim Accord Cajütenzimmerchen gezeigt, beim Einschiffen mußte er sich hieher bequemen. Er soll seine Brauerei vermiethet haben, weil er einzig war und nur noch einen Sohn hat, den er wirklich in einem Institute zurückgelassen. Er lebt ruhig von dem Zinse, und geht nach Amerika zu sehen, ob er was Besseres findet. Er ist nicht mehr jung, aber heiter und fröhlich, ob er wohl nur sparsam graue Haare um seinen Kahlkopf trägt. Wir hielten ihn anfänglich für einen lustigen Tyroler, deren Mundart er hat.

Die andern zwei, Schwarzwälder, gute honette Männer, Handwerker, der eine ein Uhrmacher und der andere ein Mahler, wollen nach Lancaster in Pensilvanien.

Unter den Zwischendeck-Passagieren im vordern Quartier muß ich hauptsächlich des alten Oberamtmanns Fähnrich von Laufenburg (Kanton Argau) erwähnen. Dieser vielredende Mann machte uns manche vergnügte Stunde. Er hatte eine betagte adelichschwache Frau bei sich und eine artige Tochter. Er reiste nach Philadelphia, wo einer seiner Söhne als Commis angestellt war. Dieser hatte vor zwei Jahren einen schönen Reisebericht heimgesandt, welchen der Vater bei sich hatte und den wir mit Nutzen und vielem Vergnügen lasen. — Ein zweiter Sohn, der noch in Paris als Lithograph arbeitet, und nach den vorgezeigten Stücken kein übler Arbeiter sein muß, wird ihm nächstes Jahr folgen.

Von den übrigen erwähne ich nur noch eines jungen Franzosen, eines Modelstechers, der mit seiner jungen Frau in amerikanischen Druckereien seinen fernern Unterhalt zu suchen gedenkt, deßhalb, weil auch diesen Hr. Barbe um fr. 400 geprellt, wo er ihm, für sich und seine Frau einen abgeschlossenen Raum versprach, nun aber sich mit einer Cabane unter den andern befriedigen mußte.

Da ich aber nun mit dem Personale unserer Umgebung sprach, erinnere ich mich erst, Euch von Hrn. Hitz noch wenig anders, als den Namen und die Zahl seiner Gesellschaft genannt zu haben. Dieser um seine Heimath verdiente Mann, wo er als Landammann, (so viel als Bezirksammann) viel Gutes stiftete, lebte in der letzten Zeit in Klosters, wo er ein Zinnbergwerk betrieb. Früher war er nur Leiter dieses Geschäftes, so wie eines andern Werkes und einer Silbergrube, die von einer Aktiengesellschaft betrieben wurde. In den letzten Zeiten übernahm er selbe auf eigene Rechnung. Ungeheure Kosten für Einrichtungen, und, wie es scheint, noch zu wenig Erfahrenheit in der Schmelzkunde, und hauptsächlich das ungeheure Sinken der Metallpreise, reduzirten seinen Verdienst auf nichts, und trieb den Mann fort, um in Amerika glücklichere Versuche zu machen. Sein verheuratheter Sohn, der früher Schulmeister war, ein überaus guter Mensch, begab sich als Vater noch auf die Hochschule in Freiberg, um sich im Hüttenfache auszubilden, und stund nun als Schichtmeister einige Zeit ihrem Bergwerke vor.

Sie betrieben aber ein unbekanntes Fach, das bishin noch nirgends mit Erfolg unternommen wurde, nämlich Zink aus der Blende zu scheiden; bisher wurde es nur aus Galmei gewonnen. Die Theorie über diese Kunst fuhr ihren Versuchungen und Erfahrungen schnurstracks entgegen, und noch in den letzten Tagen machten sie Entdeckungen, welche sie ein Jahr früher gerettet hätten. Sie fanden nämlich, daß sie bishin eben so viel Metall weggeworfen als vermeinte unnutzbare Schlacken, als sie bishin Metalle gewonnen; man stelle sich den Verlust vor. Das Unglück dieses Mannes war hauptsächlich daher entsprungen, weil er für seine Metalle nur einen Abnehmer hatte, welcher ihm beständig den Preis erniedrigte, da er es doch nicht hätte thun müssen, weil die Zinkbleche, die sein Abnehmer daraus walzte, unbedeutend abschlugen.

Der Zink und Galmei, der besonders im Schwedischen gewonnen wird, kömmt viel wohlfeiler, weil er leichter zu scheiden ist, soll aber viel weicher sein, auf den Dächern nicht so haltbar, und ohne Vermischung mit dem Graubündtnerzink fast nicht zu walzen sein. Hr. Hitz glaubt, das Walzwerk in Chur werde seinen Abzug bedauern, sobald sein Zink verarbeitet sei.

Ich sehe in diesem Bilde fast das unserige; Jahr für Jahr mußten wir wegen den schlechtern englischen Fabrikaten mit den Preisen herunter, und die Noth zwang uns Entdeckungen zu machen, die ein Jahr früher uns jedesmal genützt hätten.

Montag, 6. Juni.

Seit gestern stets günstigen Wind, WNW. (d. h. Westnordwest); die ganze Nacht sollen wir mit vollen Segeln gefahren sein, kalt, aber schönes Wetter; Repetition der Seekrankheit. Stets waren noch viele Schiffe zu sehen, was ein Zeichen ist, daß wir noch nicht weit vom Lande sein müssen.

Dienstag, 7. Juni.

Die ganze verflossene Nacht guter Wind, aber heftige Bewegung des Schiffes. Diesen Morgen hatten wir an Irland vorbei defilirt. Heute Mittag sollen wir uns unter dem 10 Grad Länge und 49° Breite (von Greenwich aus gezählt) befunden haben. Den Tag hindurch herrlicher Wind, auf den Abend mit vollen Segeln WNW. Zwei Schiffe begegneten uns heute. Wenn auf offenem Meere zwei Schiffe so nahe bei einander vorbei spazieren, daß man einander leicht mit Augen sehen oder mit Redrohren rufen kann, so wird zur Begrüßung die Flagge aufgehitzt, (d. h. aufgezogen), um den andern anzuzeigen, von welcher Nation man sei. Gewöhnlich fragen sie einander, woher sie kommen, und tauschen einander die Grade aus, d. h. ein jedes Schiff sagt dem andern, unter welchen Graden laut seiner Schiffrechnung es glaube, daß man sich befinde.

Das letztere von den heut erblickten Schiffen, ein englischer Schooner (Zweimaster) wurde von unserm Capitän angefragt. Es gab keine Antwort, und schien von einem unfreundlichen Hauptmann geführt zu werden. Diese Nacht sind wir wieder gut gesegelt; immer kalt, doch schönes Wetter, Linderung der Seekrankheit.

Ich habe nicht im Sinne, Euch über die Seekranken ein Tagesregister zu liefern, es würde zu langweilig. Am Ende werde übers ganze sprechen, wie es sich mit diesem oder jenen aus unserer Gesellschaft verhalten. Eben so werde dasjenige, worüber man in G. Duden ausführliche Berichte hat, so viel möglich, nur mit kurzen Worten andeuten, z. B. diese oder jene Vögel oder Fische gesehen zu haben u. dgl.

Mittwoch, 8. Juni.

Starker Wind WNW. Die See fing an hoch zu gehen, so daß es uns schien, unsere Reise gehe durch Wasser-Gebirge. Abwechselung von Regen mit Sonnenschein; ungeheures Schaukeln des Schiffes, was viele Unbehaglichkeit verursachte. Den meisten fing der Appetit zu schwinden an. Die ganze Nacht gleich hohe Wogen.

Donnerstag, 9. Juni

Es ist ein kleiner Sturm, der Morgen schön hell; die Reise geht noch durch gleich hohe Wassergebirge. Richtung WNW. Nachmittag ungestümme Abänderung von Sonnenblicken und Regenschauern. Der Lootsmann ward ausgeworfen; er zeigte an, daß wir pr. Stund 7 Meilen vorrückten. Auf den Abend mußten alle Segel eingezogen werden. Die ganze Nacht stürmisch; Repetition der Seekrankheit.

Freitag, 10. Juni.

Noch immer gleich hohe Wogen; nur vier Segel durften bleiben, die zudem noch verkürzt wurden. Kalter Wind; den ganzen Tag wechselten Regengüsse mit Sonnenschein. Große Fische wurden sichtbar, (Seeschweine, Marsonins heißen sie.) Gegen Abend trat Linderung des Wetters ein, mit diesem auch die Seekrankheit. (An diesem Tag griff mich aber das Erbrechen am heftigsten an; keine Speise, kein Getränk blieb; alles mußte heraus. Die Nacht war ein wenig ruhiger und half dem Kranken viel. (WNW.) Ein Sturm in diesen Gegenden soll gewöhnlich 48 Stunden dauern; am ärgsten aber sollen die Orkane bei den Azoren wüthen, was ganz natürlich ist. Dort ist ungefähr der Hochpunkt der Gewässer zwischen beiden Festlanden. Auf je größere Massen und auf je längere Zeit der Wind darauf einwirken kann, um so mehr hat er Kraft, die Wogen zu erhöhen, und um so mehr Frist bedürfen die einmal erbosten Wellen sich zu beruhigen. Sind nun noch Inseln in der Nähe, an denen die Schiffe scheitern können, um so gefährlicher sind solche Stellen. Deßwegen nimmt auch die Dauer eines Sturmes ab, je näher man gegen Amerika kommt, und aus dem einfachen Grunde, weil dort meistens die Westwinde vorherrschen, und je näher am Lande, desto kleiner die Kraft.

Diese Hypothese stelle ich zwar nicht als allgemein gültig auf, denn es können örtliche Beschaffenheiten zu viel einwirken. Wie z. B. die Golfströmung und dgl. — Dießmal wenigstens hatten wir die Erfahrung wieder gemacht. Von Mittwoch Morgen bis Freitag Morgens dauerte die Aufruhr und ich zweifle nicht, daß wenn wir weiter gegen Westen vorgerückt gewesen wären, würden wir auf noch größern Wellen haben herumtanzen müssen.

Samstag, den 11. Juni.

Gelindes, doch nasses Wetter. Heute wurden wir ein Zweimaster in weiter Ferne gewahr. Der Wind war ungünstig. Die Segel durften wieder alle gespannt werden. Wir mußten den ganzen Tag rückwärts südöstlich fahren. Erst gegen 5 Uhr Abends konnten die Segel geändert werden auf NW. Richtung. Der Wind wurde heftiger, hielt die ganze Nacht an und verstärkte sich noch auf den Morgen. — So langweilig Euch das Lesen eines solchen Wind- und Wetterregisters vorkommen mag, so halte es doch für diejenigen interessant oder nützlich, welche gerne wissen wollen, wie es etwa auf dem Meere zugeht, da man sich oft verkehrte Begriffe machen könnte.

Sonntag, den 12. Juni.

Am Morgen NWN. mit starkem Winde. (Wenn nun unsere Richtung angegeben ist, muß man nicht glauben, daß der Wind gerade von hinten auf uns zu blies; keineswegs, sonst wäre es nicht möglich, mit dem nämlichen Winde in entgegengesetzter Richtung neben einander vorbeizusegeln, nur daß man mit absolutem Gegenwinde nicht zum Ziele rückt. Z. B. angenommen, wir sollten gerade auf Nordwest steuern, von woher der Wind bläst, so könnte unser Schiff den Wind nicht anders auffangen, als um nach Norden oder Süden zu fahren, mit etwas mehr östlicher Richtung; dreht sich aber der Wind aus Westen entweder mehr nördlich oder südlich, so kann man schon wieder näher auf das Ort hinfahren, wo man will; aber abwechselnd bald nördlich bald südlich oder eigentlich im Zikzak, was man laviren heißt. Bläst der Wind aus Nord oder Süd, da hat man guten Wind und kann direkte auf Westen steuern, nur daß die Segel immer schief stehen müssen, und daher das Schiff schreg geht, d. h. auf der einen Seite nur im Wasser läuft; je mehr nun der Wind sich von Süden oder Norden nach Osten dreht, um so mehr darf man den Segeln eine gerade Richtung geben. Es ist also möglich auf dem Meere mit jedem Winde auf den Bestimmungsort hinzusegeln, nur mit absolutem Winde nicht; bei diesem aber versteht man die Segel so zu stellen, daß man gar nicht oder unbedeutend zurück kommt; schlechter Wind ist aber dennoch besser als Windstille. Diese ist freilich für die Reisenden erquickend, nur darf sie nicht zu lange andauern, damit die Lebensmittel nicht zu sehr aufgezehrt werden.) Ich komme also wieder auf den abgebrochenen Faden zurück. Weil es gerade Sonntag war benutzten wir ihn zu Vorlesungen. Ich bin versichert, daß es Euch ebenfalls Spaß gemacht hätte, unserm Spiele zuzuschauen; wir alle lachten herzlich. Ich will es Euch so gut als möglich verständlich machen warum.

Vorerst muß ich aber eine Erklärung voranschicken, was man das Herumschaukeln nennt. Denkt Euch nun die Größe des Schiffes, das noch etwa 40 Fuß länger ist als unser Fabrikgebäude, also 120 Fuß, vom Kiel bis zum Verdeckboden 18 bis 20 Fuß und bis zum höchsten Segelspitz zu 70 Fuß hoch. Ein solches Schiff kann über 20 Segel aufspannen. Damit nun die Gewalt des Windes, wenn er ganz schreg aufgefangen werden muß, dasselbe nicht umschlägt, wird es im Grunde mit Steinen oder andern Sachen so beschwert, daß es immer der Windskraft das Gegengewicht hält, deßwegen ist der Ballast nöthig, wie man diese Beschwerung heißt. Man kann ein gehörig beladenes Schiff den zauberischen Hexenmännchen aus Mark vergleichen, die sich immer selbst wieder durch die Schwerkraft des unten hineingesteckten Nagels aufrechtstellen, man mag sie herumwerfen wie man will. Wenn nun ein solches Schiff den gehörigen Ballast hat, so bringt ihm alle übrige Ladung nicht mehr viel bei, besonders wenn es nur Kaufmannsgüter leichterer Art sind.

Ein solches Gebäude, das äußerst fest und wasserdicht gebaut sein muß, kann man sich also ohne Uebertreibung für eine so ungeheure Last denken, die nur auf einer Flüßigkeit leicht bewegbar ist. Hat man also Seitenwind, so muß man schon gegen die Wogen steuren. Dieses verursacht nun, daß das Schiff bald vornen, bald hinten in die Höhe gehoben wird, so daß man, je nach der Größe der Wellen glaubt, der Spitz gehe in die Tiefe, bald daß er gegen Himmel fahre. — Diese Bewegung ist aber nicht die ärgste, sondern wenn selbe allein besteht und nicht zu heftig ist, wirklich für Gesunde angenehm. Aber wenn nun das Schiff an die seitwärts laufenden Wellen anprellt, wird es auf die andere Seite geschwenkt, von welcher es der daher blasende Wind wieder zurücktreibt. Weil nun das Schiff schmäler als lang, hiemit die Bewegung geschwinder vor sich geht, so wiederholt sich dieselbe sehr schnell. Diese abwechselnde und zusammentreffende Bewegung verursacht das Unbehaglichsein auf dem Meere, und reizt den Magen zum Auswerfen, was Hr. Duden sehr gut beschreibt. Bei starkem Seitenwinde läuft nun das Schiff auf der einen Seite ganz tief, auf der andern hoch, so daß der Boden statt eben schreg steht und die Masten statt senkrecht schief stehen. Daß es Gewandtheit fordert herumzulaufen, ohne sich zu halten, versteht sich, und auch daß alle Sachen und Effekten auf dem Schiffe fest angebunden werden müssen, wenn man nicht alles zerschlagen haben will. (Dieß schien uns wunderlich als am ersten Tage die Matrosen alle unsere Koffern, Kisten u. dgl. fest anzubinden kamen.)

Heute hatten wir also starken Südwind, daher Seitenwind. Theils auf dem Boden, theils auf Stühlen, waren wir in einem engen Kreise, gerade über vom Mittelmast auf dem Verdecke versammelt. Ich hatte Hrn. Fähnrichs Reisebeschreibung zum Vorlesen. Alle hörten aufmerksam zu, als uns auf einmal wider alle Erwartung eine ziemlich große Welle überflog und die meisten so durchnäßte, daß kein trockner Faden mehr zu sehen war. Mich, meinen Bruder und Hrn. Lüthy, der neben mir saß, schützte das hohe Bord des Schiffes, an welchem wir auf dem Boden saßen. Aber unsern Hrn. Doktor, dessen Tochter und den alten Hrn. Hitz, die auf Stühlen vor uns saßen, und die meisten übrigen begrüßte der Wassersegen meisterlich. Es war dieß die erste Woge, die wir so mächtig einschlagen gesehen. Wir staunten erstlich einander an; so wie das Wasser abgelaufen, mußten wir alle herzlich lachen und mit umänderten Kleidern war alles kuriert.

Auf den Abend ging die See höher, so daß nur noch vier Segel aufgespannt bleiben durften. Bis gegen 4 — 5 Uhr Morgens blieb die Nacht ungestümmer als je. An Schlaf war für uns nicht zu denken.

Montag, den 13. Juni.

Artiger Morgen, aber schlechter Wind, nach NNW. Gegen 9 Uhr völlige Windstille. Den ganzen Tag rückten wir keine Stunde vorwärts. Erst spät gegen 11 Uhr Abends kam etwas Wind. Während der Nacht müssen wir ziemlich vorgerückt sein. Abends Regen. Windstille trägt viel zur Genesung bei. — Nun auch etwas von unserer Kocherei.

Auf unserm Schiffe ist eben nicht alles in guter Ordnung, hauptsächlich zu beklagen ist die Küchenpolizei. Für die Cajüte ist eine gut eingerichtete Küche, die ein Neger besorgt und besetzt. Für die übrigen Reisenden ist eine Küche nicht hinreichend, und die vorhandene so schlecht, als wenn selbe darauf berechnet wäre, daß so wenig als möglich gekocht, somit kein Holz verbrannt werde, das in Frankreich theuer bezahlt werden muß. Dieser Feuerheerd sieht einem von Brettern zusammengenagelten Schilderhaus nicht unähnlich, in welchem der innere Theil mit Backsteinen zwei Fuß hoch ausgemauert ist; auf diesem ist gleichsam eine Art Trog gebildet, über welchen Eisenstäbe gelegt sind, unter welchen Feuer gemacht, und über welche die blechernen Kochgeschirre gestellt werden. Daß es zum ersticken rauchen muß ist leicht zu begreifen, besonders bei starkem Winde, wo es kaum auszuhalten ist. Allein dazu kommt noch das verteufelte Schwanken des Schiffes, welches manches Pfund Butter ins Feuer geschmissen und manche Suppe ausgeworfen. Jedoch alle diese Uebel wären zu bekämpfen, wenn die Zeit eingetheilt wäre, wenn jede Familie kochen könnte; aber von solcher Ordnung weiß man nichts; der Erstere besetzt den Heerd und der Stärkere und Unverschämtere ist Meister. Daß sich die Weiber einigemal in die Haare kommen ist nichts seltenes, aber daß einige Reisende oft den halben Tag nichts Warmes bekommen, wie es uns ging, mag man sich von einer solchen Polizei auch versprechen. Wir beklagten uns beim Kapitain, der uns dann erlaubte, in der Zwischenzeit in der Cajütenküche zu kochen, was Morgens von 9 bis 12 und Abends von 3 bis 4 Uhr geschehen konnte. Die Familie Hitz und Köpfli wechselten nun hierin ab. Oft konnte man auch da nicht zukommen.

Dienstag, den 14. Juni.

Schon in aller Frühe wurden alle Segel gespannt, die ein guter Wind voll blies. Seit wir auf dem Meere sind, war es nie so günstig, doch Regen. Wir sollen noch 250 Stunden von den Azoren sein. Nachmittag nahm der Wind mehr Heftigkeit an. Mehrere Segel mußten eingezogen werden. Ein kleines Gewitter schaukelte uns am Abend ziemlich stark. Fast die ganze Nacht Regen und starke Bewegung.

Mit den Speisen ist wunderliche Wirthschaft. Unsre Köchinnen werden erfinderisch. Denn nur Speisen die sich leicht und schnell kochen lassen sind hier anwendbar, wenn man etwas haben will, und unsere Magen sind für die Schiffsverordnungen, die wir in Havre erhielten nicht eingerichtet.

Von allem was man uns vorgeschrieben oder angerathen, können wir so zu sagen nichts genießen. Ein Gesetz verlangt nämlich daß kein Kapitain abfahren dürfe, außer das Schiff habe auf die Person 100 ℔ Zwieback und 100 ℔ gesalzenes Fleisch. Es ist dieß wirklich ein wohlthätiges Gesetz, weil es sonst oft unerfahrene Reisende gäbe, die fast gar keine Lebensmittel mitnehmen wollen und glauben, man könne die Dauer der Ueberfahrt bestimmen, und bei einer Hungersnoth ist man am Ende froh noch Zwieback und Salzfleisch zu haben. Aber im Anfange wenn man seekrank ist, und am Ende wenn man genesen und noch andere Lebensmittel hat, schmekt einem diese vorgeschriebene Kost gar nicht. In Havre machten wir auch den Vorsatz, uns recht viel Wein anzuschaffen, um damit die Langeweile auf der Fahrt zu tödten; wir versahen uns auch mit gebrannten Wässern, aber leider Gott, wenn das Trinken nicht besser als bisher geht, bringen wir die Fässer noch voll nach Newyork. Alles was uns noch am besten schmekte, waren Mehlspeisen und von gedörrten Früchten, Eyer u. dgl. auch etwas von Erdäpfel, aber wir haben gar wenig.

Gute frische Braten, wie man uns neben der Nase vorbei in die Cajüte trägt, würden uns auch behagen, allein Speck und trocken Salzfleisch ist zu arg. — In der Cajüte ist die Tafel nach amerikanischer Art gedeckt. — Wenn ihnen nur die Gänse und Hühner nicht ausgehen! Die Matrosen können auch mit Zwibak, Salzfleisch, Stockfischen und sparsam gereichtem Cognac verlieb nehmen.

Mittwoch, den 15. Mai.

Am Morgen düsteres Aussehen mit starkem doch nicht ungünstigem Winde. Den ganzen Tag traurige Witterung.

Gute Richtung WNW. Gegen 12 Uhr Nachts lief das Schiff mit großer Schnelligkeit. Das Meer leuchtete herrlich.

Was man beständig vor sich hat, achtet man am wenigsten. Ich verstehe hiedurch das Recht, das wir vor den übrigen Zwischenverdeck-Reisenden zum voraus hatten, auch auf dem Verdecke bei den Cajüten-Reisenden uns aufhalten zu können. Wir wurden doch mit einer gewissen Achtung behandelt, und es schien als wenn sich der Kapitain vor uns fürchtete, denn wir hatten nicht wenig geklagt, auch wußte er von unsrer Geschichte mit Hrn. Barbe vielleicht nur zu viel. Eben so hatte Hr. Weinmüller den Schiffsmäkler beim Einsteigen so laut und heftig ausgescholten, daß Hr. Funk nicht anders als uns für Leute ansehen konnte, die sich nicht gerade wie Hunde herumpudeln lassen. Auch betrugen wir uns, daß er mehr Respekt vor uns gewann als vor den zottigen und unreinlichen Bewohnern des Vorder-Quartiers. Der große Mast auf dem Verdecke bildete die Grenzlinie. Bis dahin und nicht weiter durften die übrigen Auswanderer. Wir konnten überall frei herumgehen, auch bei schlechtem Wetter in das obere Cajüten-Zimmer; nur die untere Cajüte blieb uns verschlossen. Der Ausgang durch die Cajüten-Stiege hatte für uns deßhalb unendlichen Werth und so auch die Nähe des Zubereitungszimmers, aus welchem manches Plättchen Speise und manche Schaale Thee oder Kaffee zu unsern Seekranken flog. Zwar nicht umsonst, bloß für Geld und Dienste. Allein den übrigen Reisenden war auch der Weg dazu abgeschnitten. — Außer der Tafel und einer bequemern Wohnung unterhalb, waren wir so gut gehalten als die Cajüten-Reisenden, die sich auch gerne mit uns unterhielten.

Donnerstag, den 16. Juni.

Morgens Regen, gegen 8 Uhr begann ein heftiger Orkan zu wüthen. Anfangs der Himmel ganz umwölkt. Regenschauer stürzten nieder. Gegen 9 Uhr öffnete sich der halbe Horizont und die Sonne schien freundlich die Wogen zu beleuchten. Doch immer verstärkte sich der Wind. Alle Segel bis auf den untern am Mittelmast wurden eingezogen. Die See ging noch nie so hoch. Es stürmte den ganzen Tag fort. Gewöhnt durch den frühern Sturm starrten unsre Augen mit Gleichgültigkeit an die Wasserberge, die sich vor uns aufthürmten, versichert, daß sie uns nichts anhaben können. Auch der letzte Segel mußte weg und der sogenannte Sturmsegel ausgespannt werden. Dieser war bei unserm Schiffe hinterhalb längs dem Mittelmast hinauf. — Gegen 6 Uhr Abends erblickten wir ein Schiff wir schienen in gerader Richtung gegeneinander zu segeln. Schnell ließ unser Kapitain die Richtung des Segels ändern. Es kostete viele Mühe das Aneinandertreffen zu verhüten, denn bei so hochgehenden Wogen würden sich zwei Schiffe zerschellen. Es gelang drei Thäler (so muß ich die Zwischenräume der Fluthen heißen) von einander zu kommen. Das getroffene Schiff war in der Größe wie das unsrige, vermuthlich ein Liverpoler Paquetboot. — Die Wogen müssen wenigstens 70 Fuß hoch gewesen sein, wie selbe die Seeleute schätzen, denn das andere Schiff verschwand jedesmal aus unsern Blicken, wenn sich eine Welle zwischen uns aufthürmte und das eine oder andere gerade in der Tiefe war. Kalt zischte der Wind über die Wasserhügel und schien an denselben erneute Wölbungen zu treiben. Wie Lavaströme rollten über die Wogen hinab der Schaum des zerschmetterten Wassers. Die ganze Nacht dauerte der Sturm fort.

Vorgestern hat der Kapitain mit den Matrosen schon angefangen bei den Verdeckreisenden die Effekten anders zu ordnen und näher zusammenzustellen, damit es mehr Raum giebt, auch wurde der Boden mit Essig ausgewaschen. Er sprach davon auch nächstens in unser Cabinet zu kommen, wo er aber wenig Raum erübrigen wird, weil wir unter unsern Cabanen alles mit Koffern ausgepfropft haben.

Freitag, den 17. Juni.

Am Morgen noch immer hohe See. Der Wind hielt mit gleicher Stärke an. Das am Vorabend ausgewichene Schiff hatten wir den ganzen Tag vor Augen. Es scheint den gleichen Weg zu nehmen. Nachmittag wurde mit drei Segeln und dem Sturmsegel gesteuert. Abwechselnde Sonnenblicke, deren Wärmekraft aber der kalte Wind brach, schienen uns für diese Nacht Trost zu verkünden. Allein mit einbrechender Nacht erhöhten sich die Wogen und unsere Besorgnisse. Alle Segel, bis auf den Sturmsegel mußten aufgebunden werden. Alle Vorrichtungen des Kapitains ließ uns vermuthen, daß er für diese Nacht etwas besorge. Hin und her ward das Schiff wie ein Spielball geschaukelt. — Nun fing ob unsrer Bettstelle das Verdeck zu rinnen an, das Verstopfen half wenig. Bei dem schneidend kalten Luftzuge ward es unangenehm auf ganz durchnäßten Betten zu liegen. Man traf Anstalten, daß die meisten außerhalb der Cabanen liegen konnten. Der Sturm tobte fort. In banger Erwartung lagen wir beisammen, der Wind pfiff durch alle Ritze, und knarrend bewegten sich die aufgehängten Gegenstände, so wie das Schiff bald auf diese, bald auf jene Seite sich senkte.

An Schlaf war nicht zu denken. Jeder mußte sich festhalten um nicht herumgeworfen zu werden. Jetzt verstunden wir die Vorsorge, alles fest anzubinden. — Wir sprachen sehr wenig mit einander, nur unzufrieden mit dem stürmischen Toben, wünschten wir dessen baldiges Ende. Eine lange Nacht. Es mag nach Mitternacht gewesen sein, als auf einmal das Schiff mit ungeheurer Gewalt auf die linke Seite geworfen wurde, und wie dreifacher fürchterlicher Donnerknall ertönte es auf dem Verdecke. Das Schiff schien zu sinken. Wir hörten das Wasser über uns herrauschen. — Todesstille erfolgte. Schrecken lähmte die Zunge aller Schiffsbewohner. Jeder glaubte sein letztes Stündchen habe geschlagen. — Die Laterne war erloschen. — Bald aber fühlte man, daß das Schiff noch ganz und unser Leben gefristet sei, denn das Schaukeln dauerte fort und im ganzen Schiff fing es an aufzuleben. Mit Bangigkeit erwarteten wir den Anbruch des Tages.

Samstag, den 18. Juni.

Sobald der Tag zu hellen begann, nahmen wir Einsicht von den Verheerungen auf dem Verdecke. Schon die Nacht hindurch ertönte des Kapitains befehlende Stimme, um Ordnung zu schaffen. Allein noch lag alles im Wirrwarr durcheinander. Doch unten im verschlossenen Schiffsraum blieb es uns Räthsel, woher das grausenerregende Getöse entsprungen. Nun in diesem vor uns befindlichen Labyrinthe war es uns erklärbar. Die ungeheure Wassermasse einer aufgethürmten und zurückschellenden Woge war mit ihrer ganzen Wuth über 30 Fuß herab aufs Verdeck gestürzt und hatte im Mittelschiff furchtbare Verheerungen angerichtet. Das Schiffchen, welches zum Viehstalle dient, und das mit starken Tauen auf's Verdeck befestiget, und dazu noch ringsum mit Wasserfäßern umzingelt war, hatte sich losgerissen. Eben so die Wasserfäßer und Weinfäßchen. Es war alles auf die linke Seite geworfen. Die losgewordenen Wassertonnen rollten abwärts und zerstückelten die Bordladen, zwei davon hatte es zerschmettert. Eines war mit mehreren Fleischfäßchen über Bord geworfen. Das Brennholz schwamm herum und vieles war fortgespült. Wie ein Chaos lag alles durcheinander. Ringsum war das Bord durchlöchert. — Zum Glücke hatte es Niemand verletzt, nur am Morgen zerquetschte ein junger Matrose den Finger, als die Wasserfäßer wieder in Ordnung gebracht werden mußten. Der Sturmsegel hatte 3 große Risse.

Hr. Fähnrich stattete uns nun auch über die Vorfälle unsrer vornhalb eingeschlossenen Nachbarn Bericht ab, von denen wir nichts als Jammern und Beten gehört. Auf den Schlag des Schiffes soll es die Cabanenbewohner der rechten Seite ziemlich unsanft aus denselben herausgeworfen haben. Viele der obern Cabanen seien zusammengestürzt und auf die untern hinab. Beim flottgewordenen Schließdeckel drang eine große Wassermenge ein, so daß unter den tieferliegenden Bettstellen der linken Seite über ein Schuh hoch Wasser umherrauschte. — Weiber und Kinder schrieen, die Männer fingen an zu beten, und so wurde auch wie in einer dunklen Höhle der Tag erwartet.

Nun hatten die Matrosen voll auf zu thun. Bis auf den Abend war alles wieder in Ordnung. Alle Wasserfäßer wurden frisch angerüttelt. Wenn man an dem Verluste des Brennholzes und einiger Fäßer nicht bemerkt hätte, daß es mehr Raum gegeben, würde man den ganzen Schaden an nichts mehr, als an den durchlöcherten Bordwänden erkennt haben; diese gaben aber den sich einwerfenden Wellen mehr Spielraum.

Das Meer blieb den ganzen Tag bis spät Abends noch in Wallung, so daß wir für diese Nacht eine Wiederholung des gestrigen Spektakels fürchteten. Doch, Gott sei gedankt! — die Nacht ging ziemlich ruhig vorüber und die ermatteten Schiffsbewohner genoßen durchgehends einen erquickenden Schlaf, der vorzüglich auf die Seekranken genesend wirkte.

Sonntag, 19. Juni.

Noch immer unruhiges Feld. Das Meer muß in schrecklicher Wallung gewesen sein. Nebel umhüllte uns den ganzen Tag. Um Mitternacht herum mag es gewesen sein, als der stürmische Nord wieder schnell mit einem eben so unfreundlichen Südwinde abwechselte, der nur fünf verkleinerte Segel zuließ, und den ganzen Tag hohe Wogen trieb. Wir rükten nichts vorwärts.

Auch wenn es regnet, muß alle Morgen das Verdeck, die äußere und innere Seite des Bordes gewaschen werden; dieß ist immer das erste Geschäft der Matrosen. Wer nicht im Nassen herumlaufen will, darf also nicht zu schnell hinaufgehen. — Zu viel ist — zu viel! — Ich liebe die Reinlichkeit auch, aber gar zu arge Schwemmerei scheint mir Uebertreibung. Dies ist eine amerikanische Mode, wo alle 8 Tage einmal das Haus von oben bis unten ausgewaschen wird. — Bei den französischen Schiffen soll es aber zu unreinlich aussehen.

Montag, 20. Juni.

Unfreundliches Wetter; jedoch einige Sonnenblicke. Ungestümmer Wind, der diese Nacht wieder von Norden kam; stets kalt und ungesund. Am Morgen sahen wir einen Zweimaster gen Europa segeln; er flog mit vollen Segeln vorbei. Mich wunderts, wie man sich mit einem so kleinen Fahrzeug auf's hohe Meer wagen darf.

Dienstag, 21. Juni.

Bald allzustarker Wind, daß man keine Segel spannen darf, ohne zu fürchten umgeworfen zu werden, oder gar keinen, wie heute, daß man mit allen 22 ausgehängten Segeln keine Spanne weit kömmt. Das Meer hat sich beruhigt; zwar ist die Oberfläche noch nicht glatt. Die Wassermassen schwanken noch jetzt hin und her. Dies verursacht auch ein beständiges Schwanken des Schiffes, weil der Wind zum Vorrücken zu schwach ist; sonst würde man diese Wasserbewegung nicht verspürt haben.

Unabläßig weis der Kapitain die Matrosen zu beschäftigen, bald haben sie auf dem Verdeck zu räumen, zu waschen oder aufzutröcknen, bald Segel aufzubinden, niederzulassen und aufzuziehen, bald zerrissene Segel zu flicken, alte Taue aufzulösen, die Theilchen zusammenzuknüpfen und neue daraus zu drehen (d. h. man würde selbe von neuen nicht leicht als durch die Pechfarbe unterscheiden) bald müssen sie aus den alten Seilen verschiedene Instrumente drehen und flechten, z. B. die Auftröckner und Teppiche vor die Thüren zum Abwischen der Schuhe, und so ist auch das Auswaschen des Zwischendecks mit Essig ihre Arbeit.

Bald hätten wir den Durchgang gegen die Cajüte verloren. In der Sturmnacht war ein Schaft gegen die Thüre geworfen worden und hatte die untern Charnieren zerbrochen. Da seither immer heftiger und kalter Wind war, wollte Hr. Doktor, daß man die Thüre schließe, welche sonst offen und rückwärts genagelt war. Der Kapitain glaubte die Thüre sei vom vielen Auf- und Zuschließen zerbrochen worden, und ließ selbe wieder zurücknageln. Gegen 7 Uhr Abends erhielten wir ziemlich günstigen Wind.

Mittwoch, den 22. Juni.

Heute hielt bis Morgens 8 Uhr dieser günstige Wind an, dann folgte wieder windstilles Nebelwetter, worauf aber bald wieder günstiger Wind erfolgte, der uns stündlich 7 Meilen weit brachte.

Donnerstag, den 23. Juni.

Morgens wieder Windstille. Am südlichen Horizont zeigte sich ein Schiff. Gegen 9 Uhr fing der Wind ein wenig zu blasen an. Herrliches, doch nicht ganz helles Wetter. Viel Vergnügen verschafften uns heute Enten, Fische und Vögel. Nachmittags sahen wir wieder eine Brigg.

Freitag, den 24. Juni.

Morgens ziemlich guter Wind aber dichten Nebel. Wir sollen heute unterm 45° nördlicher Breite und 333° Länge durchgefahren sein. Den ganzen Tag hatten wir Nebel, doch rückten wir vorwärts. Wir spüren es an der Witterung daß wir ziemlich nördlich sind, und ich glaube immer, wir seien noch nördlicher als die Angabe der Schiffsrechnung lautet.

Samstag, den 25. Juni.

Nebelwetter, doch guter Wind, d. h. für unsre jetzige Reise, denn das Schiff macht circa 6 Meilen pr. Stund (guter Wind heißt sonst 12 bis 14 Meilen pr. Stund). In einem Zeitraume von 3 Stunden sahen wir heute zwei Briggs und einen Dreimaster an unserm Horizont vorbeidefiliren.

Sonntag, den 26. Juni.

Günstiger, doch nicht kräftiger Wind. Ueberzogener Himmel mit Nebelregen, der ziemlich näßte. Schöner Abend mit Windstille. Das Spiel der fliegenden Fische, deren heute eine Menge erschienen, ergötzte uns. Ziemlich weit, doch nur 3 bis 4 Schuh über dem Wasser war ihr Flug. Die Nacht günstigern Wind. — Laut Hr. Barbes Rechnung hätten wir heute in Newyork ankommen sollen, allein wir sind noch fern davon! — Aber wir ergeben uns in den Willen der Winde und deren Leiter und erinnern uns dabei an die Worte unsers Gefährten Weinmüller, der zu allem sagt: wenn es nun nicht gleich kommt, so warte ich noch ein Bischen.

Montag, den 27. Juni.

Schon vor Tag begann ein kleiner Sturm, der den Tag über anhielt und uns nichts vorrücken ließ. Auf den Abend Milderung und ein Bischen bessern Wind. Diese Meereswallung soll in der Gegend der Neufundlandsbank etwas Gewöhnliches sein und von den Polarströmungen herrühren. Aus diesem und dem beständigen Nebelwetter wollen unsre Schiffleute schließen, daß wir nahe bei der großen Bank seien. Es wäre gut, die größte Strecke wäre doch zurückgelegt und das gefährlichste überstanden. Daß wir von den Azoren nie etwas zu Gesichte bekommen ist mir der beste Beweis daß wir nahe an den Eismassen des Nordens vorbeikamen, daher rührte auch der verteufelt kalte Wind.

Dienstag, den 28. Juni.

Mit dem Tage stellte sich die Ruhe des Meeres her. Es scheint heute der schönste Tag zu werden, den wir auf dem Meere erlebt. Nur hatten wir bis 8 Uhr keinen

Wind, was auch zu den Seefahrtsschönheiten gezählt wird. Wir sollen uns der Bank nähern. — Der schöne Tag ward auch fröhlich beschlossen. Ein Matrose spielte artig Violin, ein deutscher Passagier Klarinet, da mußten Tänzerinnen auf den Platz und die Matrosen machten sich ziemlich lustig. Walzten und tanzten Contretänze, so gut als auf stillem Boden, was wirklich Gewandtheit erforderte. Wir hatten Mühe zu laufen, doch weniger als anfangs.

Mittwoch, 29. Juni.

Noch kein Wind, doch das schönste Wetter. Mehrere Wallfische ergötzen uns mit dem Aufspritzen des Wassers, das kleinen Springbrunnen nicht unähnlich ist. Um 12 Uhr etwas Wind. Kalte Witterung und trüber Himmel. Wir begegneten einer französischen Fischerbrigg.

Donnerstag, 30. Juni.

Starker Wind aus Südwest, der uns ganz nördlich trieb. Kalte Witterung; Nachmittag Westwind, mit dem wir südlich steuerten. Das Senkblei wurde ausgeworfen; nach 60 Toises fand man Grund (circa 250 Fuß.)

Also sind wir doch bei der Bank angelangt; schon gestern schien das Wasser seine dunkelblaue Farbe verloren zu haben; heute spielte es ganz in's Grüne.

Freitag, 1. Juli.

Milde Witterung, aber immer noch schlechter Wind von Westen, der uns südlich zu laviren zwingt. Eine traurige Fahrt, immer seitwärts gen Norden oder Süden statt vorwärts.

Samstag, 2. Juli.

Regenwetter und schlechter Wind. Wir hatten schon so viele Fische aller Art, besonders viele Meerschweine gesehen, daß ich mich kaum mehr deßhalb zum Borde hin begeben mag.

Sonntag, 3. Juli.

Schöner Morgen; die halbe Nacht ziemlich günstiger Wind. Am Morgen Windstille, die mit 9 Uhr aufhörte. Zwei und zwanzig Segel wurden heute aufgezogen. Zum erstenmale so viel auf unserer Reise. Gegen Mittag umwölkte sich der Himmel. Wir begegneten heute 4 Schiffen.

Das ausgeworfene Senkblei fand keinen Grund. Wir stehen unter dem 43° nördlicher Breite; die Länge wollte man uns nicht angeben.

Früh Morgens erblickten wir hinter uns 1 Schiff, den nämlichen Weg nehmend. Der Capitän hielt es für den Dreimaster Neuorleans, der zu gleicher Zeit mit der Henriette aus dem Hafen gefahren. Den Tag über blieb es in einer Entfernung von 5 Meilen hinter uns. Der Ehrgeiz spornte unsern Hauptmann an, so viel möglich Segel aufzuziehen, um den Vorsprung zu behaupten.

Auf den Abend begegneten wir einer englischen Brigg, gerade auf uns zusteurend; als wir nahten, erblickten wir eine schon abgefahrene Schaluppe mit 4 Matrosen und 1 Steuermann. Unser Capitän ließ die Segel aufhalten. Das Schiffchen langte an, und schnell war die Mannschaft davon an unserm Bord. Aber so kaltblütig wie dieser auf weiter See sich ereignende Empfang ausfiel, hätten wir nicht erwartet; sie reichten sich nicht einmal die Hände, thaten auch mit dem Kopf kein Zeichen der Begrüßung. Der Steuermann sah ganz verwirrt aus, kam von einer westindischen Insel, und sei durch einen Sturm verschlagen worden; er bath um Theer und Tauwerk, an dem sie Noth leiden sollen. Beides aber schlug ihm unser Kapitain ab, sich ausredend, daß er nichts Ueberflüßiges habe; sagte ihm, daß uns ein französisches Schiff nachkomme, das ihm vermuthlich werde aushelfen können und spies ihn eben so kaltblütig ab als der Empfang war, ließ die Segel wieder stellen und fuhr vorwärts. Wahrhaftig sagten wir zu uns selbst, das ist verflucht trockner Tisch; solch englische Nüchternheit und Kaltblütigkeit soll der T†††l holen. Wenn Deutsche sich so begegneten, würde doch die Zusammenkunft freundlicher ausfallen.

Uebrigens hatten wir wieder einen recht vergnügten Abend. Die Matrosen erlustigten sich mit Musik und Tanz und wir mit den Cajüten-Passagiers mit Springspielen, wozu uns der Raum um die größere Laterne diente. Wenn hie und da Jemand niederpurzelte, gab es ein freudiges Gelächter und der Niedergefallene stund auf und lachte mit und spielte fort. Auch der Hr. Kapitain spielte mit.

Montag, den 4. Juli.

Schlechtes naßes Wetter und heftiger Wind der uns wieder fast ganz nördlich zu lavieren zwang. Eine unfreundliche Spazierfahrt, die uns nichts nützte. Ich habe noch vergessen zu bemerken, daß wir fast mit jedem Tag mehr Raum auf dem Verdecke gewannen, denn so wie ein Wasserfaß leer war, wurde es zusammengeschlagen, die Reife über Bord geworfen, die Daugen bezeichnet und zusammengebunden und mit den Böden auf die Seite gelegt. Zwei Faß reichten für 3 Tage hin. Auf die Person wurde täglich 2 Gallone Wasser gegeben. Gewöhnlich um 4 Uhr Nachmittags wurde vom Untersteuermann dasselbe ausgetheilt. Er hatte eine Liste in der Hand mit bezeichneten Familien, rief sie nach einander auf und keiner erhielt einen Tropfen mehr. Mit Sparsamkeit konnte man sich aushelfen; aber vom Abwaschen der Geschirre mit süßem Wasser, davon war keine Rede, hiezu mußte Seewasser gebraucht werden. Auch wurde täglich Holz verbrennt, so daß man nach und nach, zuerst nur auf der einen Seite, auch ohne hinauf oder hinabzusteigen zur Küche gelangen konnte. Dieß machte unsern Köchinen nicht geringe Freude.

Dienstag, den 5. Juli.

Wieder auf der Nebelbank von Neufundland. Wir wollten uns heute die Langeweile mit Stockfischfangen vertreiben; aber hätten wir daraufhin fasten müssen, würden wir das Angeln früher aufgesteckt haben; denn unsere ganze Arbeit glich der des hl. Simon Petrus, als er zum Hrn. rief: „ich habe die ganze Nacht gearbeitet und nichts gefangen.“ Die Matrosen glaubten unsere Angelschnur wäre zu kurz, aber ich glaube daß das Schiff zu schnell lief und die Stöcke von Fischen dem Spekangel nicht nachschwammen. Nachmittags begegneten wir wirklich einem Stockfischfahrer, einem amerikanischen Schooner. Schönes Wetter, die Richtung WSW. Ein herrlicher Sonnen-Untergang, gerade vorher ein wenig Windstille; Nachts etwas Wind.

Mittwoch, den 6. Juli.

Schöner Tagesanfang, doch Windstille, die nach 7 Uhr mit ziemlich gutem Wind abtauschte. Nach heutiger Schiffsrechnung sollen wir beim 44° nördlicher Breite und 55° Länge (von Greenwich) stehen.

Donnerstag, den 7. Juli.

Nebeltag, gute Fahrt bis auf den Abend. Heute kamen eine Schaar Schwarzfische (wie sie heißen) oder Meerschweine ziemlich nahe. Unser kräftige Steuermann warf den Harpun nach ihnen, traf einen, er konnte sich aber wieder losmachen. Es hätte mich sehr gefreut, wenn sie den Fleischkloß an Bord gebracht hätten. Das Fleisch soll aber zum Essen nichts taugen, aber das Gehirn eine Art Oel geben, das für Verwundungen heilsam sein soll. Aus dem Fleische siedet man Thran wie aus dem der Wallfische. Auf den Abend wurde der Wind wieder schlechter.

Freitag, den 8. Juli.

Schlechter Wind und südliche Richtung. Nebelwetter und im ganzen ein unfreundlicher Tag. Wenn es nie besser geht, müßen wir noch einen ziemlichen Theil von diesem Monat anflicken; denn das südlich und nördlich spazieren hilft uns wenig.

Samstag, den 9. Juli.

Die ganze Nacht gleiche Fahrt. Angenehmer Morgen mit Windstille. Nachmittags guter aber schwacher Wind. Man fängt an mehr zu waschen und zu räumen; es scheint daß unsere Schiffleute das Land für nahe halten. Der Wind verstärkte sich auf den Abend. Drei volle Tage solchen Wind, hieß es, und wir seien am Ziele.

Sonntag, den 10. Juli.

Endlich wieder einmal ein warmer Tag, d. h. ohne empfindliche Wärme; nur daß man nicht wie bishin fast erfror. Wir müssen immer noch ziemlich nördlich sein. Der Wind war heute nicht ungünstig, zwar nur Südwind, doch rückten wir etwas vor. Wir sollen in der Gegend der Sandinseln uns befinden und man will uns versichern, mit günstigem Wind würden wir bis Dienstag Abends die Küste von Newjersey sehen.

Montag, den 11. Juli.

Fast die ganze Nacht starker Regen, ziemlich guter Wind, auch den Tag über Regen. Einen großen Dreimaster sahen wir in der Richtung von Newyork hersegelnd gegen Europa steuren. Wir riefen ihm Grüße zu, an alle die Lieben der alten Heimath. Es mag ein Paquetboot gewesen sein, die gewöhnlich in den ersten Tagen der Monate abgehen. — Aber wir müssen eilen, wenn das unsere den 15. July von Newyork wieder zurück soll.

Dienstag, den 12. Juli.

Herrliche Witterung. Die ganze Nacht soll das Schiff schneller als je gelaufen sein. Den Tag über hatten wir nur äußerst schwachen Wind. Unser Wasser auf dem Verdecke ging zu Ende, heute mußte der Keller aufgebrochen und eine große Menge Kaufsmannswaaren heraufgezogen werden, um die im Ballast liegenden Reservefäßer heraufzubringen. Es waren deren 16 drunten, die unter dem eigenthümlichen Gesange der Matrosen vermittelst eines doppelten Flaschenzuges und des Windstockes hinaufgewunden wurden.

Wir sahen heute einen Segler (Manofwar) was die Franzosen Fregate nennen oder die Seeblase. Das Thierchen schimmerte in herrlichen Farben; das Wetter blieb sich gleich und die Seespiegel glatt.

Mittwoch, den 13. Juli.

Stets Windstille und den ganzen Tag herrliche Witterung. Erst Nachmittag etwas Wind. Viele große und kleine Fische aller Arten machten uns durch ihre Sprünge viel Vergnügen.

Donnerstag, den 14. Juli.

Während der Nacht verstärkte sich der Wind zu unsern Gunsten. Obschon der Morgen regnerisch aussah, verspürten wir doch eine ganz andere Temperatur als früher auf der Nebelbank von Neufundland. Es drohete ein Bischen zu regnen, der Wind blies ziemlich stark und der schnelle Lauf des Schiffes vermehrte noch den Windzug; dessen Allem ungeachtet empfand man wirklich einige Sonnenwärme. Heute erfreuten uns fliegende Fische in großer Zahl, durch ihren ziemlich langen doch niedrigen Flug. Sie schienen ½ Elle lang und von dem Laufe unsers Schwimmers auf ihrer Wanderung gestört worden zu sein; denn alle die wir sahen, flogen aus den schäumenden Furchen heraus, die ziemlich unsanft vom Schiffe aufgewühlt wurden.

Bis auf den Abend blieb der Wind günstig und wenn er die ganze Nacht gleich fortbläst, werden wir Morgen das Vergnügen haben Land zu sehen. Je näher wir dem Ziele rücken, um so mehr steigert die längst geprüfte Geduld unsere Neugierde.

Freitag, den 15. Juli.

Der gestrige gute Wind hielt nur bis 2 Uhr Nachts an; er verstärkte sich schon auf den Abend, daß alle Nebensegel nach und nach eingezogen werden mußten, ohne daß deßhalb die Schnelligkeit des Laufes, wohl aber das Schwanken des Schiffes in etwas gehemmt wurde. Die See fing an höher zu gehen. Bis gen 5 Uhr Morgens mußte nördlich gesteuert werden. Der Wind gab so heftige Stöße, daß der vordere Spitzmast unter großem Krachen entzweibrach. Beim Bruch hält er 7 Zoll im Durchmesser. Der Spitzsegel konnte nicht schnell genug eingezogen werden. Um 5 Uhr änderte sich der Wind in etwas, daß die Richtung wieder südwestlich genommen werden konnte. Die See fuhr fort zu toben. Um 10 Uhr sahen wir eine Brigg auf Süden zu steuren. Gegen Mittag wurde der Wind noch stärker und schlechter für uns, auf den Abend wieder besser; man gewann nordwestliche Richtung. Heute sah ich wieder eine herrliche Seeblase, auch eine Menge Seeschwalben, die wir mehrere Stunden lang durch ausgeworfene Speckschnitzel unserm Schiffe nachlockten. Wir nahmen auch eine feine Angelschnur, mit mehrern kleinen Angeln, die wir mit ähnlichen Speckstückchen bedeckt auswarfen; allein kein Stückchen der leer ausgeworfenen ging verloren, aber die an der Angel blieben unberührt; wir fingen keine. Fröhlich war ihr munteres Spiel auf den Wellen, wo sie um die Wette nach der Beute haschten und oft weit einander darum verfolgten, so wie selbe aufgezehrt, kamen sie in beschleunigtem Fluge zum Schiffe zurück.

Samstag, den 16 Juli.

Die Nacht hindurch wenig vorgerückt. Am Morgen Windstille. Es scheint als wolle uns der liebe Gott mit allen auf dem Meere möglichen Ereignissen bekannt machen, um es den Unsrigen erzählen zu können. Das Rollen des Donners weckte uns heute früh auf. Ringsum war alles schwarz umhängt, nur in Osten lichtete der Sonnenaufgang eine kleine Stelle. Blendende Blitze durchzukten majestätisch das dunkle Gewölk, und nach allen Seiten hin brüllte der Donner. Doch der harte Wiederhall wie bei uns zwischen hohen Gebirgen fehlte, und sehr leicht unterschied man das Rollen auf der offenen Seeseite, von jenem gegen das nahegelegenen Festland. Wir sollen bloß noch 170 Seemeilen von Newyork entfernt sein, eine kleine Strecke, aber für ungünstigen Wind noch manche Tagreise. Links von uns segelt ein Schooner nach

Osten. Regengüße trieben uns unter das Verdeck. Später wiederholte sich das Donner-Concert nochmal; auch mit Regengüßen wie das Frühere begleitet. Zwischen beiden hatten wir etwas günstigen Wind der später uns nichts nützte, sondern blos nördlich oder südlich lavieren ließ. Zweimal wurde das Senkblei ausgeworfen. Mit 400 Fuß fand man jedesmal Grund. Der Abend klärte sich herrlich auf, nur der Wind wollte uns nicht begünstigen.

Sonntag, den 17. Juli.

Noch einmal Sonntag und zwar der 8te seitdem wir das letztemal Erde gesehen, Gott lenke es, daß es der letzte sein möge. Es scheint ein herrlicher Tag zu werden, nur der günstige Wind fehlt. Am Morgen steuerte das Schiff fast ganz nördlich; Nachmittags nordwestlich aber in ziemlich starkem Laufe. Nach zwei Stunden sollen wir Land sehen. Auf den Abend 1/4 nach 7 Uhr (in Sursee möget Ihr in tiefem Schlaf gewesen sein) erblickten wir nördlich zum erstenmal die Küste von Nord-Amerika. Sichtbar mahlte sich auf allen Gesichtern der Ausdruck der Freude die jeden beseelte. Es war die westliche Küste von Long-Island. Deutlicher und immer deutlicher stiegen die Berge empor, die von Ferne uns wie das Juragebirg vorkamen. Die Abendröthe vergoldete die Gipfel. O! wären wir dort! wünschte jeder. Wir hatten zu westlichen Wind um in gleicher Richtung fortsegeln zu dürfen; in Zeit einer halben Stunde hätten wir das Ufer erreicht, aber es war noch nicht am rechten Orte. Mit der untergegangenen Sonne mußten die Segel geändert werden. Da hieß es ganze Wendung rechts umkehrt und unser Schiff flog nach Süden. Denn um in die noch über 100

Meilen entfernte Bay einfahren zu können, mußte südlich der Winkel gesucht werden, weil kein anderer als Westwind zu erwarten war.

Montag, den 18. Juli.

Erst mit Tagesanbruch wurde wieder leider nordöstlich aufs Land zugesteuert. Sechs Schiffe erschienen um unsern Horizont. Der Tag fing mit herrlicher Witterung an. Gegen 8 Uhr umhüllte uns ein dicker Nebel und raubte jegliche Aussicht, als sollte uns die plötzliche Ankunft am Festlande überraschen. Kaum vermochte gegen 2 Uhr die Sonne für wenige Augenblicke die Nebeldecke durchzubrechen, folgten heftige Regenschauer. Die Matrosen hatten heute den ganzen Tag mit Räumen und Waschen so zu schaffen, daß an ihnen kein trockner Faden hing. Heute schwamm alles in Wasser und zwar in süßem, was bisher nicht geschah (es fanden sich noch 10 — 12 Fäßer gefüllt vor). Auch die Mastbäume wurden herunter gewaschen, das große Tauwerk frisch geschwärzt, das letzter Tage wieder geflickt gewordene Bord außen schwarz angestrichen; die zum Schutz der Taue in den Richtungen der Segelstangen umwundenen Lumpen und Seilerstücke abgelöst.

Auf den Abend hellte sich der Horizont ein wenig auf. Mehrere Fahrzeuge zeigten sich gen Norden, aber — kein Land. Nach der Aussage der Matrosen sollen wir die herrlichste Richtung haben, in Zeit einer Stunde würden wir die Leuchtthürme sehen. Einige gute Augen sahen auch wirklich bald nachher das Zwizern derselben. — Allein um 9 Uhr Nachts ließ unser Kapitain nochmal vom Land ab in die offene See steuren und zwar südöstlich. Heute war das Senkblei nach einander oft ausgeworfen worden;

stufenweise nahm die Tiefe ab, von 30, 25, 20, 17 bis 15 Faden; wir konnten unmöglich weit vom Lande sein.

Bald fängt es auf dem Schiff an laut zu werden, der Kapitain verstehe nichts und getraue sich nicht Nachts hineinzufahren; allein ich glaube vielmehr er wolle deßhalb nicht hinein, weil das Zwischendeck noch nicht konnte gereiniget werden, was jedesmal bei ankommenden Schiffen üblich sein soll.

Dienstag, den 19. Juli.

Erst um 5 Uhr Morgens wurden die Segel wieder geändert, allein der Wind ist wieder ungünstiger geworden und ließ uns nur nordwestlich steuren. Der Tagesanfang ist zwar helle doch viele Wolken. Um 7 Uhr sahen wir wieder die Küste von Long-Island; deutlich konnten wir Häuser und Baumgruppen unterscheiden. Gegen 8 Uhr mußten die Segel wieder gekehrt und südwestlich gesteuert werden.

Um 9 Uhr erschien mit Pfeilesschnelle ein Zweimasterchen, kreiste in einem Bogen um uns herum und wendete sich hinter uns. Ein kleiner Nachen brache einen wohlgekleideten Mann auf unser Boot, der uns die neuesten Newyorker Zeitungen brachte und die europäischen abholte. Diese Schiffe heißen Neuigkeitsboote, gehören den Gesellschaften der Zeitungsdruckereien und sind blos bestimmt auf ankommende Schiffe loszusteuren, um so schnell als möglich frische Berichte in ihre Blätter aufnehmen zu können; bald war das Schiff wieder unsern Augen entschwunden, es steuerte auf Long-Island zu.

Diese Art Schiffe ist so gut gebaut und die Einrichtung der Segel so geschickt angebracht, daß sie den Wind nach allen Richtungen auffangen und benutzen können.

Man wundert sich, dieselben mit dem nämlichen Wind hin und her, vor und rückwärts kreisen zu sehen. Sie sind doch artig groß, wenigstens 60 — 80 Fuß lang.

Durch den Telegraph soll unsere Ankunft in Newyork schon bekannt worden sein. Schon war es in heutiger Zeitung die uns das Boot brachte angezeigt. An jenem Abend müssen wir von Long-Island aus bemerkt worden sein, und die 15 — 20 Fuß hohen schwarzen Buchstaben am Mittelsegel des vordern Masts erkennt man die Postschiffe sehr leicht, die ohne dem stets erwartet werden, weil die Abfahrt zum Voraus auf ein Jahr bestimmt ist.

Nach einer viertel Stunde kam ein zweites Neuigkeitsboot, das andere Schriften und Zeitungen abholte und sich eben so schnell entfernte. — Kapitain Fritz war mit seiner Henriette schon in Newyork, der in einem heutigen Zeitungsartikel sagte, daß er am 24. Juni unterm 40⁰ nördlicher Breite und 43⁰ Länge mit einem von hier abgefahrnen Schiffe gesprochen habe. Er muß schon früher eingefahren sein, seine Ankunft ist nicht angegeben.

Gegen Mittag trat Windstille ein. Der Eingang in die Bay liegt vor unsern Augen, aber kommen nicht vorwärts. Nachmittag 3 Uhr hitzte man die Mittelflagge auf mit dem Buchstaben U bezeichnet (was so viel als Union oder United States bedeutet); langsam, langsam wie in schwerem Parademarsch fing das Schiff an zu schleichen. — 2 Dreimaster fuhren rechts und links neben uns ins weite Meer.

Heute wurde im Zwischendecke geräumt; alle mittlern Cabanen ganz weggerissen und das Holz heraufgeschafft; auch die untern Bettstellen an den Seitenwänden wurden herausgenommen. Alles aufgeräumt und ausgewaschen. Stark fühlte man heute zum erstenmale die Tageshitze. Auch die Zwischenwand unseres Verschloßes wurde weggerissen; alle unsere Kisten und Koffern in das vordre Revier transportirt, der Raum ausgefegt, als gings zur Hochzeit. Im Grunde aber schien mir dieses Aufräumen einen andern Zweck zu haben. Jedes ankommende Schiff wird visitiert, hierdurch wird viel Raum gewonnen und diejenigen welche so oberflächlich durchs Schiff laufen, glauben die Leute seien herrlich beherbergt worden, nicht wissend daß auf offener See alles in einem andern Zustande sich befindet. Daß Hr. Funk sich fürchtete wir möchten Klage führen, war nicht unbegründet, weil es oft verlautet wurde. Die Matrosen, die beim heutigen Aufräumen von den Reisenden zu viel Wein und Brandwein erhielten, was ihnen sonst strenge untersagt war, lieferten diesen Abend ein Beispiel roher Ausartung. Sie schienen uns während der ganzen Ueberfahrt artige und thätige Leute zu sein und doch kam es zu Raufereien, in welchen der dazwischen tretende Obersteuermann an der Hand verletzt wurde. Sie waren im Durchschnitt etwas verdrießlich und ließen es oft verlauten, daß sie noch auf keinem Schiffe so strenge hätten arbeiten müssen. Es sollen sonst auf ein solches Schiff 20 Matrosen gehören; hier waren nur 11 und statt daß die Schiffsjungen auf andern Booten die strengere Arbeiten verrichten mußten, arbeiteten die hiesigen so zu sagen was ihnen beliebte (als Vetterleute vom Kapitain) und befahlen noch den Matrosen. Dieß waren nämlich junge Leute, die Seefahrer werden wollen, und in Amerika muß jeder den Dienst von unten herauf thun. Wirklich hatten unsere Schiffsjungen, von denen besonders einer sehr reich sein soll, keine bessere Wohnung als im Matrosenloch und keine bessere Kost als die Andern; bloß daß sie verstohlen beim Stuart schmarotzten.

Der Sold der Matrosen war monatlich 13 Dollars. (Der erste Stuart erhielt 20, seine Frau 10, und ein Verwandter von ihm der Küchejunge 5 Dollars; der zweite Stuart, der soviel als Aufwart und Bedienter war, hatte 17 Dollars Besoldung, und der Koch 20 Dollars). Der Matrosendienst ist wirklich eine harte Beschäftigung; ein doppelter Lohn würde mich nicht reizen ihn zu thun, und mich wundert es, daß man für diesen Preis noch Leute dazu findet, da in Amerika so leichtes Auskommen sein soll. Ihre Verschwendung ist daran Schuld, denn kaum sei eine Reise vorbei, der Sold bezogen, so müsse sogleich alles verjagt sein. So lange ein Matrose noch ein Cento im Sacke habe, gehe er auf kein Schiff, erst nachdem er wieder ein armer Teufel ist, sucht er wieder Dienst. Diese Lebensart komme von dem Gedanken her, daß vielleicht die nächste Fahrt die Letzte sein könnte und er das Verdiente lieber genießen wolle.

Mit anbrechender Nacht fing das Schiff an besser zu laufen. Nach Sonnenuntergang erblickten wir das Feuer des ersten Leuchtthurmes auf dem Sandy Hook, links in weiter Ferne. Vorn am Spitz des Schiffes wurde eine angezündete Laterne aufgehängt, um vom Piloten gesehen zu werden, welcher gegen 11 Uhr mit eben solcher Schnelligkeit als die Schiffe von diesem Morgen ankam. Wie Euch wohl bekannt, so sind diese bestimmt die ankommenden Schiffe in und aus den Häfen zu führen, weil gewöhnlich die Einfahrt schwierig ist und oft Schiffe am Ziele ihrer Reise verunglückt sind, wurde überall diese

Anstalt getroffen. So wie der Pilote am Borde ist, übernimmt er das Commando und mit diesem die Garantie des Schiffes. Diese in ihrer Gegend bewanderten Seeleute kennen genau jede Stelle. Es war uns fast etwas Außerordentliches, das aufbrausende Geschrei unseres Kapitains nicht mehr zu hören; — wir hätten bald geglaubt, daß die Schiffskommando nicht anders ertheilt werden könnten; nun wie wir aber den Piloten, der ein artiger Mann zu sein scheint, auch mit menschlicher Stimme seine Befehle ertheilen hörten, änderte sich auch unsere Meinung.

Mittwoch, den 20. Juli.

Es war zu wichtig, an's Schlafengehen denken zu können; jeder starrte in die sternhelle Nacht hinaus. Nichts als das Schimmern der Leuchtthürme konnten wir bemerken. Es war gerade Nachts 12 Uhr, als wir bei dem ersten Leuchtthurm auf Sandy Hook vorbeifuhren. Sogleich darauf erblickten wir drei Andere, die auf verschiedenen Punkten von Staten Island aufgestellt waren. Alle bedauerten daß es Nacht sei. Wie gerne würden wir noch zu den vielen Nächten, diese letzte gefügt haben. Um 2 Uhr fuhren wir zwischen den Forten Lafayette und Richmond durch. Die Bay ist hier unbedeutend breit, wir konnten auf beiden Seiten die Gebäude unterscheiden. Während der ganzen Fahrt wurde von einem Matrosen beständig das Senkblei ausgeworfen und singend rief er die gefundene Tiefe aus. An einigen Stellen sahen wir Pfähle im Wasser, an denen die Wassertiefe bemerkt war, das Signal für die Schiffe. Bald darauf langten wir an dem Platze der Quarantaine, die auf Staten Island ist an; die Anker rollten in den Grund und das Schiff saß fest. Schon seit geraumer Zeit bemerkten wir in der

Ferne eine schwache Röthe die sich nach und nach verstärkte je mehr wir westlich fuhren, uns aber nördlich schien. — Da liegt Newyork hieß es, das ist der Schein einer Feuersbrunst. Also schon in der ersten Nacht mußten wir von Ferne ein Beispiel sehen, von den überaus häufigen Feuerbränden in der Stadt Newyork, von denen wir in Hrn. Fähnrichs Reisebeschreibung gelesen. Es müssen mehrere Häuser abgebrannt sein, denn obwohl wir 4 — 5 Meilen von Newyork entfernt liegen, schien uns die Ausdehnung bedeutend.

Ermüdet ging doch alles nach 3 Uhr schlafen, doch mit frühem Morgen kleidete sich alles festlich zur Visitation an; die ganze Schiffsgesellschaft befand sich wohl; nur ein würtembergischer Knabe hatte sich noch nicht ganz von einem gallichten Fieber erholt, das er sich durch die Vernachläßigung seiner Eltern zugezogen hatte. — Ein herrlicher Tag. Unsere Augen irren umher, sie wissen nicht welchen Gegenstand sie zuerst beschauen sollen. Alles ist gleich neu, alles von gleichem Interesse. Ringsum sind wir von kleinen Hügeln umschlossen; das ganze Ufer ist von größern und kleinern Gebäuden besäet, und biethet gleich den herrlichen Gegenden am Genfer- und Zürichsee, süßen Reiz dar. Wir liegen fast in der Mitte dieses starkbelebten Bassins vor Anker, gegen Südost ragt bei der Einfahrt das ungeheure Fort Lafayette wie aus dem Meere empor. Auf der entgegengesetzten Seite liegt das Fort Richmond hinter Hügeln verborgen, und nur die Gebäude des davor liegenden Ortes zieren das Gestade. Nordöstlich die Küste von Long-Island, in kraftvollem Grün und hohem Baumwuchse, ein wahres Paradies. Westlich gegenüber die zierlichen Palläste der Quarantaine. Bei 25 größere und kleinere Schiffe lagen zur Untersuchung vor Anker. Nördlich die Batterie von Newyork bei William Castle und links auf dem Inselchen Bedlow. Um halb 7 Uhr flogen 2 Dampfschiffe am westlichen Ufer vorbei, durch den Kills und Staten Island-Sonns nach Philadelphia fahrend. Später noch mehrere hin und her. Eines davon hielt bei uns an, — schnell erkannte uns Kapitain Fritz und Steuermann der nach der Stadt fuhr. Er brachte uns die Nachricht, daß er schon letzten Samstag in den Hafen eingelaufen, aber mit dem großen Schiff nicht nach Newyork hinaufgesegelt sei, weil er vernommen, daß ein anderer französischer Kapitain schon mehrere Wochen auf Matrosen warte, die ihm durchgegangen und er zur Verhütung dieses Spektakels nicht aus Land gefahren. Er habe die Reisenden mit kleinen Schiffen sammt den Effekten nach Newyork bringen lassen. So sehr wir gewünscht hätten den Hrn. Kapitain Fritz noch einmal persönlich zu sehen, freute uns doch diese Nachricht ungemein. Schon zeitlich hatten wir die Henriette unter den vor Quarantaine liegenden Schiffen erkannt und glaubten sie sei wegen Krankheit aufgehalten worden, worüber unser Hr. Kapitain Funk sich mit schadenfrohem Lächeln geäußert hatte.

Um halb 9 Uhr kam der Gesundheitsbeamte bei uns an; er war ein großer wohlbeleibter und wie es schien betagter Mann; überaus höflich und freundlich! — er besuchte zuerst unterhalb die Zimmer und ließ sich vom Kapitain die Liste der Einwohnerschaft geben. Die Untersuchung geschah folgendermaßen. Zuerst stellte er das zum Schiff gehörende Volk in Reihe und Glied auf, zählte sie ab, und jeder mußte ihm die Zunge weisen. Nachdem dieß vorbei, stellte er sich hinter die große Cajüten-Laterne; alle Reisenden mußten sich auf die linke Seite des Schiffs begeben und von da neben ihm vorbei auf die rechte Seite marschieren. Während er alle genau betrachtete und abzählte, fand er doch den Convalescenten leicht heraus, obschon das Vorbeispazieren ziemlich schnell Statt fand. Er stellte denselben bei Seite, ließ einige Fragen über sein Befinden thun und somit war die Visite beschlossen. Eben so freundlich er angekommen verließ uns der Gesundheitsbeamte wieder. Nun wurden die Anker gelichtet, welches bis 1/4 nach 12 Uhr dauerte. Schon von Ferne sahen wir die Stadt mit den niedlich geformten Thürmen, der unzähligen Kirchen aller Sekten und Glaubensbekenntnisse. Auffallend für unsere Augen waren die rothen Backsteinhäuser. Ein Wald von Mastbäumen schien sie zu umkränzen. Wo man hinsah erblickte man Schiffe auf- und niedergehen. So ein reges Leben hatten wir uns nicht eingebildet. Die Hitze war drückend und schon lange lechzten unsere Gaumen nach einem Glas Cyder (Aepfelwein) oder Bier. Um halb 1 Uhr langten wir schon bei der Stadt an.

Ankommen, vom Borde springen, nach einer Storn (Schenke) eilen, einige Glas Cyder verschlucken, war das erste und wichtigste Geschäft in Newyork. Schon bevor wir am Borde waren, besuchten uns auf kleinern Fahrzeugen herangekommene Wirthe und Kostgeber, welche die Reisenden einluden, sich bei denselben einzuquartiren. Hr. Hitz, mein Schiffskostgeber und ich wählten den Tensier & frère in der Fultonstreet Nr. 75 der eine französische Pension hielt. Hr. Köpfli mit seiner Familie fand in der daran stoßenden Goldstreet bei einem Elsaßer Nr. 7. Logie.

Wir mußten gleichviel, nämlich wöchentlich pr. Kopf 3 Dollars zahlen, ausgenommen in elenden Ungezieferwinkeln, findet man in Newyork kein billigeres Unterkommen.

Gott dankend, daß er uns wohl und glücklich hieher kommen ließ, faßten wir den Entschluß, einige Tage in Newyork zu verweilen und uns von der Seefahrt zu erholen. Bald erschienen auch unsere Landsleute. Sebastian Keller hatte die Chaise auf einem Dampfschiff das nach Albany fahrt, welchen Weg wir zu nehmen gedenken, einstweilen unentgeltlich unterbringen können. Ein anderes Lokal würde viel gekostet haben. Er selbst war gesund, so wie die übrige Schiffsmannschaft und zufrieden mit den Anordnungen ihres Kapitains hier angekommen. Picoli soll auf dem Schiff verschiedene Auftritte gehabt haben und auch mit seinen Freunden in Zerwürfnisse gerathen sein.

Notizen über die Seefahrt.

1) Die Abfahrt von Europa sollte früher geschehen als die Unserige, längstens im Monat April. Daß in derjenigen Zeit die wir benutzten, meistens Westwinde vorherrschen, haben wir nur zu gut erfahren. Für die Rückfahrt wäre also Mitte Juni und Juli anzurathen. Wäre die ganze Strecke die unser Schiff durchlaufen eine gerade Linie, so würde man den Weg von Havre nach Newyork wenigstens 3 Mal messen können. Man rechnet 12 Hundert Stunden oder 3600 englische Meilen. In der Regel dauert die Reise von Amerika nach Europa nie so lange wie jene dorthin. Im ersten Falle ist 20 bis 30 Tage der mittlere Zeitaufwand; da hingegen von

Havre aus eine Fahrt von 30 — 38 unter die schnellsten und 40 -- 50 Tage für eine glückliche Fahrt angenommen wird. Man darf nur die hiesigen Eingewanderten fragen, von denselben vernimmt man es richtiger als von einem Barde. —

2) Von Gefahr auf einem guten solid gebauten Fahrzeuge sollte man gar nicht reden, besonders wenn man das Glück hat einen sorgfältigen Kapitain zu erhalten; auch soll man die Wahl eines guten Schiffes nicht vernachläßigen. Die Bauart der Schiffe ist von solcher Art, daß auf offener See keines untersinken kann, es mag stürmen wie es will. Diesem Trost darf man sich mit ruhigem Gewissen (d. h. wenn einem nichts darauf drückt) hingeben, mögen die Wogen das Schiff herumschaukeln wie sie wollen. Ohne eigentliches Unglück, deren auf dem festen Lande auch genug den Menschen heimsuchen, darf man vor der Seefahrt so wenig zittern als vor einer Landreise. Scheitern an Klippen, auffahren auf Sandhügeln, Blitzschläge, Wasserhosen, Wasser- und Hungersnoth und Krankheiten haben auf dem Festlande auch ihre Gegenstücke. Wenn es das Schicksal will, kann man auf dem Festlande von einer Lawine oder einem Bergsturze eben so gut zugedeckt werden, als man an einer Meeresklippe scheitern, und in den Wogen sein Grab finden kann. Die Ueberschwemmungen auf dem Lande sind vielleicht noch gefährlicher als die Wasserhosen auf dem Meere, denen man entfliehen kann und gerettet ist, und je nach dem Grade der Größe ist man beiderseits verloren. Beide sind gleich seltene Ereignisse. Der Blitzschlag ist mehr auf dem Festlande zu fürchten; denn man kennt noch wenige Beispiele, daß ein Schiff vom Blitz entzündet worden.

Der Wasser- und Hungersnoth kann man auf einem Schiffe durch gehörige Verproviantirung leichter vorbeugen, als auf der Erde. Was die Krankheiten betrifft, so werden dieselben meistens von den Reisenden selbst abhangen. Die Seekrankheit tödtet Niemand, und wenn sich Jemand vernünftig besorgt, wird er auf dem Meere so wenig krank als zu Hause.

3) Deßhalb hat man sich mit guten Kleidern vorzusehen. Wer sich eine sturmfreie Ueberfahrt, die gar nicht zu Wundern gezählt werden, versprechen könnte, muß doch annehmen, daß nicht die ganze Reise ohne Kälte, Regen oder Nebel ablaufen werde, von denen der Letztere oft durchdringender näßt als Regen. Daher ist's auch viel an einem guten Schiffe gelegen, weil man zu viel mit eindringendem Wasser zu kämpfen hat, welches nicht unter die geringern Plagen der Seereisenden zu zählen ist, und sowohl hinsichtlich der Gesundheit als Zugrunderichtung der Effekten von großer Folge sein kann.

4) Die Seeluft wirkt äußerst zerstörend, sowohl auf die Beförderung der Verdauung der Speisen als auf die Farben und Solidität der Kleider. Es ist daher in dieser Hinsicht nothwendig, zum voraus genugsam Ueberkleider für die Seereise zu bestimmen, die erforderliche Zahl Weißzeug zum umändern, welches gar nicht sparsam sein soll, auf die Seite zu legen und alle übrigen Effekten wohlverpakt in guten Koffern zu halten. Im Meerwasser kann man nichts waschen, die Seife löst sich nicht auf und das damit gespülte Gewand ist bald verdorben. Auch kann sich ein jeder trösten, er mag so gut aufpassen als er will, zuweilen von einer einschlagenden Welle begossen zu werden; denn diese Taufe ereignet sich nicht beim Sturme

wo die Meisten unter das Verdeck gehen, sondern gewöhnlich bei schönem Wetter, wenn man bei Seitenwind segeln muß. Auch schlagen die Wogen nicht von der niedern Seite ein, wo das Schiff näher dem Wasser steht, sondern von der erhöheten Seite, wo selbe der Wind herbringt. Da nun das Seewasser auf die Kleider und hauptsächlich deren Farben zerstörend wirkt und alles den eigenen Schiffsgeschmak annimmt, so kann man leicht denken, daß die auf dem Meere getragenen Kleider später zu keiner anständigen Bedeckung mehr taugen. Als Sudelkleid im Hause, wenn es recht verluftet ist, und in Wind und Wetter mag es taugen.

5) Hinsichtlich der Seekrankheit bin ich überzeugt, daß keine Lebensgefahr zu besorgen ist, in welchem Alter man auch sei. Wir hatten auf unserer Fahrt die einander widersprechensten Beispiele. Der Eine ist empfänglicher dafür als der Andere, und so wie es kein Universal-Uebel, wie etwa die Kuhpocken ist, so kann auch kein Universal-Mittel dafür angegeben werden. Daß wir nicht ganz die ruhigste Fahrt gehabt haben, zeugt mir vorzüglich, daß alte erprobte Matrosen, sogar der Obersteuermann von der Seekrankheit befallen wurden. Hingegen Hr. Dr. Köpfli fand sich stets wohl, aß immer alles mit gutem Appetit, und war gesünder als zu Hause, wo er niemals solche Speisen ertragen hätte, auch ist ihm diese Eßlust und Gesundheit geblieben, und ertrug seitdem Manches, was man ihm nie zugemuthet hätte; eben so dessen Tochter Rosa, die nur einigemal leichtes Kopfweh verspürte, lebte die ganze Zeit über munter; die Frau Köpfli ertrug es bis zum Tage des Sturmes, wo aber Schrecken mehr als das Schwanken des Schiffes gewirkt haben mögen, denn sie

genaß sehr bald. Bernard und Salomon Köpfli, so wie unser Anton befanden sich im wahren Sinn des Wortes nie übel. Letztere zwei mußten sich nur ein einziges Mal erbrechen, Ersterer niemals. Lange Zeit mochte es auch dem Joseph Köpfli und Bonarx nichts anbringen und sie hielten sich für entronnen, als sie lange nach dem Sturme erst herhalten und auch ihr Concert promovirten; etwa 3 — 4 Tage, und sie waren wieder frei. Mich nahm es so zu sagen am ärgsten mit und gar frühe fing bei mir das Erbrechen an. Dieses führte mich eigentlich gar nicht ab, indem es meistens mit lachendem Munde geschah; aber ich befand mich bis auf die letzte Zeit stets unwohl. Es war mir nicht recht übel und doch nicht wohl; ich hatte keine Liebe zu Geschäften, ich mochte nicht einmal einen Buchstaben lesen. Gut daß ich oft das Vergnügen hatte, von Andern etwas lesen zu hören, sonst würde mich die Langeweile nicht wenig geplagt haben. Um noch mehrere Beispiele anzuführen, muß ich sagen, daß der über 60 Jahre alte Vater Hitz die ganze Reise hindurch keinen unbehaglichen Tag zählte, so wenig als seine 2 kleinen Enkel von 4 und 5 Jahren.

6) Eine Hauptwirkung der Seekrankheit scheint mir hauptsächlich darin zu bestehen, daß man zu vielen Speisen und besonders zu Wein und geistigen Getränken die alte Vorliebe verliert; dem Einen will das, dem Andern jenes nicht zusagen, oft gerade das Gegentheil. Eben so wunderbar fühlt sich der Eine gestärkt durch die freie Luft auf dem Verdecke, dem Andern behagt es besser in der Cabane auf der Madrazze. Ich fand für mich am besten wenn ich wechselte und keines übertrieb. Die Art wie man sich also auf dem Schiffe mit Lebensmitteln versieht,

trägt nach meinem Urtheile viel dazu bei, ob man schneller oder langsamer genest. Am Ende mußte sich auch der Magen an harten Zwieback und rohes Salzfleisch gewöhnen. Allein ich bin der Meinung und durch die Cajüten-Passagiers der Ueberzeugung, daß dieses gar nicht nothwendig ist, und je mehr man seine alte Lebensart beibehalten kann, um so weniger wird man auf einer Seefahrt leiden. Diesem wichtigen Gegenstand will ich einige Seiten widmen und nur noch dazwischen über die Küche sprechen.

7) Man glaube ja nicht daß ich es übertreibe, wenn ich verlange, daß die Verdeck-Passagiers auch einen guten vollständigen Feuerheerd nothwendig haben müssen, um leidentlich durchzukommen. Wir waren in zwei Betrachtungen damit angeschmiert. Erstlich reichte ein Heerd für 156 Reisende nicht hin, um jeder Familie die gehörige Zeit zu geben ihre Speisen ordentlich zu bereiten. Wenn für sämmtliche in großen Gefäßen gekocht worden wäre, hätte man Raum für eine dreimal größere Mannschaft gehabt; so aber, da von Seite des Kapitains keine Ordnung und Zeitvertheilung geschehen, mußte alles erstohlen werden, und jede Familie konnte sich glücklich schätzen, wenn sie dreimal des Tages, jedesmal mit einem Gerichte davon kam. Je unverschämter und zudringlicher Jemand war, desto leichter kam er davon. Aber nicht selten gab es Raufereien. Hätten sich die Unserigen nicht in der Cajüten-Küche hie und da aushelfen können, würden wir aus lauter Friedensliebe oft haben hungern oder mit rohen Speisen verlieb nehmen müssen. Die andere Schattseite unserer Küche war ihre Konstruktion; sie war eine wirkliche höllische Martermaschine; halb erstickt, mit rothen

Augen und schweißtriefend brachten uns die Köche die Speisen; nicht selten begoßen sie die Wellen, die auf dem Standpunkt, wo die Küche erbaut war, sehr gerne überschlugen. Holz ersparend, war selbe übrigens nur in der Hinsicht, daß sich jeder so schnell als möglich daraus entfernt. Obwohl die Kajütenküche mit einem eisernen Heerde und allen Bequemlichkeiten versehen war, so muß ich bekennen, daß auch der Koch nicht wenig vom Rauch gelitten; doch kaum den 20sten Theil was die übrigen Passagiers. Daran war die Construction und die Lage der Küche schuld.

Einfache gußeiserne Feuerheerde, wie wir einen zu Hause jüngst von Dole (Jura Departement) bezogen, mit einem Aufsatzrohr über's Küchendach hinauf, würde allen Uebeln abhelfen, und durch Holzersparniß auch dem Interesse des Schiffbefrachters entsprechen. Und wenn man 2 solche Heerde auf 150 Personen hätte, und die Zeit gehörig und ordonnanzmäßig abtheilte, würde man weit bequemer und besser sich befinden, als mit den jetzt gebräuchlichen Hölleninstrumenten. — Was wäre auch am Ende pr. Person fr. 5 Unkosten auf eine so weite Reise, und mit fr. 750 könnte man sich zwei solcher Heerde mit allem Zubehörd nach Havre kommen lassen. Würden die Reisenden endlich noch durchgängig aus einer Gegend und von solchem Schlage sein, daß sie sich zu einer oder höchstens zwei Partheien verständigen könnten und in Commune die Speisen bereiten lassen, so würde man sich noch besser befinden und hiedurch vorzüglich Zeit gewinnen, daß man den jeweiligen Seekranken besser nach ihrem Wunsche etwas kochen könnte.

Ich komme also wieder von den Lebensmitteln zu

sprechen, welcher Gegenstand mir um so wichtiger scheint, da man selbst in Havre die unzureichendsten Berichte darüber einziehen kann. Es hängt auch sehr viel von der frühern Lebensweise ab, ob der ertheilt werdende Rath dem Reisenden konvenirt oder nicht; ein jeder muß so viel Urtheilungskraft besitzen, das ihm Taugliche auffinden zu können. Auch kann ich mir leicht vorstellen, warum man von den Handelsleuten in Havre keine bessere Auskunft erhält; — eines Theils weil diese Menschenhändler alle Reisende des Zwischendeks für nicht besser als gemeine Matrosen halten und also in Rücksicht der Lebensmittel ihnen gleiche Kost zumuthen; andern Theils weil für die Cajüten-Reisenden keine besondern Einkäufe geschehen müssen, weil für selbe das Fleisch lebend mitgeführt wird; auch eine Kuh sie täglich mit frischer Milch und Butter, und ein Backofen mit frischem Brod versieht. Die richtige Aufbewahrung dieses oder jenes Gegenstandes konnten wir daher nicht vernehmen, und alles schrie nur nach Zwieback und Salzfleisch. Wir sahen zwar zum Voraus ein, daß eine solche Kost uns nicht am besten zusagen würde, und versahen uns daher mit manchem, das nicht üble Dienste leistete. Zugleich bemerke ich auch, welche Eßwaaren in Havre gut und billig zu haben sind, und welche man besser thut von Hause aus mitzunehmen.

Unsere Erfahrungen hierüber bestehen in Folgendem:

1) Von eigentlichem Zwieback, deren wir ziemlich viel angeschafft, hatten wir kein Pfund genossen, auch Niemand von allen Reisenden fand große Lust. Aus Mangel anderer Lebensmittel mußten ihn Einige brauchen. Andere die zu wenig Mehl bei sich hatten, hobelten ihn, und benutzten ihn auf solche Art.

2) Frisches gewöhnliches Brod hält fast 2 volle Wochen sehr gut; nachher fängt es an zu schimmeln. Von diesem könnte also immer ein Vorrath auf 14 Tage mitgenommen werden; im freien Raum aufgehängt ist besser als in Kisten verschlossen.

3) Von einer andern Art Zwieback, eigentlich doppelt gebackenes Brod das erst seit kurzer Zeit in Aufschwung gekommen und in Fäßchen verpackt verkauft wird, hielt sich bis ans Ende gut, wenn es an einen trocknen Orte gestellt werden konnte. Es giebt 2 Sorten dieses Zwiebacks, von runder und länglicher Form. Bei der Erstern ist das schon einmal gebacken wordene Brödchen von einander gerissen und scheint von gewöhnlicher Brodart; bei der letztern Sorte sind die länglichten Stücke von einander geschnitten worden, scheint feinerer Art. Beide halten sich gut, doch dieses fängt lieber einigen Geruch auf, und ich zöge das rundlich geformte vor, da es zu allen Speisen auf dem Schiffe gut entspricht.

4) Hätte man einen dazu eingerichteten Heerd, so könnte man nach Art der Amerikaner täglich frisch Brod backen, wie es in der Kajüten-Küche geschieht. Dieß wäre vielleicht die größe Wohlthat. In Amerika ist es Gewohnheit, alle Tage frisches Brod zu backen, welches wie jede andere Speisebereitung zum Kochgeschäfte gehört. Genugsam Mehl mitzunehmen, wäre also eine Hauptsache. In Fäßern verpackt, hält es sich sehr gut. Ohne dieses würden wir Noth gelitten haben, und in den Schiffsrezepten wird es außer Acht gelassen. Man denke nur an die vielen Arten von Mehlspeisen, Suppen, Backwerk, Brod ꝛc. womit man sich in Abgang des Fleisches aushelfen muß.

5) Eingesottene Butter hält sich sehr gut. In gutverzinntem Blechgeschirr würde ich sie deßhalb vorziehen, weil erdene leicht brechen und hölzerne Gefäße derselben leicht einen Beigeschmack ertheilen. In Havre bekommt man diese blechernen Kessel leicht. Die Butter in Havre ist vortrefflicher als bei uns. Beim Einsieden ist zu bemerken, daß man sie abkühlt, bevor sie in die Gefäße gethan wird, daß sie bloß mehr gerinnen mag.

Um stets süße Butter zu haben, würde ich dieselbe recht rein mit frischem Wasser auswaschen, ein wenig mit gestoßenem Zucker vermengen, in kleine blecherne Büchsen, etwa 1 — 2 ℔ weise verschließen und zur Vorsorge entweder luftdicht verbinden, oder vom Spengler löthen zu lassen. Ich würde deßwegen kleine Büchsen vorziehen, so daß eine Angegriffene bald aufgebraucht wäre.

Würde man für jede mögliche Vorsorge einigen Büchsen noch etwas Salz beimischen und dieselben für den spätern Gebrauch aufsparen, so bin ich versichert, man würde gut auskommen.

6) Eier erhielten sich ganz ungekünstelt bis auf die letzte Zeit frisch, im Mehl, Salz und Sand verpackt (ein Versuch mit Kalkwasser mißlang). Von diesen kleinen Gottesgaben darf man nicht zu wenig mitnehmen; denn besonders zur Zeit der Seekrankheit war sie für uns das einzige Nahrungsmittel, nach welchem man nach dem Erbrechen nicht Abneigung verspürte. Dann denke man hier wieder an die Mehlspeisen u. dgl. die ohne Eier nicht schmackhaft sind, was wir gegen das Ende auch selbst erfahren mußten.

7) Wer nicht lebendes Fleisch auf dem Schiffe mitführen kann, wie der Kapitain, der fast alle 3 — 4 Tage

Schweine oder Schafe schlachten läßt, und mit Hühnern und Gänsen gut versehen ist, der muß sich mit dem gedörrten oder gesalzenen Fleisch befriedigen. Ein Versuch mit frischem Ochsenfleisch fiel so aus: in den ersten Tagen der Seekrankheit hatte Niemand oder nur wenige Lust zu Fleischspeisen, und später war es stinkend geworden, und mußte den Fischen zur Speise dienen.

8) Hingegen mit gut gedörrtem, geräuchertem Fleische müßte man sich von Hause aus versehen, weil in Havre kein anderes als ungeheuer stark gesalzenes zu finden ist. Dieses müßte mit Fleiß besorgt werden, alles Fett davon geschnitten und in dünne Scheiben zertheilt, daß es gut und fest gedörrt werden könnte. Eben dahin gehören dürre Zungen und getrocknete gute Würste.

In fremdem Lande kocht man für fremde Gaumen, und wir bringen die heimischen mit. Unsere mitgenommenen Zungen und Speck hielt sich die ganze Zeit.

9) Reis, Maccaroni, Grütze, Fideli (Würmli oder Vermicelli) halten sich gut, und schmeckten abwechselnd Jedem. Man denke ja nicht, man könne es mit dem Einen oder Andern machen und wolle etwas ersparen und sich einfacher einrichten; was übrig bleibt ist noch immer zu gebrauchen, und man ist sehr froh, auf dem Schiffe einige Abwechslung in den Speisen haben zu können.

10) Erdäpfel hielten sich bis ans Ende ziemlich gut, obschon selbe ohnedem in Havre nicht so gut wie bei uns zu bekommen sind. Nebstdem würde ich rathen, von Hause getrocknete Kastanien mitzunehmen. Auch würde es gewiß der Mühe lohnen einige Viertel Erdäpfel abzudörren, da wenigstens dieß Jahr diese Frucht in Frankreich überaus theuer und schlecht war.

11) Gedörrtes Obst, als Birnen, Schnitzel von Aepfeln, Zwetschgen u. dgl. sind gar nicht zu vergessen, weil man in Havre keine findet, d. h. nicht gar nichts, aber das Vorhandene (meistens von Aepfeln) in solchem Zustande, daß es nicht mit Appetit genossen wird; und man muß wohl darauf denken, daß auf dem Wasser kein süßes Wasser zum Waschen hergegeben wird und das Salzwasser ertheilt den Speisen einen überaus widerlichen Geschmack.

12) Citronen und Pomeranzen halten sich im Salz und Sande gut. Auch werden in Papier gehüllt, Körbe voll über Meer gebracht. Diese zwar herrlichen Früchte lasse man nicht außer Acht, besonders da sie in Havre wohlfeil sind. Es sind wirkliche Medikamente für die Seekrankheit.

13) Kaffee hält sich von selbst gut. Allein ohne Milch sagt der Genuß von schwarzem Kaffee nicht Jedem zu, Vielen dennoch; daher ohne anders mitzunehmen ist; dabei würde ich aber anrathen, denselben auf dem Festlande zu rösten, aus leicht begreiflichen Gründen; auch Chokolade.

14) Gewürze jeder Art wird jede Köchin selbst einkaufen; aber zu diesen würde ich doch als höchst willkommen einige Rosinen, Weinbeeren, Mandeln, Feigen u. dgl. zufügen. Dieß alles ist billig zu bekommen.

15) Besonders viel weißer Zucker, der auf dem Schiffe für Limonade, Wein- und Wasserversüßungen und Thee nicht gesparrt werden darf; denn es wird Niemand unnatürlich vorkommen, daß 4 — 7 Wochen alles süßes Wasser doch nicht am angenehmsten zu trinken ist.

16) Milch die man mit Zucker absiedet, haltet sich 8 bis 10 Tag mit Gewißheit. In hermetisch verschloßenen

Gefäßen, mit etwas stärkerem Zuckerbeisatz, würde sie sicher die ganze Fahrt ausdauren.

Hr. Fähnrich giebt in seinem Reisebericht an, daß 1 Maaß Rahm mit 5 ℔ Zucker eingesotten sich halte, und so kräftig werden soll, daß 1 Löffel voll für eine Schale Kaffee zu versüßen hinreiche. Solche Versuche bei Hause gemacht, dürften viel Vortheil versprechen. Hier würde ich mir kleine Blechbüchsen wieder nicht gereuen lassen und selbe hermetisch verschließen (d. h. luftdicht), am besten zu löthen. Man dürfte ja nur zu Hause die Probe mit solchen Büchsen anstellen, selbe 2 Monate bei Seite setzen und dann untersuchen, welche Art sich nach dieser Frist am besten gehalten.

Weil unser Kapitain wegen zu vielem Gepäcke die Kuh zurücklassen mußte, so schaffte er sich bereitete Milch an, was wir erst später vernahmen; sie ist in kleinen viereckigten Büchsen aus dünnem Bleche, verschlossen und ganz zugelöthet. Sie soll aber köstlich sein. Wer sich so zubereitete Milch anschaffen will, wird selbe unter der Addresse: „J. Colin, rue de la Salorée à Nantes, fabricant de Lait doux“ am leichtesten erhalten. Ich würde eigene Proben noch deßhalb vorziehen, weil ich besser wüßte was ich hätte und die Zusätze eines Fremden nicht kenne. Diese Michbereitung soll noch Geheimniß sein und deßhalb gut bezahlt werden.

17) Chocolade ohne Rahm oder Milch ermüdet und mundet mit Wasser gekocht Wenigen. Roh zu essen mag sie Einigen wohl bekommen; mit Milch oder Rahm darf es nicht übel sein.

18) Käse hielten sich gut, und wer selbe nur ein wenig liebt, wird bei der zehrenden Seeluft durch ihren

Genuß nicht leicht Magenbeschwerungen empfinden. Holländerkäse findet man in Havre, aber Schweizerkäse würde man billiger mitbringen.

19) Gallerttäfelchen für Suppen sollten nicht vergessen werden, weil man aus dürrem und gesalzenem Fleisch keine angenehme Brühe auskocht. In Paris kann man sie finden, wer sich selbe nicht selbst bereiten will. Die eigentliche Gallerte ist nur eingetrockneter Fleisch-Extrakt (Aussud).

20) Linsen, Bohnen, Erbsen u. dgl. leisten für die Abwechslung eben so gute Dienste als andere Eßwaaren und halten sich gut.

Getränke:

21) Weinessig ist schon durch die Schiffsverordnung vorgeschrieben und darf nicht wegbleiben; auf die Person verlangt man 4 Litres (circa 2½ Luzern. Maas).

22) Verschiedene Theearten, als englisch Thee, Lindenblust, Hollunder u. dgl. sind als Medikamente sowohl als Getränk anzurathen.

23) Der Wein hielt sich in Fäßern gut. Besser würde er sich in Flaschen aufbewahren. Es wurde wenig getrunken. Hier gilt vielleicht die Regel am meisten, nicht zu viel aber gut. Zu Weinsuppen und mit Wasser und Zucker vermischt, wurde der Unserige meistens verbraucht. Wir hatten rothen Bordeauxwein (vin de Montagne hieß ihn der Weinhändler), er schmeckte allen zu herb. Man muß in Frankreich wohl aufpassen, wo und von wem man Wein kauft. Es wird vielleicht mehr fabrizirt als wächst, d. h. in der Gegend von Paris und Havre, wenigstens trifft man selten reinen Wein.

24) Cyder (Aepfel- oder Birnmost) und Bier, deren

wir auf den Rath der Franzosen keinen mitgenommen, haltet sich sehr gut, wie wir aus dem von der Kajütenküche gekosteten entnahmen. Und zu wissen ist, daß er schon von Amerika her die Reise nach Havre mitgemacht hatte. Er war aber in Flaschen abgezogen und versiegelt. Cyder wird vielleicht den Meisten besser als Wein, schmecken und den Durst besser stillen. In Havre findet man vortrefflichen Cyder zu geringen Preisen.

25) Liqueurs und gebrannte Wasser sind auch nicht zu verachten, wenigstens in guten Sorten und kleinem Quantum. Syrop in Krügen würde ebenfalls nicht überflüßig sein (sowohl Rubi dei als eximel simplex, Himbeersyrop und einfacher Syrop).

Was übrigens in G. Duden's Werk über Medikamente für die Seekrankheit gesagt wird, will ich hier nicht wiederholen. Sein Rath ist nicht nur gut sondern richtig. Man lasse also denselben nicht außer Acht.

Um den Ankauf der Sachen regulieren zu können, und um zu beurtheilen, was man außer dem schon Bemerkten besser von Hause mitzubringen glaubt, füge ich einen Preiskourrent meinem Hefte bei, woraus der dießjährige Stand (1831) der Lebensmittel eingesehen werden kann. Vieles ist sehr billig und besser als bei uns, hauptsächlich die Butter, die wohl den vierten Theil mehr werth ist. Zucker, Kaffee und Reiß müssen gemeinschaftlich in großem Quantum gekauft werden. so kauft man es viel billiger als es bei uns der Krämer hat; die Milch in Havre ist weit besser als in Paris. Die Erdäpfel sind bei aller Schlechtigkeit sehr theuer. Gedörrtes Obst, Fleisch und Würste nimmt man besser von Hause mit; Syrop Rubi dei und Kirschenwasser gehören in Havre zu den Seltenheiten.

Für die Verpackung der Lebensmittel schon zu Hause Kisten mit Unterschlägen machen zu lassen, würde in Havre viel Unkösten ersparen, d. h. für die kleinen Gegenstände. Hingegen Mehl, Brod, Erdäpfel, auch gedörrtes Obst werden sehr gut hier in Fäßchen verpackt, welche man schon findet. Auch für Blechgeschirre darf man nicht bange sein.

Preis-Courrent

[1831] in fr. Franken und Centimes. [Mai.]

Getränke:

	fr	cen.		fr	cen.
1 fr. Littre ist circa 2/3 M.			2te Qualität do.	—	90
Wein v. Bordeaux oder de Montgne			Liqueur pr. Flasche .	4	—
Rother in Fäßch. von 114 Lit. (circa 150 Bouteil.)	45	—	Champagner	5	—
Weißer ein gleiches Fäßch.	60	—	Cyder (im Kleinverkauf) pr. Litre .	—	20
Bester Cognac pr. Litre	1	10	Essig, extra Qualit. pr. Fäßch. 74 Litres .	32	50

Eßwaaren, 100 Kilogrammes sind 189 Pfund ZG.

	fr	cen.		fr	cen.
Brod gewöhn. weißes pr. ½ K.	—	30	Salz im Großen pr. Pf.	—	27½
Zwieback 1. Qual. pr. 50 K.	28	—	Erdäpfel cir. ½ Luz. Vtl.	3	—
do. 2. do. . . .	24	—	Amerikan. Mehl pr. Faß, cir. 180 Pf. (extra gut)	42	50
Dopp. geback. Brod sammt Fäßch. circa 45 Pf.	15	—	Erbsen pr. Mäschen 1 Gall.	—	80
Fleisch, schön Ochs. pr. Pf.	—	55	Schweinschmalz pr. Pf.	—	75
Speck	—	75	Eier pr. 13 Stück . .	—	55
Würste . . .	1	20	Semmelmehl pr. Pf. .	—	50
Milch circa 2 Litre (1 Dallon)	—	20	Zimmet pr. Loth . .	—	10
Zucker in gr. Qant. pr. P.	—	70	Gestoßener Pfeffer pr. Lth.	—	7½
Kaffee do. do.	—	60	do Nelken do.	—	10
Chocolade	1	50	Rosinen pr. Pf. . .	—	80
Reis in gr. Quant. pr. P.	—	25	Holländischer Thee pr. Pf.	5	—
Maccaroni u. Fideli do.	—	45	Muscatnüsse pr. Loth .	—	50
Mandeln ohne Schaal do.	1	60	f. Oel pr. Pf. . . .	1	22
Weinbeeren pr. Pf. .	1	50	Zucker Candit. pr. Pf.	1	90
Holländer Käse pr. Pf.	—	75	Ulmergerste pr. Pf. .	—	60
Bienen Honig do. .	1	20	Unschlitt Kerzen . .	—	75
Starkgesalz. Schinken do.	-	75	Gedörrte Zwetschgen .	—	55
Citron. u. Pomeranz. do.	—	10	Salpeter	1	50
			Gerösteter Kaffee . .	—	90

Das Holz ist in Havre sehr theuer, allein das hat auf das Schiff keine Bewandtniß, weil es angeschafft wird. Allein es ist doch merkwürdig zu wissen, daß 1 Büschelchen Buchenholz, etwa 5 — 6 Scheiter je nach der Größe 25 cent. und ein Büschelchen Tannenholz 20 cent. kosten.

Neue Art Fleisch zu räuchern.

Anstatt die Mühe mit dem Räuchern vorzunehmen, dürfe man nur Kaminruß in Wasser auflösen, und einige Zeit zum Durchdringen stehen lassen, damit es den Rauchgeschmack annimmt. Je nachdem man das Fleisch stärker oder schwächer geräuchert haben will, nach diesem Grade wird das Quantum der Ingredienz bestimmt. Nachdem diese Brühe durchgeseiht worden, hängt man das in dünne Scheiben zerschnittene Fleisch darin auf, läßt es zum Einsaugen dieser Flüßigkeit einige Zeit darin (das vom Liebhaber stärker oder schwächer begehrt werden kann) und hängt es hernach zum trocknen auf. (Eine Probe könnte nichts schaden.)

Man schafft sich für eine Seereise von Havre nach Newyork gewöhnlich für 60 Tage Lebensmittel an. Einige Ueberfahrten, die aber besonders jetzt zu den Seltenheiten gehören, sollen noch länger gedauert haben. Vielen mag es nicht uninteressant sein zu vernehmen, was eine gewisse Anzahl Personen verbraucht haben mag. Soviel möglich annäherend füge ich also eine solche Tabelle bei.

Quantum der Lebensmittel die von 14 Personen in 50 Tagen verbraucht worden.

Frisches Brod . . .	18	Pf.
Doppelt geback. 3 Fäßch.	135	—
Frisches Fleisch, das zu Grunde ging . .	60	--
Gebraten mitgenommenes Fleisch . . .	8	Pf.
Würste	$17\frac{3}{4}$	—
Speck und Schinken	$16\frac{1}{2}$	—

Schweinschmalz . .	4¾ Pf.	Süße Butter . . .	2 Pf.
Geschmolzene Butter (zu wenig) . . .	100 —	Kaffee, unbedeutend aus Mangel an Milch	— —
Amerikanisches Mehl	225 —	Zucker, weißer . . .	46 —
Semmelmehl	2 —	Salpeter, zum Einsalzen des Fleisches .	½ —
Salz	12 —	Verschied. Gewürze, zus.	1½ —
Käse (weil nicht mehr da war)	5½ —	Erbsen u. Bohnen, zus.	3 Gall.
Maccaroni	9 —	Erdäpfel (halb Viertel zu wenig) . . .	6 Poif.
Fideli	9 —	Eier (zu wenig) . .	265 St.
Ulmergerste (wurde feucht und verdarb)	12 —	Citronen (zu wenig)	40 —
Zwetschgen (zu wenig)	20 —	Pomeranzen (do.)	6 —
Reis	25 —	Thee	1 Pf.

Getränke:

Essig	38 Litr.	Wachholder Brandwein (zu wenig) . . .	3 Litr.
Wein, rother . .	228 —	Brandwein (zu wenig)	14 —
„ weisser . .	20 —	Liqueur (zu wenig)	1½ —
Cognac (zu wenig)	4 —		

Wohl zu verstehen, daß bei diesem Vieles bei Seite ging und besonders vom Getränke (das Meiste) an die Stuarte, Köche und Matrosen verflog; — was man auf unserm Schiffe thun mußte um im gutem Verhältniß zu bleiben.

Hiermit will ich also den Bericht über die Seereise schließen und sogleich zum 3ten Theile, oder Schilderung unserer Wanderung von Newyork bis St. Louis im Staate Missouri übergehen.

Dritter Theil.

Flussreise von Newyork nach St. Louis.
(Missisippi.)

Donnerstag, den 21. Juli.

Eines der ersten Geschäfte war, mich mit einem Stadtplane von Newyork zu versehen, um mich in der ziemlich großen Stadt zurecht finden zu können. So verirrlich wegen den Kreuzungen und dem Wirrwarr von Straßen ist es in Newyork nicht wie in Paris, obwohl die Größe einander wenig nachgeben wird: aber wegen der Einförmigkeit der Gassen, deren Häuser fast alle von Backsteinen und roth angestrichen sind, kann man nicht so leicht Gegenstände auffindig machen, um jegliche Straße sogleich zu erkennen. Zwär sind die Namen der Straßen an den Eckhäusern geschrieben, was eben zur Auffindung nach einem Plane aushilft; aber wer kann sogleich im Kopf behalten, wie manche Gasse er links und rechts durchgehen müsse, um eben die Verlangte aufzufinden; auf der längsten Straße, Broad Way, hat man von einem Ende zum andern 1½ Stunde zu laufen.

Heute wurde alles ausgeschifft, wobei ich aber weniger Toleranz erwartet hatte; denn nicht eine einzige Koffer der Reisenden wurde geöffnet, und ohne Eingangszoll konnte jeder Einwanderer seine Effekten frei vom Borde nehmen.

Außer einem Bällchen Tapete, die wir in Paris gekauft, hatten wir eigenlich keine unangegriffene Waaren; aber auch zu unsern vielen neuen Kleidungen, Schuh und Stiefeln hätten sie vielleicht etwas sagen dürfen.

Freitag den 22., bis Dienstag den 26. Juli.

Während diesen Tagen kam es mir vor, als lebte ich im höchst beschäftigten Müßiggange. Es wollte nichts an ein Ende. Ich durchlief die Gassen, besuchte die Kaufläden, schrieb Briefe, und wenn ich am Ende das Tagwerk übersah, schien es mir, ich stehe am alten Fleck. Allein nach einer so kalten Seereise ist einem das Klima in Newyork zu unerträglich heiß. Von einer Landreise aus dem Innern her, wo man gleichsam in etwas akklimatisiert wäre, würde es ohne Zweifel leichter auszudauren sein; denn überall spricht man von dießjähriger milder und nasser Witterung. Allein wir mußten nothwendiger Weise, um nicht zu verschmachten, unsern Wollkleidern entsagen und uns der hier gebräuchlichen Leinenkleider anschaffen. Ich fand die Preise nicht übertrieben, aber gut bezahlt.

Feuerbrände sind hier wirklich an der Tagesordnung, und der Grund davon liegt darin, weil die meisten Häuser hoch assekuriert sind, und es Niemand lieber brennen sieht, als der Eigenthümer selbst, weil er meistens dadurch gewinnt, und alsdann ein schöneres und festeres an die Stelle setzt. Wenn einmal die Bretterhäuser, deren es noch hie und da in den ältern Straßen hat, alle weggebrannt sind, und an deren Stelle backsteinerce Paläste stehen, werden Feuerbrände schon seltener werden. Die Löschanstalten sind trefflich, wer 5 Jahre dabei gestanden, wird militärfrei. Die Feuerspritzen sollen aber galanter als gut sein. Mit Saug- Pumpen hat man schnell in jeder Straße Wasser. Auch sind die Wasserleitungen dazu eingerichtet.

Während unserm hiesigen Aufenthalte, brannte es fast jeden Tag, oft mehrere Häuser. Der Brand jener Nacht, als wir in die Bay einfuhren, äscherte 20 Gebäude ein.

Alles ist hier theuer; Stümperei herrscht keine; Jeder will etwas verdienen; nur wenn ein Artikel auf einmal überführt wird, sinken die Preise. Ein solcher Schlag erlitt vor einem Jahr die Messerfabrikation, die vorher sehr blühend war. Mehrere im Lande eingerichtete Fabriken, die nicht zu arbeiten aufhören konnten und zusammen getroffene fremde Zufuhren dieses Fabrikats, bewirkten den Abschlag, den man sich aber nicht niedriger, als bei uns denken muß. Obwohl fast vor jedem Laden Uhren aller Art feilgebothen wurden, ist doch der Preis derselben beständig hoch. Von vorzüglicher Schönheit sind hier die Castorhüte, deren man keine in Europa verfertigt und amerikanisch billig. Strohhüte, deren zwar viele eingeführt werden, obwohl es auch hier Fabriken giebt, sind im Verhältniß weit theurer; hingegen ersetzen diese eine Art Holzhüte, die schön, stark und billig sind.

Auch an Kupferstichen und Stein- Abdrücken fehlt es nicht und viele ausgestellte Werke würden mit den besten europäischen wetteifern. Man denke aber nicht, daß dieß blos von Amerikanern verfertigt würde; denn es leben ja eben so viele Europäer in Amerika. Besonders vortreffliche Landkarten sieht man hier, die eine Richtigkeit haben, deren man sich in Europa keine Vorstellung machen kann.

Dies kommt von den genauen Vermessungen her. Welcher Staat von Europa könnte planmäßig aufweisen, wie viel Ackerland er enthalte, wo und wie sie liegen u. dgl.

Mich wundert es nur, warum das Land der Umgebung so schlecht benutzt ist; da wo die Anlegung eines Gartens durch den Verkauf der Erzeugnisse so einträglich wäre. Der Boden ist zwar von sehr geringer Qualität und besonders auf der Westseite sandig; allein mit geringer Mühe würde man doch viel Geld machen. Ich kann mir diese Nachlässigkeit nicht anders vorstellen, als daß vermuthlich das Land längst in Händen von Spekulanten ist, die es zum Verkauf in hohem Preise halten und überdies zu viele Aecker um jedes Stück bearbeiten lassen zu können. Auch das brachliegende Land trägt in Amerika seine guten Zinse.

Wer sich einmal an die rothen Häuser gewöhnt hat, dem gefällt die hiesige Bauart nicht übel. Besonders die neuen Gebäude haben Geschmack und sind mit vielem Scharfsinn für das hiesige Klima geschaffen. Alles wird mit Kaminsteinen gemauert, und so schnell, daß man es bei uns für eine Fabel halten würde, in Zeit 6 Wochen ein 5—6 Stockwerk hohes Gebäude nicht nur auf-, sondern auszubauen. Jedes erhaltet eigene Seitenmauren, so daß es zwischen hinaus abbrennen kann, ohne das benachbarte zu beschädigen. Die Dielen, die von ganz schmalen Brettern zusammengefügt sind, sind dauerhaft und sehr schnell eingepaßt. Für die Fenster, deren es nur eine Sorte hat, sorgt eine Maschine, den Fensterrahmen kann man entbehren, wenn man nur einen Glaser hat und die Futter werden mit dem Aufführen des Gebäudes eingemauert und Beschläge bedarf es keiner; die Hälfte kann nur hinauf oder hinabgelassen werden. Die Thüren sind galant, hangen nur an Charmieren. Die Zimmer werden tapezirt; das Feuerwerk besteht in französischen Kaminen, und die Küche versieht ein gußeiserner kunstvoller Herd. Die Dachdeckung ist meistens leicht und von Schindeln mit rothem Anstriche.

Mittwoch den 27., bis Freitag den 29. Juli.

Die hiesigen Laden (Stores) wetteifern an Prunk mit denen von Paris; ich würde es nicht erwartet haben hier solche mit den prächtigsten Waaren angefüllte Magazine zu finden. Aber es scheint, daß sich die verschiedenen Klassen von Kaufleuten und Partikularen mit großem Fleiße ausgeschieden haben. Man findet Straßen, wo so zu sagen nur Großhandel getrieben wird; dann solche wo der Kleinverkauf damit verbunden ist, und wieder solche von lauter Kleinhändlern &c.

Aber es ist weit angenehmer durch die regelmäßig abgetheilten und gerade angelegten Straßen zu laufen als in Paris; obschon es nach Verhältniß eben so lebhaft darin sich regt, läuft man doch nicht Gefahr von einem Fuhrwerke überfahren zu werden, weil die Straßen überall breit sind und auf beiden Seiten etwas erhobene Trottoirs für die Fußgänger haben, welche meistens mit Tüchern von den Häusern aus überhängt sind, was bei der großen Sonnenhitze angenehme Schattengänge bildet.

Die Pferde sind hier durchgängig von einem bessern Schlage als bei uns. Zwar von den ungeheuren Lastpferden wie man in Frankreich sieht, und die mit fr. 1000 bis fr. 2000 bezahlt werden, habe ich noch keine gesehen; aber doch Thiere die an Kraft mit unsern stärksten wetteifern, und wieder solche an Chaisen, die an Schönheit und Schnelligkeit bei uns ähnliche suchen.

Auch das Hornvieh hatte meine Vorstellung übertroffen; Kühe und Ochsen geben den unserigen nichts nach; ich habe auch Kühe ohne Horne gesehen, ein Gegenstück von solchen, die dann ungeheure Gabeln ausstrecken. Ziegen sah ich wenig, vermuthlich weil der Unterhalt einer Kuh nichts kostet; weil man sie Sommer und Winter laufen läßt. In der Stadt haben sogar die Schweine das Freiheits-Privilegium.

Ich kann mich nicht enthalten auch einige Worte über die Niedlichkeit der Landhäuser zu verlieren, die ich letzten Sonntag auf einer Exkursion gesehen. Man muß wirklich über die Pracht und Nettigkeit, so wie die wohlfeile Art womit dieselben gebaut sind, erstaunen! Zwar sind sie nicht für einen strengen Winter und für lange Dauer berechnet. Beinahe das ganze Hausgeripp besteht aus Balken, die kaum doppelt so dick sind als unsere sogenannten Doppellatten, die aber nicht sparsam sondern fast alle 3 Schuhe von einander entfernt sind. Nun werden die Lichter eingesetzt, worauf die stehenden Latten so berechnet sind, daß auf jeder Seite eine zu stehen kommt. Der Rest des Hauses wird mit circa 6 Zoll dicken Laden übernagelt, von denen der obere immer ein Zoll über den untern übersteht, gleich einer Bedachung. Das Ganze wird angestrichen (hellperlfarbig gewöhnlich) inwendig zwischen den Latten wird es ausgeworfen oder ausgemauert, gelattet und das ganze abgeglättet wie eine Gipsdecke und tapezirt. Daß ein solches Haus noch schneller erbaut ist, begreift man leicht; aber die niedlichen Lauben, die artigen Formen, und alles Angenehme das man diesen eleganten Wohnungen zu geben versteht, das weis man nicht mit dieser Bauart zu vereinigen. Doch soll ein solches zweistöckiges Hüttchen 200 — 300 Dollars kosten, in welchem nicht viel mehr als etwa 4 Zimmer und ein Estrich sich befinden.

Herr Iselin, welcher schweizerischer Consul ist und einer der größten Güterbesitzer im Staate Newyork sein soll, machte uns den Antrag, daß wenn wir das nicht bedürfende Geld bei ihm stehen lassen wollen, er es uns mit 5% so lange verzinse, bis wir es nöthig hätten. Dabei seien wir nicht gehindert, sondern könnten, wo wir immer seien bei jeder Bank auf ihn trassieren. Daß wir diese Gefälligkeit mit Dank annahmen, um so mehr, da wir unsere Gelder in keinen sicherern Händen glaubten, versteht sich. Wir bezogen also nur das nöthig erachtete, und für das Uebrige stellte man uns einen Creditbrief auf das Haus der HH. de Rham, Iselin und Moore, das auch von da aus unsere Correspondenz, besorgt.

Wir erhielten für die verlangte Summe nur eine Anweisung an eine Bank, die uns sogleich in Banknoten alles berichtigte. Von der Newyorker Bank gingen wir in die United-States-Bank um unsere verschiedenartige Bankzettel in solche der United-States-Bank umzuwechseln. Wie an diesen Orten für Millionen und Millionen Geschäfte mit solcher Stille vor sich gehen ohne ein lautes Wort zu hören, glaubt nur derjenige der es gesehen. Da ist alles angeordnet, zur bestimmten Stunde werden die Banken geöffnet, so auch geschlossen; hier sind Angestellte die auf Anweisungen Zahlungen machen, auf einer andern Stelle werden Bankzettel versilbert, wieder an einer andern Banknoten ausgetauscht u. s. f. Da bat man nichts als auf den gehörigen Platz hinzustehen, seine Sachen abzugeben, und ohne weiteres erhält man sein Verlangtes, d. h. wenn es den Gesetzen und Verordnungen nicht zuwider geht. Es ist nämlich mit den Banken folgendermaßen:

Diese Einrichtungen stehen eigentlich gar nicht unter dem Staate, d. h. es ist keine Regierungssache, sondern es sind bloß gesellschaftliche Spekulationen, denn wenn der Staat daran Theil nimmt, ist er wie ein Partikular bloß für diejenige Summe Theilhaber, die als sein erlegtes Eigenthum darin arbeitet. Es giebt also unzählige Banken in Nordamerika, deren Hauptspekulation darin besteht, für baares Geld Papiere mit ihrem Namen bezeichnet in Umlauf zu bringen und mit dem eingezogenen Gelde arbeitet. Deßhalb kann es gefährlich sein, sein Eigenthum in Banknoten zu haben, weil eine solche Gesellschaft durch üble Spekulationen auch Bankerott machen und ihre Banknoten nicht mehr einlösen kann.

Nun bestehen aber Gesetze, daß nicht so leicht eine Bank entstehen kann. Wenn sich nämlich eine solche Papiergeldfabrike bilden will, so muß sie die Größe der Summe angeben, als z. B. 50,000 oder 100,000 Dollars rc. wie viel sie in Umlauf zu bringen gedenke. So viel muß alsdann die Gesellschaft verkautioniren und über das noch eine solche Summe Baarschaft da liegen haben. Daß nun die Banknoten so eingerichtet werden, daß selbe nicht leicht nachzumachen sind, versteht sich, und es ist auch eine Seltenheit, daß falsche Banknoten in Umlauf kommen.

Nun ist also mit den Banken der Fall, daß man für sein Geld allenthalben solche Papiere kaufen kann. Auch muß jede Bank wenn man es verlangt, die ihr vorgelegte Note in Zeit 10 Minuten versilbern (d. h. ihre Note, nicht die einer andern Bank) deßwegen ist's gut, wenn man seine Bankzettel in solche austauscht, die da coursiren, wo man hingehen will.

Fast jeder Staat hat mehrere Banken und die Bankzettel der angrenzenden haben immer Cours. Am ausgebreitesten und sichersten aber ist die Bank of United States, die in allen bedeutenden Städten jedes Staates Zweige hat. Nicht daß ich z. B. in Newyork mit derselben Banknote eben so beruhigt wäre, aber weil ich mit dem Papiere der United States-Bank überall ohne Schwierigkeit hinreisen kann.

Aber wird mancher fragen, was hilft es mir, daß ich für mein baares Geld Papier austauschen kann? lieber behalt ich mein Silber und bin sicherer! Davon denkt der Amerikaner ganz anders und hält diese Spekulationen für Wohlthätigkeits-Anstalten, was selbe auch wirklich sind. Ich kenne noch nicht alle Tugenden derselben, doch was ich weis will ich aufzählen. Hauptsächlich geht es die United States-Bank an, von der ich rede, weil nicht jede so viel zu leisten im Stande ist.

Diese Bank zahlt für ihren Bestand dem Staate jährlich einige Millionen Dollars Abgaben, hiedurch wird also für jeden Bürger eine Last erleichtert. Wenn die Regierung Zahlungen zu machen hat, oder Abgaben einzuziehen, so gehen die Summen alle durch die Bank, ohne ein Cents Verlurst oder Transport, stehen die Gelder der Regierung in demjenigen Winkel der vereinigten Staaten zu Diensten, wo selbe nöthig sind. Man denke sich die Ersparung von enormen Umköstens die alle wegfallen. Soviel in staatswirthschaftlicher Hinsicht; nun aber wie viel leichter ist es den Bürgern der vereinigten Staaten, denen das Reisen und Hin- und Herziehen nicht so schwer als uns ankömmt, und besonders der Kaufleute, die an viele 100 und 1000 Meilen entfernte Orte Zahlungen entrichten, ohne einen Cents Umkösten als die eines Briefes, wenn er nicht persönlich dahinzieht. Summen Geldes, die bei uns schwere Fracht oder Wechsellösung kosten würden, können hier für nichts und so leicht geschehen. Man kann entweder sich einen Creditbrief der Bank für die ganze Summe ausstellen lassen oder Bankzettel dafür nehmen. Kommt man an seinen Bestimmungsort an, so hat man sein Gold oder Silber ohne Abzug.

Hat Jemand Geld, das er nicht den Augenblick zu benutzen weiß, trägt er's auf die Bank; er kann es zurückhaben wenn er will mit 3 pCt. Zins, läßt er es eine festbestimmte Zeit darin liegen, so erhält er 4 pCt. — Hat Jemand Geld vonnöthen, geht er zur Bank, weist seine Versicherung und erhält sein Geld, z. B. auf angekauftes Land erhält er gewöhnlich die Hälfte des bezahlten Preises. Kauft Jemand einen Hausplatz in einer Stadt, sobald er den ersten Stock eines Hauses angebaut, bevor das Gebäude unter Dach ist, kann er darauf den Werth des Platzes beziehen gegen 6 % Zins.

Der gesetzliche Zinsfuß ist hier 6 %, mehr darf rechtlich nicht gefordert werden. Es ist eine richtigere Rechnung, nämlich ½ % pr. Monat. Hier im Staate Missouri besteht noch keine andere Bank als die der United States. Es soll früher eine begonnen haben, aber bald gesprengt worden sein.

Samstag, den 30. Juli.

Noch nicht ganz fertig mit unsern Geschäften, gingen wir doch diesen Morgen früh an's Bord, unsere Plätze auf dem Dampfschiffe zu bestellen, welches diesen Abend um 6 Uhr nach Albany abfahren sollte. Wir waren äußerst froh Newyork verlassen zu können, denn die für uns unerträgliche Hitze hätte am Ende Alle krank gemacht. Unwohl war es uns wirklich; denn auch zur Nachtzeit nicht einmal ruhen zu können, ist zu arg. Ueberdieß hat Newyork kein gutes Wasser; es ist Badwasser, das vermuthlich mit Salztheilen geschwängert ist (denn Newyork ist eine Halb-Insel), indem es die Fremdlinge Anfangs nicht wenig laxirt, und viel trinken ist ohnedem ungesund.

Wir beschleunigten unsere Einkäufe, die jetzt hauptsächlich nur noch in eisernen Ackergeräthschaften und Handwerkzeugen bestanden und von denen wir gestern Nachmittag schon in einer Großhandlung auszusetzen angefangen hatten. Wir glaubten alles billig und von guter Qualität erhalten zu haben. Da wir gesellschaftlich kauften, konnten wir es in einem Engroshause thun und genießen also nicht bloß 5 % sconto gegen baare Bezahlung, sondern auch den nicht geringen Verdienst, den sich in Amerika die Ladenhalter zueignen.

Ueber Hals und Kopf wurde also diesen Nachmittag zusammengepackt und nach dem Borde geführt. Unsere Effekten hatten sich nun ziemlich vermehrt. — Hr. Dr. Köpfli hatte auch noch ein Fäßchen Wein auf dem Meere unangetastet hieher gebracht, der ebenfalls mit uns ins Innere muß, wo er ziemlich theuer sein soll.

Unsere Familie-Kutsche war schon letzten Samstag nach Albany gereist; denn auch in Newyork fand sie keinen Liebhaber um einen ehrlichen Preis; denn im Schiffskeller wo alles rostig und gräulich wird, hatte sie ein etwas schlechtes Ansehen bekommen, das wir herzustellen jetzt nicht Zeit und Lust hatten. Im Lande drinnen sollen selbe köstlich sein.

Bald wären wir von Newyork abgereist, ohne ein Wort von unserm Hitz verlauten zu lassen, der doch wahrlich mit seinen grauen Haaren noch so fröhlich als in Europa lebt und nun keine Minute älter geworden ist, als er heute auch in Graubünden sein würde. Er und seine Familie hatten gleich nach den ersten Tagen in Newyork ein Haus gemiethet, um einstweilen darin zu verweilen; denn er hat seinen Entschluß diesen Augenblick nach Missouri zu reisen verändert und zwar aus guten Gründen, weil er glaubt, daß ihm am Ende die Reise mit einer so zahlreichen Familie in ökonomischer Hinsicht zu nachtheilig sein könnte, um dort ein Eigenthum zu erwerben. So sehr er es bedauert nicht mitziehen zu können, eben so sehr bedaure ich den Verlurst dieses guten Mannes. Er versprach wohl nachzukommen, aber wenn man irgendwo angesessen, hält es schon schwieriger wieder fortzuziehen.

Wegen unruhiger Nachbarschaft, und besonders weil die Seinigen das Freie wünschten, suchte er sich sogleich in der Umgebung etwas Bequemeres auf und zog noch am Ende der letzten Woche ober Hobocken zum Wilhelm Tell in ein Landhäuschen. Anfänglich hatte er Lust das ausgebothene Wirthshäuschen selbst zu miethen (200 Dollars pr. Jahr) jedoch scheint er seiner vormaligen Beschäftigung eine Bahn zu öffnen. — Gott gebe ihm Glück.

Ich glaube für seine alten Tage würde ein Landhäuschen am Missouri und einigen Aeckern gutes Land, ihm mehr Genuß und Belohnung für sein thätiges Leben verschafft haben.

Auch Hr. Weinmüller hielt sich inzwischen stets in Newyork auf, und besuchte uns oft, will uns auch nach Albany begleiten mit Hrn. Gutmann, einem guten deutschen jungen Menschen, welchen wir hier kennen gelernt. Er ist von Profession ein Buchbinder, eine eben so gute Seele als sein jüngerer Bruder, dem er einen Platz im Castomhouse (Zollamt) verschaffen konnte. Diese aufrichtigen und redlichen Leute machen eine Ausnahme von den übrigen Deutschen, die einem aus lauter Freundschaft zu prellen suchen. Gutmann ist ihr Name, und wahrlich sie verläugnen ihn nicht und machen ihm nicht Unehre. Ohne irgend eine Belohnung annehmen zu wollen, leisteten uns diese Leute durch ihre Sprachkundigkeit große Dienste, ja anerbothen sich auch uns als Correspondenten am fernen Missouri zu dienen, auf welche Art es in ihren Kräften stehe. Hr. Weinmüller wird den Einen für eine kleine Reise in's Land hinein mitnehmen. Beide sind noch ledig, haben keine Familie und guten Verdienst, und ohne Schaden kann sich der Buchbinder für einige Zeit entfernen.

Uebrigens haben wir in Newyork gar keine Prellerei erfahren und wir leben getrost der Hoffnung, daß uns von jetzt an keine französische Beispiele mehr vorkommen werden.

Sonntag, den 31. Juli.

So wie wir gestern Abends bis 6 Uhr unsre Effekten im Zugschiffe eingeladen, erwarteten wir nur noch die Ankunft des Dampfschiffes welches uns fortführen sollte. Hr. Iselin kam noch ans Bord uns Lebewohl zu sagen.

Wie einen ganz andern Eindruck machte unser neues Quartier auf uns! — nur der verstünd unsre innige Freude, der mit uns 50 Tage auf dem Meere eingekerkert gewesen wäre. — Raum genug, reinliche Bette, herrliche Tafel, sanfte und schnelle Fahrt, honnete Leute, kurz nichts als das Schiff hatte Aehnlichkeit.

Man reiset mit diesen täglich oft zweimal abfahrenden Schiffen überaus wohlfeil. Bis nach Albany, wo der Kanal beginnt, kostet es mit Cajütenkost 2 Dollars und ohne Kost nur 1 Dollars auf eine Entfernung von 145 englische Meilen (etwa 50 Stunden). — Mit den Dampfschiffen legt man den Weg am gleichen Tage, mit den Zugschiffen in 1½ Tagen zurück. — Kaum fing der Tag an zu grauen, als schon alle aufs Verdeck stiegen, um so wenig als möglich von der Gegend zu verlieren. Wir waren diese Nacht schon bedeutend vorgerückt, denn eben kamen wir am Orte der Staats-Militärschule bei Westpoint vorbei. Die Gegend hat äußerst viel malerisches. Gegen Süden im Hintergrunde ragten noch die Gipfel von Baremountain und Anthonys-nose über rechts und links das Ufer bekränzende Hügel empor. Manche Stellen wetteifern hier mit den Aussichten auf dem Vierwaldstätter-See. Nur daß hier die Ufer viel bewohnter und auch die höchsten Gipfel mit Waldungen bedeckt sind. Auf beiden Seiten erschienen abwechselnd blühende Ortschaften. Gegen Norden hin fingen die Ufer an niedriger zu werden. Links in weiter Ferne bildeten blaue Gebirge, vermuthlich Arme des Alleghani einen lieblichen Hintergrund. Wir träumten wieder im Vaterlande zu sein. Urwälder von den mannigfaltigsten Baumarten vermischt, wechselten mit Anpflanzungen ab. — Was uns unglaublich schien, unter Akatien, Sevi und Platanen, wuchsen Ahorne, Eichen und Nußbäume, und Obstbäume wild wachsend durch einander in buntem Gemisch. Weinreben überdeckten manche

Bäume so mit ihrem wildrankenden Laubwerk, daß es nur ein und derselbe Baum zu sein schien. —

Zwischen 11 — 12 Uhr mußte unser Schiff Halt machen. Durch Ueberheizung war etwas an der Maschine locker geworden. Wir erhielten die Erlaubniß ans Land zu gehen. Der Hr. Kapitain, ein freundlicher gutwilliger Mann kam selbst mit. Gerade vor einer Meierei wurden die Anker geworfen. Es mag in der Gegend von Livingston etwas über 100 engl. Meilen oberhalb Newyork gewesen sein. So gerne wir schnell vorwärts gerückt wären, so angenehm war es uns doch auch die Erzeugnisse des Bodens in den Hudsons- Siedlungen beaugenscheinigen zu können. Bei einem niedlich schönen Landhause führte uns der anfangs steil ansteigende Weg vorbei. Hundertjährige Akatien beschatteten dasselbe, von denen mehrere Stämme über 4 Fuß Durchmesser hielten. — Im Garten, den man uns zu besichtigen erlaubte, prangten Südfrüchte neben wildwachsenden Produkten. Die schlängelnden Fußwege, schienen wie durch Kunst angelegt, zu beiden Seiten mit fruchttragenden Obstbäumen besetzt, da man doch zu deutlich sah, daß nur der Urwald beinebens ausgerottet worden. — Hinter dieser, durch hohe Verhäge vor dem Vieh geschützte Gartenanlage, befanden sich hölzerne Viehställe, mehr zum Schutze gegen schlechtes Wetter als zum Füttern eingerichtet. Für die Pferde war mehr gesorgt als für das Horyvieh. Nebenan war ein herrlicher Obstgarten, meist von Aepfelbäumen verschiedener Art. Das Obst war ziemlich schmackhaft, doch noch nicht ganz reif. Hier sah man den Ueberfluß der hiesigen Ackerwirthe, unter jedem Baum lagen in Menge herabgefallene Früchte, die nicht gesammelt werden, und entweder verfaulen oder von den Schweinen aufgezehrt werden. Obschon der Boden nicht für die beste Art gehalten wird, würde er doch bei uns vortrefflich heißen. Der abgemähte Obstgarten zeigte, daß die Wirthschaft hier mehr zum Schaden als Nutzen getrieben wird. Man nimmt nicht einmal alles, was die wilde Natur schenkt; ihr durch Kunst mehr abzwingen wollen, daran denkt Niemand.

Etwa nach zwei Stunden rief uns die Glocke wieder ans Bord, und nun gings wieder rasch vorwärts. — Der Fluß ist gar nicht reißend. Oft dehnt er sich zu einer ziemlichen Breite aus von vielen Inseln unterbrochen. Auch hier dehnte er sich oft über eine Meile breit aus, oft ist er sehr zusammengeengt. Der Lauf ist so unbedeutend stark in Vergleichung mit unsern europäischen Flüßen, und die Oberfläche bei stillem Winde so spiegelglatt, daß man auf einem See zu fahren scheint. — Hudson City schien uns schon eine ziemlich bedeutende Stadt, aber das gegenüberliegende Athen, nicht mehr so ganz klein, dürfte vielleicht mit der Zeit wegen der günstigern Lage noch wichtiger werden. — So blühen heute 100 kleine Ortschaften, an diesem schönen Fluße, die nach einigen Jahren vielleicht große Städte sein werden. — Wir sind ziemlich zurückgeblieben, auf die Mittagszeit langen gewöhnlich die Schiffe in Albany an. Aber die gestrige Verspätung und der heutige Halt verzögerten uns wohl um einen halben Tag. Der Tag fing sich zu neigen an, und die einbrechende Nacht raubte uns die Aussicht. — Aber wie belebt die Schifffahrt auf diesem Fluße ist, glaubt keiner, der sich in Amerika nur Wüsteneien denkt. Dampfschiffe und andere Fahrzeuge ziehen beständig auf und nieder. Den ganzen Tag war keine Stunde, wo wir nicht oben oder unter uns mehrere Schiffe fahren sahen. Ein so reges Leben haben wir auf keinem Verbindungspunkte der alten Welt. —

Erst gegen 8 Uhr kamen wir in Albany an. Hatten also die 145 Meilen in circa 20 Stunden zurückgelegt. Einige Minuten früher landete das uns vorgekommene Dampfschiff, welches diesen Morgen um 7 Uhr von Newyork abfuhr. Es hatte sehr viele Reisende, auch Hr. Iselin, welcher uns zurief am Borde. Außer den Lichtern sahen wir von Albany nichts. Unser Kapitain erlaubte uns noch am Bord zu schlafen, wodurch wir viel ersparten. Die Cajüte der Männer hat 24, und die der Damen 20 Bettstellen.

Montag, den 1. August.

Mit der erscheinenden Sonne stiegen wir ans Land, die Stadt zu besichtigen. — Sie soll schon über 20,000 Einwohner beherbergen. Dampfschiffe, Zugschiffe, Kanalboote, Segelschiffe u. d. gl. lagen in solcher Menge am Landungsplatze, daß man eher in einem belebten Meerhafen als in einer Stadt, in der Wildniß von Amerika zu sein glaubt. — In kurzer Zeit wird Albany eine Größe erreichen, wogegen die Schweiz keine Stadt aufweisen kann. — Ueberall arbeitet man an der Vergrößerung, neue Straßen werden angelegt — von planlosem Bauen weis man in Amerika nichts, alle Gassen werden regelmäßig gebaut. Auf der Anhöhe schleißt man Abhänge, die man bei uns Berge hieße und füllt damit Höhlungen, die wir Thäler heißen würden. Hier zeigte sich wieder die Anschicklichkeit der Amerikaner. — Der bei diesem Abgraben hervorkommende Lett, wurde auf dem Platze sogleich zu Backsteinen verarbeitet, deren es im hiesigen Lande eine enorme

Anzahl bedarf, da alle neue Gebäude damit aufgeführt wurden.

In Albany ist das wirklich im Bau begriffne Stadthaus ganz von harten Granitquadern erbaut, mit einer vergoldeten Kuppel die in das Innere des Gebäudes das Licht wirft. Die Bauart hat viel Aehnlichkeit mit der Börse von Paris, nur daß die hiesige viel größer und mehrere Stockwerke hoch hat. — Von den übrigen Merkwürdigkeiten will ich schweigen, so wie ich mir vorgenommen keine eigentliche Beschreibungen der Ortschaften zu liefern, blos das Bemerkenswertheste anzudeuten.

Gegen 10 Uhr wurden unsre Effekten aus dem Zugschiffe sogleich in ein Canalboot geladen, denn wir hatten in Newyork sogleich den Accord bis nach Buffalo gemacht, wodurch wir schneller befördert wurden. Alle Waaren wurden gewogen, was im Heraufziehen zugleich geschah und keine Zeit versäumte. Nämlich am Flaschenzug hing unterhalb die eigen dazu eingerichtete Schnellwage, zu welcher je nach der Schwere der Ballots oder Kisten ein leichterer oder schwererer Gewichtsstein diente. Auch hierin ist Zeit- und Leutersparniß. — Daß es nicht auf's Pfund und Loth ausgewogen wurde, versteht sich von selbst. Kleine Sachen gingen frei durch.

Um 6 Uhr Abends fuhren wir endlich ab; aber anstatt hier schon in den Kanal zu gehen, ließ sich der Kapitain durch ein Dampfschiff nach Troy hinaufziehen, um durch den dortigen Seitenarm in den Kanal zu steigen. Kaum waren wir hinter dem Dampfboote angebunden, als ein zweites und drittes, ja nach wenigen Minuten 8 Kanalböte sich hinten anhängten. Was das für ein buntes Aussehen war. Acht unregelmäßig hinter- und nebeneinander gebundene Fahrzeuge wurden von einem Boote nachgeschleppt. Man konnte sich fast des Lachens nicht enthalten, unser Zug glich einem Geschwader Kriegsschiffe das bereit stund eine Seeschlacht zu liefern. — Zu Troy angekommen wurde eines nach dem andern sich selbst überlassen. Finstere Nacht raubte uns die Aussicht auf Troy. Wir sahen nichts als schwimmende Lichter, alle Fahrzeuge hatten vorne zwei Laternen, so auch die Dampfschiffe hinten und vornen an eigenen dazu angebrachten Stangen aufgezogen, um das Aneinanderprellen zu verhüten.

Gerade jenseits Troy führen zwei Schleußen zum Canal hinauf. — Eine Menge Schiffe lagen schon vor der Einfahrt, die hier etwas langsam von Statten geht. Denn ober der zweiten Schleuße war das Waghaus, wo die Schiffe mit sammt der Ladung gewogen werden. Diese Einrichtung ist bei allen Einlässen und Punkten des Canals getroffen, zwischen welchen die Schiffe coursieren. Es ist im Grunde nur eine große Schnellwage mit doppeltem Hebelgewicht, wovon die Schaale in einer Schleuße hängt, von welcher das Wasser abgezapft werden kann. Ist das Wasser abgelaufen, so schwebt das ganze Schiff mit aller Ladung frei auf der Wage. Welche Kraft eine solche Wage haben muß, kann man sich leicht vorstellen, da oft über 40 Tonnen Last eingeladen wird. (Die Tonne ist 2000 Pf. oder 1000 Kilogramm an Gewicht oder am Maaß 40 französische Kubikfuß. Auf diesen Booten wird das Gewicht, auf Meerschiffen meistens der Raum bezahlt.)

Erst gegen Mitternacht kamen wir in den Kanal hinauf. — Dieser ist das Unternehmen einer Privatgesellschaft auf Aktien, sie hat auch eigne Banknoten, die in hiesiger Gegend Cours haben. Zur Deckung der Unkosten ist ein

Zoll gestattet. Es kann darauf fahren wer Lust hat, nur zahlt die Person 75 Cents, die Waaren pr. % 1/2 bis 3/4 Dollars. Dieses muß der Kapitain jeden Schiffes entrichten und er hat dafür seinen Preis einzurichten. — Dieses scheint wohl ein ungeheurer Zoll, allein wenn man die Länge von 362 Meilen in Betracht zieht, findet man es nicht unbillig, weil solche Lasten auf der Achse über Land zu führen mehr als 10mal mehr Unköſten und Zeitverlust verursachen würden. Auch muß man die Sache erst kennen ehe man darüber abspricht.

So wie es zu nachten begann wurden die Bettstellen eingerichtet. Diese sind ganz einfach und werden am Tage weggenommen. Es sind eine Art Hangmatten, oder vielmehr aufgehängte Rahmen, auf welche die Matratzen und das Bettzeug zu liegen kommen. Die untern sind gerade auf den Bänken, welche überlegt und somit doppelt breit gemacht werden können. Alles ist ausgedacht um den Platz benutzen zu können. Die Vorhänge, die am Tage die Fenster zieren, versehen zu Nachts die Bettvorhänge, alles sieht ganz niedlich aus. Das Zimmer hat gerade zwei Bettlängen, somit auf jeder Seite Platz für vier Personen. Im Damen-Zimmer, wohin man während dem Tage das übrige Bettwerk steckt, bleiben die Hängmatten immer an ihrer Stelle. — Man glaubt es nicht wie gut man in diesen Betten schläft, und wie vergnügt man auf diesen Schiffen leben kann.

Dienstag, den 2. August.

So wir erwachten trabten zwei muthige Gäule vor uns her; wir müssen diese Nacht doch schon ziemlich vorgerückt sein, denn wir hatten eine Menge Schleußen hinter uns. Wir befanden uns in einem Thale, welches der

Mohawkfluß durchzieht und stets erneuerten sich die Ansichten. Besonders merkwürdig ist die Canal-Anlage wo derselbe über den Fluß führt. Das erstemal nahe bei Midletowe, das andremal bei Alexander'sbrück. Der seichte Fluß ist von bedeutender Breite; am ersten Orte zählten wir 14, am zweiten 16 Brückenjoche, über welche der Canal geführt war. Gegen Mittag trafen wir ein artiges Städtchen, 29 Meilen von Albany, Namens Schenectady; hier soll es viele Mechaniker haben die sich durch neue Erfindungen berühmt gemacht; herrliche Gebäude außerhalb der Stadt, die Palästen gleichen, sollen zu einer Universität des Staates Newyork erbaut worden sein; sie liegen an einer angenehmen Anhöhe. Die Witterung zwang uns heute Vormittag im Boot zu bleiben. Eine stille englische Lady, die von Newyork herauf auch schon im gleichen Dampfschiffe mit uns war, blieb unsre einzige Gesellschafterin. Auch sie gab ihre nicht geringe Freude zu erkennen, die unreinlichen und groben Irländer vom Halse zu haben.

Hier ist das Thal etwas einförmig. Hingegen trafen wir oft Landsitze an, die schon Ersatz genug wären für die Reise hieher. Der Boden ist im Durchschnitt weit besser als bei uns, und die herrlichen kräftig grünenden Wälder, mit mancherlei Baumarten vermischt, zeugen von fruchtbarem Erdreich. Der Canal zieht sich meist neben dem unschiffbaren Fluße hin, hie und da ein wenig abweichend; er hätte Wasser genug, wenn er schmäler wäre, aber das Land ist zu eben, und der Lauf zu schwach, um ein tieferes Bett auszufurchen. — Im Durchschnitt muß man bekennen, daß die eigne Bauart der Landhäuser geschmackvoll ist. Fast überall sind selbe von Laden gebaut, mit niedlichen Lauben geziert und das Ganze mit perlfarbenem Anstriche überzogen. Die Bedachung besteht überall aus großen Schindeln, auch meistens angestrichen. Blockhäuser, wie selbe die ersten Ansiedler verfertigen, sahen wir in Menge, so wie die eigene Art Umzäumungen, die aber viel mehr Holzstößen als Gehägen gleichen.

Nicht nur im Thale ist viel gelichtet, auch manche Bergrücken sind hier herum stark bebaut. Und Keiner, der sich so à la Blondin von Namur hieher versetzt fände, würde glauben in einer neuen unbewohnten Welt zu sein. Ich bin versichert, daß sich kein Schweizer-Landmann bessere Landstriche wünschen würde. Allein da fast alles Privateigenthum ist, steht der Preis schon sehr hoch. Was längs dem Canal liegt, kostet 15 — 25 Dollar der Acre. Die Lebensmittel stehen auch alle in hohen Preisen, so daß der Ackerwirth seine Erzeugnisse theuer verkaufen kann. Die Pferde gelten je nach der Art 50 — 100 und Kühe 10 — 14 Dollars.

Mit einbrechender Nacht liefen wir eben in die Schleuße von Amsterdam ein, hatten also seit gestern nur 45 Meilen zurückgelegt, was aber bei uns eine bedeutende Strecke hieße. — Bei dem Wort Amsterdam muß man sich aber noch kein europäisches denken. — Meistens sind bei diesen hochtönenden Namen nur 2 — 3 elende Hütten. Hier ist's ein kleines Dörfchen, das durch die Lage am Canal ohne anders sich vergrößern muß.

Mittwoch, den 3. August.

So wie man uns aufweckte, was jeden Morgen, so wie auch zu jedem Schmause, durch eine Klingel geschah, befanden wir uns schon bei der 23ten Schleuße; d. h. bis

Utica hatten wir noch so viel vor uns und 31 vorbei, weil die 54ste bei Albany steht. Ein artiges Dörfchen Comajoharie begrüßte uns zuerst. Viele officinelle Pflanzen die bei uns nur in Gärten wachsen, erblickten wir heute wildwachsend. Gegen 4 Uhr Abends rückten wir auf Little-Falls, wo 4 nacheinander folgende Schleußen den Canal über 30 Fuß heben. — Hier windet sich der Wasserweg durch eine Felsenschlucht, die nur in den Schweizergebirgen vergleichende Stellen hat. Hier sahen wir die ersten nackten Felsen in Amerika. Der Canalbau ist hier ein Wagstück der neuern Kunst. Die gestrigen Regengüsse hatten den Fluß geschwellt, und schäumend stürzten sich die Wogen über die schroffen Felsen. Ein großer Steinhügel theilt gerade unterhalb dem Orte den Fluß in zwei Hauptarme, und neben dem Canal ein kleines Felsriff den einen Arm wieder von einander. Unterhalb vereinigen sich wieder alle drei Theile. Von der einen Seite in Fels gesprengt, gegen den Fluß hin mit Mauern geschirmt, scheint hier der Canal der Natur abgetrotzt.

Ueberraschend erblickt man, so wie man aus der Schlucht heraustritt am jenseitigen Ufer die blühende Stadt. Eine kostbare von Granitquadern erbaute Brücke verbindet den Canal mit ihr. Sie hat zwei Gewölbe und neben den 2 Trottoirs eiserne Schutzgeländer. Nicht einmal Erde für ein Gärtchen liegt auf den nackten Felsen, auf denen die Stadt gebaut ist. Die Lage ist vom Fluße an sanft ansteigend; links und rechts steile, aber wieder baumreiche Berge; jenseits der Stadt ein Thälchen mit schönen Gütern. — Dieser noch junge Ort wird rasch steigen, es fordert schon großen Reichthum eine solche Brücke herzustellen.

Noch eine Schleuße oberhalb der Stadt, und wir befinden uns wieder in der lachenden Natur, die mit den so eben verlassenen Felswänden höchst contrastiert. Der Fluß hat wieder seinen glatten stillen Lauf angenommen. Ich habe mir die Flüße in Amerika mit wilderm Laufe vorgestellt. Wie der Hudson, so hat auch der Mohawk wenig Fall. Letzterer meistens auf kurzen Strecken, so wie auch der Hudson oberhalb Bemißheigtets mehrere starke Fälle hat, welche durch Canäle umgangen werden mußten, um ihn schiffbar zu machen.

Aber was für eine Lebhaftigkeit auf diesem Kanal herrscht, ist für denjenigen unglaublich, die es nicht mit eigenen Augen angesehen. Auch die lebhafteste Handelsstraße der Schweiz oder irgend eines andern Reiches läßt sich nicht damit vergleichen. Es sollen 1300 Canalböte ihn befahren. Wir finden die Angabe nicht übertrieben, denn auf jede Viertelstunde begegnete uns im Durchschnitt ein Boot. Während der Tageslänge zählten wir heute 65. Eben so viele, oder noch mehr kann man annehmen, kommen uns nach, weil uns keines vorfuhr als etwa Postschiffe, welche keine Güter laden, und mit 3 Pferden gezogen werden, die stets im vollen Galopp laufen müssen; pr. Meile kostet es auf denselben 3 Cents sammt Kost, und 1½ ohne Kost; sie legen täglich 80 — 100 Meilen zurück.

Brücken, die über den Canal führen, zählten wir heute 101, bei welchen sich die auf dem Schiffe befindlichen Personen niederlassen müssen. Denn die meisten stehen blos 1½ Schuh über die Kanalböte. Ganz eigen ist das Vorbeifahren zweier Böte, welches ohne Aufenthalt und ohne Losspannung der Pferde geschieht. Die Pferde sind die Sache so gewöhnt, daß es ohne die geringste Mühe geschieht. Wie bei den Fuhrwerken auf der Straße, weiß jeder, welcher rechts oder links vorbei soll. Der Steuermann leitet das Boot. Die einen Pferde stehen etwas still, damit das lange Seil, an dem sie das Boot nachziehen, sich auf den Boden legen könne, der andere Fuhrmann fährt mit den seinen darüber und immer zu. Weil die Boote lange Zeit durch eigene Schnellkraft fortlaufen, wenn schon die Pferde nicht mehr ziehen, haltet dies sie nichts auf. Inzwischen ist auch das Boot über das im Wasser niedergesunkene Seil gelaufen, und kaum daß dieses frei, fährt auch jener Fuhrmann zu. — So geht alles seinen Lauf, ohne daß deßwegen ein Wort verloren wird. Des Nachts sind die Laternen Leiter genug, denn die Fahrt wird nicht unterbrochen.

Donnerstag, 4. August.

Diese Nacht fuhren wir Herkimer und Utica vorüber. Gern hätten wir letzteres Ort gesehen. Gegen 8 Uhr kamen wir nach Rome, welches in einer weit ausgedehnten und fruchtbaren Ebene liegt. Wenn Steine und gutes Wasser hier nicht mangeln, so dürfte es wirklich zu einer großen Ortschaft von Bedeutung anwachsen. Jetzt ist's schon mehr als ein großes Dorf, hat mehrere Kirchen. Dahin sollen viele von den frisch eingewanderten Schwaben gezogen sein. Nur die Nähe von Utica kann ihm Nachtheil bringen.

Der Canal führt uns heute durch eine eintönige, noch mit Urwald bedeckte Gegend; den nur kleinere Ansiedelungen unterbrechen. Diese mögen nach 50 bis 100 Jahren mehr Reitz durch Bebauung gewinnen.

Um vom Canal einen richtigen Begriff zu erhalten, finde ich es für nothwendig, mich hierüber etwas weitläufiger zu erklären und zugleich einen kleinen Plan beizufügen, den ich aber aus Mangel an Raum, in drei Theile vertheilt darstellen muß, wie er auch sonst vertheilt wird.

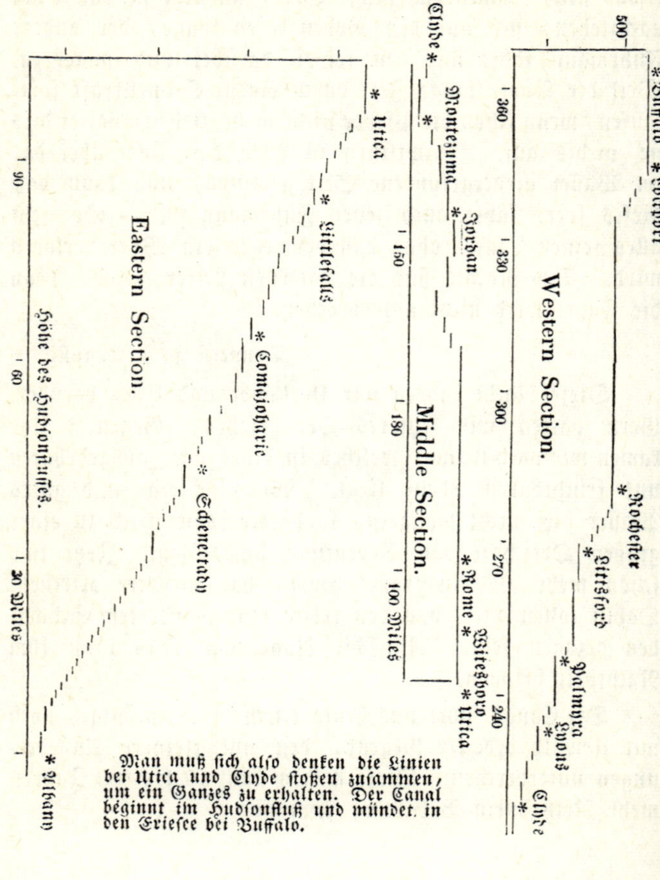

Man muß sich also denken die Linien bei Utica und Clyde stoßen zusammen, um ein Ganzes zu erhalten. Der Canal beginnt im Hudsonfluß und mündet in den Eriesee bei Buffalo.

Dieser Kanal ist ein riesenhaftes Unternehmen, vorzüglich wenn man die Kosten der Schleusen bedenkt, die sämmtlich aus gehauenen Quadersteinen erbaut sind. Die Böte sind meistens von der Größe, daß dieselben die Zwischenräume der Schleusen so ausfüllen, daß bloß die Thore noch geöffnet oder geschlossen werden können. Diese letztern sind sehr einfach und weit beförderlicher eingerichtet, als die weit kostspieligern in Frankreich am Canal Monsieur. Man theilt den Canal in drei Sektionen, wovon die erste bis nach Utica durch 54 Schleusen hindurch von Albany aus auf eine Entfernung von 119 Meilen circa 390 Fuß ansteigt. Die Mittel-Abtheilung hat am wenigsten Schleusen. Zwar fällt und steigt darin der Canal zweimal, allein von Utica aus läuft er eine Strecke von 60 Meilen immer wasserrecht, steigt dann dreimal abwärts, zweimal hinauf, nochmal vier Schleusen hinab, und zuletzt noch eine bei Clyde aufwärts, so daß dieser Punkt bei 20 Fuß tiefer als Utica liegt. — Die Länge dieser Sektion beträgt 112 Meilen. Die westliche Abtheilung steigt nun bis nach Buffalo immer hinauf und zwar zu 20 Schleusen. Dieser Theil hat zwei ziemlich lange horizontale Stellen, wovon die erste zu 70 Meilen mißt, aber sowohl bei Rochester als Lockpart schnelle Ansteigungen. Buffalo liegt 550 — 555 Fuß höher als der Hudson bei Albany. Die letzte Sektion hält 150 Meilen; die ganze Canallänge also 360 Meilen. Die Schleusen sind 80 Fuß lang und 15 Fuß breit, innere Höhlung. (Unser Schiff ist circa 76 Fuß lang und 13 Fuß breit.)

Auf den Abend veränderte sich die Eintönigkeit unserer heutigen Fahrt. Hatte es auch früher hie und da zur Seite des Canals etwas gelichtet, so fehlten doch im

Hintergrunde Hügel, die eben jetzt unsere Aussicht zu verschönern begonnen. Meist waren die Bergabhänge mehr angebaut. Canastoto heißt das Oertchen, das uns jetzt anlächelte; ein junges Dörfchen mit etwa 30 — 40 niedlich schönen Landhäusern. Noch keine Ansiedelung trafen wir bis jetzt, die so lieblich und geschmackvoll angelegte Wohnungen hatte. Sie liegen auf beiden Seiten des Kanals. Zwei herrliche Brücken stellen die Verbindung beider Ufer her, zwischen welchen der Canal zur Aufbewahrung von Schiffen auf doppelte Breite erweitert war. Es könnte einer der wichtigsten Punkte am Canal geben, denn auch der Boden der sanft ansteigenden und von Ansiedelungen eingenommenen Hügel scheint von vortrefflicher Güte.

Freitag, 5. August.

Spät nahmen wir unser Lager ein, und bedauerten, erst gegen Nacht in eine so liebliche Gegend gekommen zu sein. Besonders die Aussicht auf den See bei Sirakus würde uns ergötzt haben. Wir fühlten von allem nichts als die Stöße des Schiffes, wenn es in eine Schleuse einfuhr, denn man fährt übrigens so lieblich sanft auf den Kanalböten, daß man nur verzärtelt wird; keine andere Fahrart geht stiller und so ganz ohne Pochen und Gerassel; angenehmer läßt sich nicht reisen, man ist vor Hitze, Nässe und Kälte geschützt, für eine wohlbestellte Tafel wird ohne unsere geringste Bemühung gesorgt, das Herumwerfen der Meerschiffe, das Tosen und Rasseln der Dampfmaschinen fehlt, sanft und unverspürbar gleitet das Boot über die immer gleich ebene Fläche hin und ohne das beständige Ab- und Einsteigen, Einkehren und Uebernachten, welches auf Landreisen nur belästiget, und ohne die Einförmigkeit von Seereisen, wo man nur Himmel und Wasser sieht, rückt man doch stets neben abwechselnden Aussichten vorbei.

Canton hieß das erste Oertchen, das heute unsern noch halb schlaftrunkenen Augen entgegen kam. Dessen Lage hat viel Aehnliches mit der von Ganestoto. Nicht lange hernach erschien Jordan mit seinen zwei niedlichen hölzernen Kirchen, die von amerikanischem Geschmacke zeugten. Besonders glücklich war bei der ersten das mit drei Gallerien geschmückte Thürmchen; beide hatten unterhalb im steinernen Fundamente Schulstuben. Auch die Lage Jordans ist an sanft abhängenden Hügeln fruchtbar. Nur Schade, daß der Canal durchs Ort eingedämmt werden mußte, wodurch Versumpfung zu befürchten ist. Wäre die dort befindliche tiefe Schleuse etwas früher angebracht und der unter dem Kanal durchziehende Fluß mit Schleusendämmen gegen Ueberschwemmung geschützt worden so würde es für das Ganze sicherer gewesen sein; aber die Zukunft wird hier sorgen. Diese schnell in Reichthum steigende Orte werden bald feste Canaldämme erreicht. Noch zwei Ansiedelungen mit artigen Häusern durchfuhren wir heute, dann kam Montezuma, ein artiges Dörfchen. Hier war eine vorzüglich große Mühle, wovon der eine Flügel des rechten Winkels noch im Bau begriffen war; drei Stockwerke hoch, von harten Steinen erbaut, was in hiesiger Gegend selten ist und viel kostet. Jeder Flügel mag 50 bis 60 Fuß lang sein. Nicht in großer Entfernung davon ein dazu gehörendes, wenigstens 150 Fuß langes, nur 1 Stock hohes Gebäude, ebenfalls von harten Steinen, eine Werkstatt für Küfer, die nichts als Mehlfässer zu verfertigen haben. Alles Mehl wird hier in Fäßchen spediert, 200 & hiesiges Gewicht haltend. —

Diese Werkstelle mag einen Begriff geben, was eine solche Mühle liefert. Clyde am Ende der zweiten Canal-Sektion hat ebenfalls eine angenehme Lage und niedliche schöne Bauten.

Samstag, den 6. Augnst.

Im Schlaf fuhren wir an Lyons und Palmyra vorüber. Bedeutende Orte trafen wir diesen Vormittag keine, dagegen viele treffliche Ansiedelungen. Vor Pittsford ist aber der Canal ein gigantisches Werk; hier wurde der Canal über ein Thal geführt; ein Damm von 84 Fuß Höhe ist darin aufgeworfen und auf diesem läuft der Canal über eine Meile lang fort. Man denke sich die Erdenmasse die hierzu aufgehäuft werden mußte. — Pittsford selbst ist noch klein.

Gegen 4 Uhr trafen wir in Rochester ein. Staunend besahen wir diese erst 20 Jahr alte Stadt, die schon 16,000 Einwohner zählt. Wie vom Himmel gefallen erschien uns dieser Ort, wir traueten den eigenen Augen nicht. In einem Felsenbeete bring der Fluß Gennsee der Stadt sein klares Wasser zu, womit jetzt schon unzählige Werke getrieben werden. Die Breite des Flußes ist 110 Schritte und das steinerne Brückenbassin, in welchem der Canal sich darüber zieht ist 270 Schritte lang, zu beiden Seiten mit eisernen Geländern geschützt. Neben dem Hauptfluße sind künstliche Wasserableitungen angebracht, welche auf die mannigfaltigsten Getriebe das Wasser führen. — Deßwegen erforderte es für die Canalleitung eine so lange Brücke. — Gerade am Ende der Stadt stürzt sich der Fluß bei 100 Fuß senkrecht rauschend über kahle Felsen; es bildet 150 — 170 Schritt breit den herrlichsten Wasserfall; das Wasserbecken ist auf beiden Seiten von

Wänden begränzt, über welche die obere Ebene nur sachte und in weiter Ferne gegen den Ausfluß zu abdacht. — Man denke sich die Möglichkeit zur Anlage so vieler Wasserwerke, wovon schon auf der linken Seite mehrere stehen.

Die Lage der Stadt ist zu beiden Seiten des Flußes schon weit gediehen, aber noch für tausend Wohnungen Raum. Mehrere Sägemühlen, Mehlmühlen, Gerbereien, Spinn- und Webereien, Wollkartwerke u. d. gl. — Nagelschmiedmaschinen sind im Gange. Zwei große Brücken verbinden beide Stadttheile, wovon eine auf beiden Seiten mit Gebäuden besetzt ist, daß man nicht anders als in einer Gasse einer gewöhnlichen Stadt zu sein glaubt. Der Haupthandel ist zunächst am Canal wo die Straßen einer europäischen Stadt gleichen; im Durchschnitt sind dieselben mit den Seitenfußwegen 60 Fuß breit. — Entfernter vom Canal treten die Wohnungen etwa 20 Fuß hinter niedlichen Gärten zurück, so daß man in ländlichen Ansiedlungen zu lustwandeln glaubt. An vielen Orten stehen auch Bäume zwischen dem Fahrweg und den mit Backsteinen belegten Trottoirs. Alle Straßen sind regelmäßig, im rechten Winkel sich kreuzend angelegt. Die Umgegend ist gesund, obwohl eben doch nicht sumpfig. Es hat so zu sagen keine Deutsche hier, einige Arbeiter; meistens reiche Engländer. Von Ontario-See ist der Ort nur 9 Meilen entfernt. Die Taglöhne sind groß, von 1/2 bis 1 1/2 Dollars mit der Kost, je nach der Jahrszeit und der Menge der zu habenden Arbeiter. Das Land um die Stadt herum kostet schon 200 — 500 Dollars der Aker, und nur in 4 Meilen Entfernung kann man noch für 14 — 25 Dollars kaufen. — Meiner Ansicht nach steht der hiesige Ort auf einer Stelle, die alle Vortheile einer blühenden Stadt in sich vereiniget. Das ländliche und städtische Leben paart sich hier. Wäre mehr deutsche Cultur vorhanden; hier wünschte ich zu leben. —

Sonntag, den 7. August.

Frühe wollten wir Deutsche aufsuchen, um über den hiesigen Ort Erkundigungen einzuziehen, fanden aber nur einen badischen Schneider, der erst seit 8 Monaten im Lande ist. Er sei der einzige Deutsche, sagte er, mit der Sprache noch nicht ganz vertraut, doch mit seinem Verdienste zufrieden. — Erst spät fuhren wir weiter und hatten nicht blos deßhalb hier längern Halt gemacht, weil unser Schiff einiges aus- und einzuladen hatte, sondern weil wir vernommen, daß 20 Meilen von da der Canal durchbrochen sei, wo ohne dem Halt gemacht werden müsse.

Brockport hieß der bedeutendste Ort den wir heute sahen; er hat 3 Kirchen verschiedener Bekenntnisse, in denen unterhalb Schulstuben angebracht waren, wie es im Durchschnitt hier zu Land üblich zu sein scheint. Von da ging es noch bis zu einem Canal-Inn (d. h. Wirthshaus) wo schon über 1 Dutzend Canalböte Halt machen mußten. Ein kleines Gewölbe, welches als Abzugsgraben unter dem Canal durchging, hatte einen Riß bekommen, brach durch, und muß neu aufgebaut werden. — Weil wir für Kost und Fahrt bis nach Buffalo accordirt haben, kommt die Verzögerung auf Kosten des Kapitains. Die Fahrt von Newyork aus nämlich mit der Cajüten-Ernährung kostet auf den Kopf 8 Dollars und der Centn. Fracht für Effekten der Reisenden 3/4 Dollar und für Kaufmanns-Waaren 1 Dollar, wobei der Schiffmann den Canal-Zoll selbst bestreitet. — Also nebst der Schnelligkeit und Annehmlichkeit verbindet diese Reise eine Wohlfeilheit, die in Europa nicht möglich wäre. — Ungefähr 170 Stunden (507 Meilen) Wegs kann man auf die bequemste Art, mit der besten Kost für 8 Dollar, nicht gar 30 Schweizerfranken zurücklegen! — und das in den sogenannten Wildnissen von Amerika! — wie reimt sich dieses zusammen?

Der Canal wurde sogleich zugedämmt auf beiden Seiten des Loches in einer Entfernung von 6 — 800 Schritten, damit das Wasser nicht alles ablaufe. Diese Dämme waren wieder auf eine so leichte Art in der Schnelligkeit verfertiget, daß man sich verwunderte. Ein großer Balken wurde Quer über das Bord gelegt, gegen dem Wasser zu schief Ladenstücke aneinandergelegt, einige Schaufeln voll Erde stopften die Fugen zu. Nach abgelaufenem Wasser in dem Zwischenraume wo das Loch sich befand, wurden unter die Ladenstücke noch einige Stützen zur Haltbarkeit gesperrt und so war der Damm fertig, der nicht nur für den Augenblick den Dienst leistete, sondern auch beim Wegnehmen wenig Unrath in den Canal und kein langes Säubern verursachte. Wohl zu verstehen, daß man den Canal nicht für ein laufendes Wasser betrachten kann, was sonst nicht anders anginge, als wenn man oberhalb einem solchen Damme den beständigen Zufluß ableitete, was beim Canale auch der Fall ist.

Montag, den 8. August.

Also noch immer auf dem gleichen Flecke; wie der Ort heißt weiß ich nicht, es muß nahe an Clarkson sein. Vermuthlich haben die wenigen umliegenden Wohnungen noch keinen eigenen Namen. Aber in der Wildniß von Amerika fanden wir auf unsrer heutigen Excursion eine

Dreschmaschine für Waizenkorn, von einer so einfachen Construction, die unserm vielbewohnten und civilisirtev Europa Ehre und Vortheil bringen würde. Nur schade daß auf der hiesigen Fläche kein Fasserfall dafür gefunden wird, sie muß durch Vieh getrieben werden, was eigentlich in heutiger Zeit weniger Unterhaltung als ein Wasserwerk kostete, wenn zum Antreiben kein Mann erforderlich wäre, indem man für das Vieh hier keine Ställe hat, sondern es sein Futter im Sommer und Winter selbst aufsuchen läßt.

Dienstag, den 9. August.

So wie ein Fuß breit vom Gewölbe beschlossen worden, räumte man fleißig alle Steinchen bei Seite, übergoß es mit einer Kittbrühe bis selbe nicht mehr hineinrann und überschüttete es sogleich mit thonartiger Erde. Der ganze Boden und Damm wurde so verfertigt. Stets wurde Wasser zugegossen und alles zu einer Masse verarbeitet, als hätte man Teller daraus drehen wollen. — Bei uns hätte man geglaubt ein solcher Koth würde nicht gehörig verhalten, aber wenn man bedenkt, daß eben hiedurch die Masse sich inniger verband und das Wasser bald sich setzte, so ist es leicht erklärlich, daß auf diese Art ein Damm wasserfester werden muß.

Endlich gegen 7 Uhr konnte man wieder vorwärts. Ueber 50 Böte hatten sich hinten und vornen gesammelt, und noch mehrere würden da gewesen sein, wenn ein solcher Canalbruch nicht schnell bekannt würde, wo dann jeder auf einem ihm schicklichen Punkt halt macht. Hätten wir noch länger sitzen müssen, so hätten die Lebensmittel weiter hergeschafft werden müssen; unser Kapitain erhielt kein frisches Fleisch mehr, das in den nächsten Orten schon aufgekauft war. Man denke sich die Bevölkerung von so vielen Böten auf einmal auf einem so kleinen Punkt vereinigt! —

Vom Anfange der Westlinie bis hieher sind es 88 Meil. Albion, Medina (wo mehrere Dreschmaschinen zum Kaufe ausgestellt standen) und Lockport, sind die bedeutendsten Orte wodurch uns heute der Canal führte. Wenn man gegen die Anhöhe dieses letztern Städtchens anrückt nimmt, die Gegend einen Reiz an, der sie vor den vorigen Flächen zauberisch auszeichnet; schon in weiter Ferne begegnet ein sanft ansteigender Hügel, mit hübschen Wohnungen übersäet, dem Auge. Auf der linken Seite erscheinen schon ziemlich große Häuserreihen von Backsteinen, so daß man die Stadt Lockport zu sehen meint. An den Hügel lehnt sich eine 6 Stockwerk hohe Mühle, neben welcher eine hölzerne Brücke 50 — 60 Fuß hoch auf die rechte Seite führt. Man glaubt sich am Ende des Canals, als mit einemmal ein großer Krachen sich öffnet; ringsum ist man von hohen steilen Abhängen umschlossen. Im Hintergrunde erscheint das Amphitheater der fünffachen Doppelschleuße. Man ist wie verwirrt und trauet anfangs den Augen nicht; man weiß aus dem regelmäßigen Wirrwarr nichts zu gestalten; mit den vielen Stiegen und Gallerien kömmt einem das Ganze in der Ferne wie die Anlage eines herrlichen Parkes vor. So wie man näher kommt sieht man die doppelten schwarz angestrichenen Thore. Auf der einen Seite steigen die Schiffe hinauf, auf der andern hinab, so daß kein Aufenthalt Statt hat. Alles ist von Quadersteinen herrlich erbaut, über jeder Schleuße ein niedlich garnirtes perlfarb bemaltes Brückchen, zum hin- und herlaufen der Angestellten welche die Schleußen öffnen und schließen. Das irrende Auge glaubt es für unmöglich in einer so kurzen Strecke von 4 — 500 Fuß die Schiffe über 50 Fuß hinaufsteigen und hinabsinken zu sehen. Der Raum wo die Schleußen eingebaut sind, mußte erst noch aus Felsen gesprengt werden. Man denke sich die Kosten der Herstellung und Unterhaltung eines solchen Werkes.

Auf der Anhöhe erst ist die eigentliche Anlage der Stadt, die jedoch nicht viel mehr als 200 Gebäude zählen mag. Sie ist nicht viel älter als der Canal. — Wenn man aber diese Anhöhe erreicht und zu drei Meilen lange durch eine in Felsen gehauene Schlucht fährt, wo 2/3 Theile gesprengt sind und zwar an einigen Stellen über 24 Schuh hoch, im Durchschnitte aber 15 — 20 Fuß und mit dem Pferdwege 36 Fuß breit und wenn man die ungeheuren Stein- und Erdmassen auf beiden Seiten in der Höhe aufgeschichtet sieht, die in von einander abstehende Haufen 15 — 20 Fuß hoch daliegen, wenn man alsdann Berechnungen über die Kosten anstellen wird, bei der Größe des hiesigen Taglohnes, wo jeder Mann täglich wenigstens 1 Dollar erhält, wenn — wenn ꝛc. — dann steht einem wirklich der Verstand stille. Die alte Welt soll ein Gegenstück aufweisen! — Wo nur irgend Möglichkeit vorhanden ist ein gemeinnütziges Werk herzustellen, das seine Procente auch abwirft, und koste es noch so viele Millionen in Amerika, sind dieselben bald aufgefunden; denn dieses ist nicht der einzige Canal in den Freistaaten, nicht der einzige im Staate Newyork. — Nur in diesem Staate sind noch zwei, nämlich der Champlain-Canal 72 Meilen lang, welcher den See gleichen Namens mit dem Hudson verbindet und der Hudsons-Canal, der aus diesem in die Delaware führt zu 50 Meilen lang. — Die Nacht überraschte uns in diesen Betrachtungen.

Mittwoch, den 10. August.

Wir erwachten in Buffalo, dem Bestimmungsorte unsers Bootes. Wir frühstückten noch am Borde und entschädigten unsern Kapitain für den gehabten Stillstand, denn wir hatten Ursache zufrieden zu sein. Die Fracht unsers Gepäckes, welches zusammen über 70 hiesige Centner schwer war, betrug 50 Dollars, denn 100 Pf. hat jeder Reisende frei.

Unser Vorhaben einen Ausflug an den Niagarafall zu machen scheiterte an der schlechten Witterung, die sich gerade diesen Morgen einstellte. Sie würde uns die Ansicht dieses schauerlich schönen Naturspieles getrübt haben und die großen Umkosten dahin mit der ganzen Reisegesellschaft hätten vielleicht umsonst sein können. Von hieraus kostet es auf die Person 1 Dollar, und so zurück auf Wagen die stets dafür bereit stehen. Von Buffalo zum Falle ist 24 Meilen. Die dahin fahrenden Dampfschiffe müssen 3 Meilen oberhalb der großen Insel gegenüber Halt machen. Von da muß man zu Fuß.

Eine Empfehlung von Albany aus an Hrn. Joy und Herbster hätte uns bald noch einige Thaler Starage-Geld (Lagergeld) kosten können. Unser halbdeutsche Kapitain Hr. Strohmann, wollte unsere Effekten sogleich in einer Starage ausladen — Da wir ihm unsern Entschluß nicht nach dem Wasserfalle zu gehen mitgetheilt hatten, weil wir heute noch fortzukommen Hoffnung hatten, half er uns auf dem Dampfschiffe accordieren. — Der Cajüten-Preis von Buffalo nach Cleavland ist auf den Kopf 6 Dllr., weil wir aber mehrere zusammen waren, konnten wir den

Accord sammt unserm Gepäcke, wovon man pr. Tonne 3/4 Dollar zahlt, für 60 Dollar schließen. Ohne Verpflegung und Bett auf dem Verdecke würde es pr. Kopf nur 2 1/2 Dollar gekostet haben. Jeder Reisende hat 100 Pfund frei. So schnell möglich wurden unsre Effekten überladen, denn nach 9 Uhr, der sonst bestimmten Zeit der Abfahrt, darf nichts mehr eingeladen werden. Dieß ist eine Uebereinkunft, welche die hiesigen Dampfschiffe selbst unter sich getroffen haben. Jeden Tag fährt eines ab, macht die Kehr um den Erie-See, und die Zeit ist gerade so eingetheilt, daß immer wieder eines vorher auf dem Platze ist bevor das andere abgeht. Das abgehende muß mit Schlag 9 Uhr vom Borde, was auch wirklich geschah, aber nur auf die andere Seite des Hafens, weil der See zu hohe Wellen trieb und man sich noch nicht hinauswagen durfte.

Bei dem kurzen Aufenthalte in Buffalo hatten wir kaum Zeit einmal die schon bedeutend angewachsene Stadt zu durchziehen. Obwohl selbe an Größe jetzt schon mit Rochester wetteifern wird, und als Hafen am Erie-See noch wichtiger werden kann, so gefiel es mir doch nicht sowohl; vielleicht war der kaltstürmische Luftzug Ursache, daß wir die hiesige Gegend für winterlicher gehalten haben.

Auf den Abend legte sich der Wind ein wenig, so daß nach 7 Uhr das Dampfschiff vom Borde ging. Es soll nach Cleaveland 170 Meilen sein. Das Schwanken des Schiffes, von den noch nicht ganz ruhigen Wogen, verursachte den Meisten, Erbrechen. Zu deutlich erwies sich hier die Ursache der Seekrankheit. Nicht das Meer, nicht die scharfe Luft ist die Erzeugerin dieses Uebels.

Durch das Schaukeln des Schiffes wird die Galle gestört und bewirkt das Auswerfen. Wir befanden uns den ganzen Tag dem gleichen Winde ausgesetzt, wir athmeten die nämliche Luft während das Schiff am anderseitigen Hafenbord lag, alle genossen mit Appetit das Mittagsmahl, aber am Abend fehlten die Meisten und die Anwesenden begnügten sich meist mit ein wenig Thee.

Nördlich sahen wir die niedrigen Ufer Canada's, welches unter Englands Bothmäßigkeit steht. Südlich das höherliegende Gestade vom Staate Newyork; hinter einer kleinen ansteigenden Fläche erheben sich niedrige Bergreihen, welche die Aussicht verschönerten. Wie gegen Roll und Genf auf dem Lemaner-See kam mir diese Landschaft vor, mit dem Unterschiede, daß hier noch viel Urwälder die Aussicht grüner mahlten, als dort die Rebhügel erschienen. — Ueberall erschienen Ansiedlungen, die den ungeheuren Baumteppich durchbrochen hatten.

Donnerstag, den 11. August.

Ein guter Schlaf hatte alle Seekranken erquickt und die eingetretene Ruhe des Wassers das Uebel geheilt. Fast alle erschienen am Frühstück. Es waren über 30 Bestecke und doch mußte zweimal Tafel gehalten werden; so zahlreich war noch kein Schiff bevölkert auf dem wir mitfuhren. Wir sind 50 Cajüten-Passagiere, die Reisenden des Verdeckes nicht mit gerechnet. Kein Europäer, der nicht hier gewesen, kann sich eine Vorstellung machen, mit welchem Vergnügen man durch die belebten Wildnisse Amerikas reiset. Die Kost auf den Canalböten und Dampfschiffen ist nicht nur besser als die unsrer vornehmen Herrn, sondern sie übertrifft noch das Essen der größern Gasthöfe, nur fehlt der Wein! — welchen gebrannte Wässer, Thee und Kaffee ersetzen müssen. Und die Bauern (Ackerwirthe) hier zu Lande sollen am besten leben?! —

Was Hr. G. Duden vom schnellen Zusitzen und Essen sagt, wo jeder für sich sorgt, ist eben so wahr als das Fleischessen zum Frühstück, aber unsre Magen verstunden sich schon am ersten Tage dazu. Man ißt im Durchschnitt nur dreimal, nämlich Morgens zwischen 7 und 8 Uhr, Nachmittags nach 1 Uhr und des Abends nach 7 Uhr. Auf einigen Schiffen wird in der Zwischenzeit etwas gegeben. Diese Methode gilt durch ganz Amerika in allen Haushaltungen.

Während der Nacht soll unser Schiff an zwei Orten still gehalten und Reisende aus- und eingeschifft haben. Ich hörte nichts von Allem. Gerade nach dem Frühstück kamen wir bei Erie an. Das Schiff hielt nur am äußern Hafen-Damm. Nur von Ferne konnten wir die Stadt betrachten. Ein geräumiger durch Natur und Kunst erzeugter Hafen liegt vor der steilen Anhöhe auf welcher die Stadt erbaut ist. Sie scheint groß, und wird wegen dem wichtigen Handel der Fabriken von Pittsburg stets ein wichtiger Stapelplatz bleiben, obwohl es durch den Ohio-Canal viel verloren. Sobald einige Reisende aus- und frische eingestiegen, fuhr man weiter. Auch Pferde und Wägen wurden hier und in Buffalo eingeschifft. Die Fracht eines Pferdes von Buffalo nach Michigan kostet 7 Dollars.

Auf unsrer Reise von Newyork aus begegneten wir vielen Züglern, die nach Michigan reis'ten, sich dort anzusiedeln. Auf dem Dampfschiffe befinden sich sehr viele aus dem Staate Newyork und Pensilvanien, welche dortige Gegenden sehr rühmen. Wenn die Wanderung dahin so fortfährt, wird dieser Staat bald anwachsen. Er soll noch viel vom Bunde für 1¼ Dollar zu kaufendes gutes Land haben (d. h. der Aker). Angebautes je nach der Lage wie im Staate Newyork. Eine günstig getroffene Lage kann nach 3 — 4 Jahren ein Aker-Land von 15 — 300 Dollars steigern.

Unsre Aussicht gegen Norden ist verschwunden, auch östlich und westlich verliert sich unser Blick wie ins weite Weltmeer. Der Lauf des Schiffes zieht sich immer 1 bis 1½ Meile fern an der südlichen Küste hin, hinter der immer noch leichte Gebirge sich erheben. Aber überall noch viel Urwald, nur hie und da von Ansiedlungen unterbrochen. — Wir hielten um zwei Uhr einige Augenblicke in Salem an, um 5 Uhr bei Astabula, und um 7 Uhr zu Painesville an Grand-River. Diese Orte erschienen auf dem See nicht bedeutend, müssen vermuthlich etwas tiefer landeinwärts liegen, da an den Einfahrts-Dämmen nur wenige Storagehäuser stunden. — Die Nacht rückte herbei. Bis Mittags wären wir schon in Cleavland eingetroffen, hätte das Schiff sogleich nach dem Einladen abgehen können. Wir warfen uns nur in den Kleidern auf die Bette. Gegen Mitternacht gab die Schiffsglocke das Zeichen der Ankunft daselbst. Das Dampfschiff hielt blos eine Stunde, welche zum Aus- und Einladen benutzt ward.

Freitag, den 12. August.

Einige besorgten die Effekten, während ich mit Jos. Köpfli ausging, auf einem Canalboote den Accord zu treffen. Von drei Linien waren schon Leute auf dem Platze. (Canalbootlinien nennt man eine Gesellschaft die mehrere Schiffe hat, so daß für sie fast täglich oder alle zwei Tage Schiffe ankommen und abgehen. Alle solche Schiffe sind mit großen Buchstaben angezeichnet. Zwar hat jedes noch einen eignen Namen. Z. B. Das Dampfschiff auf dem Hudson hieß Henry Eckford und gehörte zur Albany- und Newyorklinie. Das Canalboot nach Buffalo zur Pilot-Linie gehörend, hieß New-Philadelphia. Das große Dampfschiff auf dem Erie, das wir so eben verlassen, heißt Entreprise.) Die Preise sind auf hiesigem Platze noch theurer als auf dem Newyork-Canal. Für die Meile wird 1½ bis 2 Cents Fahrgeld gefordert, für die Kost täglich ½ Dollar und Fracht für die Effecten 1% & auch ½ Dollar, denn der hiesige Canal ist noch nicht ganz fertig, erst etwas über 168 Meilen.

So geringe die Concurrenz hier ist, ließ sie uns doch einen günstigen Accord treffen. Nämlich für Fracht, Ueberfahrt und Kost, auf 11 Personen, 50 Dollars, bis nach Dresden 151 Meilen, wo wir gegen Zannesville abschwenken mußten. Um 3 Uhr Nachts waren all unsere Sachen eingeladen und wir legten uns noch im neuen Quartier schlafen. Unser Canalboot gehört zu der Farmers-Line und heißt Citizen. Der Capitain Thimothy Capen.

Unser jetzige Kostmeister spricht nur englisch, wir müssen uns so gut wie möglich mit ihm verständigen. Erwacht besichtigten wir noch mit Tages-Anbruch das hiesige Ort, zu dem eine steile von Wassergüßen ausgefressene Straße hinaufführte. Am Wasser stehen nur wenig Waarenlagerhäuser; auf der Anhöhe, die über den See eine prächtige Aussicht giebt, ist die regelmäßig angelegte Stadt schon ziemlich vorgerückt. Zwar ist nur noch die bedeutend breite Hauptstraße auf beiden Seiten mit Backsteinhäusern besetzt. Die schon planierten Nebengassen haben noch wenige Gebäude; zählt 1000 Einwohner. Nach Beendigung des Ohio-Canals wird es bald blühen. Jetzt laufen erst 60 Canalböte. — Als wir zum Schiff zurückgekommen, mußten unsre Waaren wieder ausgeschifft und gewogen werden. Da die Schiffswagen noch fehlen, muß die theilweise Ladung wegen der Verzollung gewogen werden. Anfangs wurde alles strenge auf die Wage gebracht, so wie der Inspector bei Seite ging, schob man Vieles wieder in das Loch und der Kapitain hatte blos etwa 49 % zu verzollen.

Während dem Frühstücken fuhren wir ab. Bei den Schleußen sind noch keine Wärter angestellt, die Schiffleute müssen den Dienst noch versehen. Den ganzen Tag fuhren wir durch wilde waldige Gegenden, nur hie und da stund ein Blockhaus. Starker Baumwuchs bewies guten Boden. So öde mag es vielleicht vor 4 — 5 Jahren noch am N. Y. Canal ausgesehen haben, mit der Blüthe des Canals wird auch Verkehr in diese Gegenden kommen. In Cleavland steht auf der untersten Schleuße Nr. 44 und die erste steht auf der Berghöhe bei Akron 31 Meilen fern. Hier scheint der Kosten-Aufwand nicht so groß als am N. Y. Canal. Auch ersparten die Schleußen, die hier von Sandsteinen gebaut sind, viele Taglöhne.

Samstag, den 13. August.

Wir müssen die ganze Nacht viel gestiegen sein. Stöße in den Schleußen haben uns oft geweckt, die das Schiff durch das Aufschwellen des Wassers erhielt. Beim Aufwachen sahen wir die 13. Schleuße. Der Canal führt durch ein ziemlich rauhes und steil ansteigendes Thal, wenn es kürzer wäre, möchte ich es Tobel heißen. Auf

100 — 150 Schritt folgte stets eine bedeutend hohe Schleuße. Der Canal forderte hier wenig andere Arbeit als Räumung des Tobels und Anlage des Weges für die Zugpferde. — Wären die Kosten der Schleußen nicht, wäre er weit wohlfeiler als eine Straße.

Auf dem Berge liegt das nette Dörfchen Akron. Nahe oberhalb der letzten ansteigenden Schleuße führt der Canal in einen kleinen See, der für denselben das Hochwasser liefert. Dieser wird Ursache sein, daß der Canal hierdurch die Anlage erhielt. Die Gegend scheint sehr fruchtbar zu sein. Ein Mitreisender deutscher Arbeiter aus einer Gerberei in Canton (State of Ohio) erzählt uns, daß dieselbe nach deutscher Art unter der Leitung eines deutschen Meistergesellen gut gedeihe. Die rohen Häute wurden von den Bauern zu 4 Cents pr. ℔ angekauft und das Sohlleder zu 28 Cents verkauft. — Das Klafter Eichenrinde erhalte man zu Dollar 2, sei aber nicht kräftig, weil selbe von den Bauern nur von alten Stämmen genommen werde, die sich die Mühe nicht nehmen die Aeste zu schälen. Obwohl in Philadelphia die Eichenrinde 6 Dollars koste, richte man mehr damit aus. Jeder Gerber hat seine eigene Mühle, die man hier von Gußeisen überall billig kaufen kann. Ein Pferd treibt die ganze einfache Einrichtung, die einer großen Kaffeemühle nicht unähnlich sieht. — Ob auch das amerikanische Leder, deren in Zeit 6 Wochen fertig gegerbt wird, billiger geliefert wird, so erkennt man doch den Vorzug des nach europäischer Art gegerbten und zahlt es theurer.

Spät auf den Abend trafen wir nach und nach absteigend in Massilon ein, wo zum Ausladen von Gypssteinen und Salzfässern eine Stunde Halt gemacht wurde.

Dieser Ort ist erst seit 1826 gegründet worden und kann bedeutend werden, da eine Eisenbahn von Pittsburg aus hier eintreffen soll, die wirklich in Arbeit ist.

Sonntag, den 14. August.

Seit wir Buffalo verlassen, hatten wir stets heißes Wetter. Obwohl keine bedeutende Orte den Canal schmückten, hatte doch die heutige Gegend mehr Reiz durch schönere Ansiedlungen. Der Boden scheint zwar nicht gar fett zu sein, doch stehen kräftige Bäume darauf, meistens liegt auf einer Kalksteinschicht grobsandige und oberhalb röthliche (4 — 8 Fuß) Ackererde. Gut für Mais und Waizen u. dgl. Am Morgen trafen wir Bolivar und Nachmittags auf der rechten Seite vom Canal abliegend Soir oder Zoar an. Hier soll es viele Deutsche und Schweizer haben, und Weinberge aus denen die Flasche zu 40 Cents verkauft wird. Hier sahen wir die ersten Bedachungen mit Ziegel nach der Form wie selbe bei uns üblich ist. — Es sind viele von Suhr im Kanton Argau dort eingewandert.

Montag, den 15. August.

Am Morgen begrüßte uns beim Aufstehen ein Regenguß, der aber nicht lange dauerte. Als wir gegen Dresden anrückten verließen wir den Hauptkanal. Ein zwei Meilen langer Seiten-Arm führt dahin; dieser mündet in den Muskingum, wo jedoch die Schleußen zum Hinabsteigen noch in Arbeit sind. Das Städtchen Dresden ist 14 — 15 Jahre alt, schon ziemlich groß, etwa wie Münster im Kanton Luzern.

Es ist wunderlich, daß wir nirgends genaue Erkundigungen über die Wassermenge im Innern einziehen konnten. Alles ist neu und im Aufblühen und verändert sich alljährlich. Nur von einem Orte zum andern gab man uns Aufschluß. Wenn man gute und neue Karten kauft kann man sich am beßten darauf verlassen. Unser erstes Geschäft in Dresden war also Jemand aufzusuchen der uns über diesen Gegenstand so viel möglich gründliche Auskunft ertheilen konnte. Das gute Glück führte uns gerade an einen Mann, dessen Namen genannt zu werden verdient. Er heißt John Jacobson und soll was wir erst später vernahmen der Gründer dieses Ortes und jetzt dessen erster Beamter sein. Er rieth uns den Wasserweg einzuschlagen, indem wir nicht wußten, ob wir nach Dayton über Land ziehen wollten um durch den dort beginnenden Canal nach Cincinnati zu kommen. Er versicherte uns daß mit so vielem Gepäcke 160 Meilen weit die Landreise uns mehr kosten würde und erst noch viel mehr Unbequemlichkeiten verursache, und bei dem dießjährigen hohen Wasserstande könnten die Schiffe überall durchkommen, so daß er nicht zweifle, daß wir in Zanesville Gelegenheit nach Marietta und von dort Steamboote nach Cincinnati treffen würden. — Er hatte sogar die Gefälligkeit uns zu Hrn. Wilsom einem hiesigen Speditor, der am neuen Canal ein noch kaum vollendetes Lagerhaus hatte, in welches wir nun unsre Effekten abladen konnten, indem das Kielboot gerade vor unsrer Ankunft nach Zanesville abgefahren sei. Man erwarte aber diesen Nachmittag noch das Dampfschiff, welches ganz neu erst seit 14 Tagen die Verbindung zwischen diesen Orten und Dresden unterhalte. Die Entfernung dahin ist 18 Meilen, welches in ungefähr 3 Stunden zurückgelegt wird. Die Fahrt dahin kostet pr. Kopf 1/4 Dollar und pr. % 10 Cents Fracht. — Das Dampfbötchen kam wirklich an, wollte erst Morgens abfahren, schien aber mit unsern Effekten Ladung genug zu haben und so machten wir den Accord für uns zu 8 Dollars unter der Bedingung daß er heute noch abfahre. Weil die Schleußen noch nicht fertig, mußten wir unsre Effekten hinabführen lassen, welches ich deßhalb erwähne, weil nur in einer neuen Welt ein solches Fuhrwerk möglich ist. Das Bord ohne gehörige Straße mit Quadersteinen übersäet, von Regengußlöchern schreg und quer durchschnitten — und doch brachte der Fuhrmann mit 4 Pferden in 3malen unsre Sachen glücklich an Bord und man denke sich den billigen Preis von 1 Dollar! — wer würde bei uns dafür 4 Pferde so durch einen Weg führen? — Für das Lagerhaus mußten wir nichts bezahlen, sondern der liebliche deutsche Bidermann Hr. Jakobson gab uns noch Empfehlungen mit nach Zainsville an Hrn. Brak und Smith seine zwei dortigen Freunde. —

Um halb 6 Uhr war die Ladung fertig. Gegen 9 Uhr langten wir in Zanesville an. Die Effekten mit einer Wache blieben auf dem Schiff, wir übrigen gingen Hrn. Brak aufzusuchen, der uns im National-Hotel einquartierte, wo wir fürstlich und doch billig lebten. —

Dienstag, den 16. August.

Wie erstaunten wir gestern Abends beim Aussteigen Hrn. Kappeller und Geißhüsler hier zu sehen. Sie warteten seit 4 Tagen auf Kielboote, die seither nicht mehr hinaufgekommen seien, wir vernahmen aber, daß selbe hier ihre alte Schiffsgesellschaft wieder getroffen. Helfenstein blieb in Albany zurück, wo er bei einem Ackerwirth in Dienst getreten. — Die Nachricht gefiel uns schlecht. Mit 2 — 3 Tagen Aufenthalt würde es uns mehr als die Fahrt nach Marietta gekostet haben. Am Borde lag ein fischkastenähnliches Boot, mit welcher Art die amerikanischen Familien gewöhnlich ihre Wanderungen über den Ohio hinab machen sollen. Es sollte 35 Dollar kosten, allein da wir nns uoch nicht zu Ruderleuten alt genug in der jungen Welt fühlten, wollten wir mit der Geschichte gar nichts zu schaffen haben, außer man führe uns hin. — Von Zanesville nach Marietta am Ohio 60 Meilen verlangt man 1 Dollar pr. Kopf Fahrgeld und 25 Cents pr. % ℔ Fracht für die Effekten; verköſten muß man sich selbst. Als Hr. Smith uns versicherte das anerbothene Fahrzeug würde uns geeignet sein, trafen wir einen Contract von 30 Dollars, daß man uns damit bis zum 18. hinbringen müsse, und niemand anders dürfe eingeladen werden, sonst hätten wir noch eine Irrländer-Familie zu uns erhalten.

Die Stadt Zanesville etwa 25 — 28 Jahre alt, ist du rchihre vielen Fabriken und Manufakturen schon sehr bedeutend, z. B. Eisengießereien, Nagelschmiedmaschinen, Glashütten, Webereien, Säg- und Mehlmühlen u. dgl. Die große Nationalstraße von Pittsburg und Wherling aus geht hier vorbei. Die Schifffahrt auf dem Fluße Muskingum soll auch noch lebhafter werden, wenn die Dampfschiffe das ganze Jahr hinaufkommen können, (was jetzt nur im Frühjahr beim hohen Wasserstande möglich ist) sobald nach dem schon vom Staate ergangenen Schluße der Fluß durchgängig schiffbar gemacht worden.

Gegen zwei Uhr hatten wir unsre Effekten wieder unter Dach; daß sie den schwimmenden Pallast beinahe anfüllten darf ich nicht sagen, wenn man weiß, daß er kaum 20 Fuß lang und etwa 8 Fuß breit war. Die gefährlichste Stelle befindet sich gerade hier, wir ließen die zwei Ruderleute und den Steuermann allein fahren. Glücklich aber mühsam kamen sie vorbei und unterhalb stiegen auch wir ein. Wie überhaupt die amerikanischen Flüße, so hat auch der Muskingum für die Schiffahrt den Fehler, daß sein Beet zu flach ist und daher bei nidrigem Wasserstande die Wassermasse zu breit ausgedehnt werden muß. Kommt nun eine Stelle, wo Felsen zum Vorschein kommen, die sein stiller Lauf nicht auszufressen vermag, so dehnt er sich gewöhnlich noch mehr in die Breite (weil die aus Erde bestehenden Borde leichter ausgefressen werden) und dann vermag die Wassermenge nicht hoch genug die Felsen zu decken um ohne Auffahren vorbeizukommen. — Unsre Fahrt ging noch artig vorwärts, hätte nur das Schiff nicht geronnen. — Auf den Abend wurde Halt gemacht, weil sich die Steuerleute nicht getrauten Nachts zu fahren. Das Wasser fing seit einigen Tagen stark zu sinken an, so daß wir auf einigen Stellen Mühe hatten vorwärts zu kommen.

Mittwoch, den 17. August.

Ich hatte diese Nacht in unsrer wandernden Hütte besser geschlafen, als gestern in den allzuweichen Pfühlen des National-Hotel. Bei so heißer Witterung sind weiche Bette keine Annehmlichkeit. Ein ländliches Wirthshaus zum Bären beherbergte die übrige Reisegesellschaft. — Bei unsrer Ankunft mußte erst noch Brod gebacken werden und in Zeit einer Stunde stund doch ein zierliches Abendessen mit mancherlei Gerichten auf dem Tische. Bei uns zu Hause hielte man so was für unmöglich!

Um 6 Uhr Morgens ging unsre Fahrt weiters. Die Gegend hatte bis jetzt ihre Gleichförmigkeit nicht geändert. Links und rechts erhoben sich Hügel nach einer schmalen Thalebene, welche bald mehr auf dieser, bald mehr auf jener Seite vom Fluße durchschnitten wurde, so daß sich bald östlich bald westlich die baumreichen Abhänge mehr dem Wasser näherten. Der Boden scheint fruchtbar. Das Ufer ist durchgehend von starken Bäumen besetzt, hinter denen häufig schöne Ansiedlungen hervortreten. Auf beiden Seiten sahen wir in abwechselnder Ferne Salzsiedereien dampfen; die ganze Einrichtung scheint wohlfeil und wie für kurze Zeit als vorübergehend, etwa wie bei uns die Salpetersiedereien. Die Quellen sind meistens an der äußern Seite der Borde, wo sie mit Erdschutt eingerammelt sind. Auf einer Trettscheibe die etwas schief steht und unterhalb große Zacken hat, pumpt ein Pferd die Sohle hinauf, indem der Hebelarm vom Pumpwerk von den Zacken des Trettrades auf- und niedergedrückt wird. Wie es uns von weitem vorkam, floß die heraufgepumpte Sohle durch eine Rinne sogleich in den Kessel. Nach der Länge des Ofens zu urtheilen müssen mehrere Kessel hintereinander angebracht sein, wo es von dem einen in den andern floß und so der letzte die ausgedampfte Sohle erhielt.

Ortschaften begegneten uns keine von Bedeutung. Hie und da stund neben dem alten Blokhause ein neues Brettergebäude. Mais sahen wir 10 — 15 Fuß hohen und in dem Garten unsers letzten Quartiers einen einzigen Sonnenwendestock, der auf dem Boden armsdick war und 56 Blumen trug.

Gegen Mittag begegnete uns ein eigentliches Kielboot von Marietta hinaufkommend. Diese Schiffe gleichen fast den Kanalböten, nur daß sie zur Hälfte schmäler sind und am Borde noch ein Bretterkranz haben, auf welchem die Matrosen auf- und ablaufen können, um mit Stangen das Schiff zu stoßen, da im Hinaufgehen Ruder nichts fruchten würden. Das Innere dieser Schiffe muß aber traurig und blos für Effekten eingerichtet sein, denn sie haben keine Fenster sondern nur Einladthüren. Es hatte Mühe aufwärts zu kommen und zweifle ob es heute nach Zanesville kömmt. — Das Ort M. Connelsville ist noch unbedeutend; man weiß nicht muß man die Stadt auf dem linken oder rechten Ufer suchen. Ein Kahn unterhält die dennoch stark benutzt werdende Verbindung, was auf nahe liegende Ansiedlungen deutet. Der Muskingum ist hier überall breiter als die Aare, aber oft fuhren wir mit unserm Flachboot auf, das mit der schweren Ladung nur 1 Fuß tief geht. Das Wasser schäumt sehr gerne.

Ich habe heute gerade Zeit eine Beschreibung von den Dampfschiffen zwischen Zanesville und Dresden zu liefern, denn ich zweifle nicht, daß es Manchem von Euch auffallen werde, wie es möglich war oberhalb Zanesville auf dem gleichen Fluße Dampfböte zu haben und tiefer unten mit einem Fischkasten aufzufahren? —

Der Fluß Muskingum ist zwar oberhalb Zanesville schmäler, aber doch mag der gestrige Wasserstand überall nicht $2^1/_2$ Fuß betragen. Das Schiffchen war etwa 50 Fuß lang und 12 Fuß breit, hatte gerade über dem Wasser ringsum ein Bord von circa 3 Fuß Breite, was demselben die Gestalt eines großen Schiffes gab. Dieses diente auch für die Communication, um das Schiff herum und auf dasselbe hinauf, wohin man durch eine schmale Treppe gelangte. Auf dem Verdecke waren Bänke angebracht für die Reisenden und dasselbe gleich einem Sommerhause durch Zelttücher vor dem Regen und der Sonnenhitze geschützt. Auf dem Schiffsboden, der mit aller Ladung etwa $1^1/_2$ Fuß tief im Wasser lief, stund vornen der eiserne Ofen mit zwei Dampfkesseln ohne eingemauert zu sein; eine Röhre der Decke nach führte den Dampf nach dem Hintertheil des Schiffchens, wo das Pumpwerk und der Condensator war. Rechts und links außerhalb dem eigentlichen Gebäude liegen längs dem Borde die Dampf-Cylinder (wie kleine Kanonen), aus welchen der Kolben mit den daran befestigten Schwengeln sogleich die Kurbel des hinten am Schiffe befindlichen Wasserrades herumtreibet. Excentrische Räder am Wendebaume des Rades regulieren das Gestänge für die Ventiele und der eine Schwengel versieht die Bewegung der Wasserpumpe nach Art einer Wage. — Die Länge der Cylinder und Schwengel ist am Gebäude für die Cajüte benützt, und der Raum zwischen dem Ofen und Condensator für das Einladen des Brennholzes und der Effekten. — Das Steuerruder hängt an einem krummen Holzarme über das Rad hinaus. Mit einem solchen Schifflein würde man auf der Sure bei Sursee sehr leicht fortkommen. — Denn auch der Canal ist nirgend tiefer als 4 Fuß und trägt doch eine ungeheure Last. Alles kömmt auf die Bauart der Schiffe an, ob selbe tief oder weniger tief laufen.

Mittwoch, den 18. August.

Wo man kann, die größten Städte vielleicht ausgenommen, ists in Amerika besser, wenn man sogleich die ersten Gasthöfe besucht, von eigentlicher Prellerei ist keine Rede; der Preis ist fast durchgehends derselbe und an gemeinen Orten zahlt man für schlechte Bedienung meistens eben so viel; mehr als 1/4 Dollar für 1 herrliches Essen wird, glaube ich, nirgends verlangt und das Schlafgeld ist in Gasthöfen gewöhnlich 1/8 Dollar höchstens 20 Cents. Was die großen Städte, wie Newyork, Baltimore rc. und auch noch kleinere wie Cincinnati, St. Louis ꝛc. betrifft, findet der Mittelmann stets sogenannte Kosthäuser (Boardinghouse) wo man noch billiger und eben so gut lebt.

Die Gegend am Muskingum hinunter blieb sich treu; blos schien die Fruchtbarkeit gegen Süden etwas zuzunehmen. Der Boden hatte eine herrliche Mischung für Frucht. Am N. Y. Canal, war der Sand noch mehr vorherrschend. Die eigentliche schwarze Dammerde, von welcher Duden am Missuri spricht, haben wir wirklich bis jetzt noch nirgends getroffen, worüber ich mich nicht wenig wunderte, denn ich glaubte, das ewige in einander Faulen von Pflanzen müsse endlich eine solche Grundlage erzeugen. Dies scheint also nicht wahr zu sein, sondern die verschiedenen Erdarten gehören auch verschiedenen Strichen an; nur Kultur kann hierin Verwandlungen bewirken.

Gegen Abend 6 Uhr erreichten wir auf unserer ziemlich langsamen Ruderfahrt Marietta, welches am linken Ufer liegt, wo sich der Muskingum in den Ohio ergießt. Ersterer hatte hier eine solche Breite angenommen, daß wir getäuscht den Ohio für kleiner hielten. Am rechten Ufer liegt ein anderes Ort, wovon ich den Namen nicht kenne. Die Verbindung unterhält ein Boot, das von selbst läuft, nämlich durch eine einfache Vorrichtung. Von dem einen hohen Ufer zum andern ist vermittelst einer Windmaschine ein starkes Seil gespannt; über dieses rollen zwei Flaschenzüge, von denen aus nach dem Schiffe Seile gehen. Der Lauf des Flusses treibt nun das etwas schräg gestellte Schiff immer vorwärts, und so je nach der Richtung von einer Seite zur andern, während die Rollen auch über das Seil die Spazierfahrt mitmachen.

Freitag, 19. August.

Erst gegen 10 Uhr Morgens kam das erwartete Schiff. Der Preis der Plätze von hier aus nach Cincinnati 325 Meilen, ist in der Cajüte pr. Kopf 8 Dollar, ohne Verpflegung auf dem Verdecke 2½ D. Die Verdeckreisenden können sich selbst verpflegen, wofür ein Feuerheerd da ist, oder vom Capitän die Kost pr. Essen zu 25 Cents bekommen. Jeder Reisende hat 60 ℔ frei, was aber nicht genau genommen wird. Das Mehrgewicht zahlt pr. ℔. 25 Cents.

In großer Gesellschaft zu reisen macht hier einen bedeutenden Unterschied. Wir mußten für all unser Gepäcke und 11 Personen sammt Cajütenkost nur 25 Dollars bezahlen. Bis 11 Uhr waren unsere Effekten eingeladen und die Reise ging vorwärts. Jetzt auf der Mitte des Ohio sahen wir beim Vorüberfahren am Muskingum, daß wir uns gestern in der Größe um vieles getäuscht hatten. Der Ohio ist hier fast schon doppelt so breit, als der Rhein unterhalb Zurzach, aber fließt ganz sanft und stille; die Oberfläche ist spiegelglatt. Bei hohem Wasser mag es anders sein, an wenigen Stellen hat er unbedeutenden Fall und ist häufig von großen Inseln unterbrochen. Wirklich soll die Schiffbahn 8 Fuß tief sein, d. h. an vielen Orten ist er über 20 — 40 Fuß tief, an manchem wieder kaum 4 Fuß. Aber auf dem Wege, den die Schiffe genau kennen, hält die seichteste Stelle 7 — 8 Fuß Wasser. Wenn er bei seinem hohen Stande von dem lockern baumreichen Ufer keine Bäume und Klötze mit sich fortreißen könnte und hiedurch der Lauf der Schiffe gefährdete, so wäre diese Schifffahrt die schönste, die man sich nur denken könnte. Hie und da hat man aber Beispiele, daß Schiffe verunglückt sind, doch die Reisenden konnten noch jederzeit gerettet werden.

Samstag, den 20. August.

Unser Schiff läuft gut. Gestern Abends halb 11 Uhr waren wir schon bei P. Pleasant, gegenüber von Galliopolis. Ich hatte erwartet, daß die Ansiedlungen am Ohio mehr vorgerückt und ausgedehnter wären. Bedeutende Ortschaften ausgenommen, trifft man nur kleine Anfänger-Sattlereien an. Fast überall sind noch die Ufer und die kleinen Hügel mit Urwald bedeckt, für Tausende von Einwanderern auch nach Jahrhunderten noch Raum genug. Bis jetzt bot die Gegend auf dem Ohio fast durchgängig eine gleiche Aussicht dar. Die Ufer mögen im Durchschnitt 20 — 30, höchstselten über 50 Fuß Höhe haben. Doch scheinen sie der Ueberschwemmung nicht ausgesetzt zu sein. Allein im Vorbeigehen kann dies nicht gehörig beurtheilt werden. Aber ein immerwährendes Wegspülen muß hier Statt haben, weil die steinlose Erde oft bis zum Flußbeet hinabreicht. Die Gegend scheint äußerst fruchtbar und mit geringer Mühe zu bearbeiten; wir betrachteten gestern 12 — 16 Fuß hohen Mais, der nur durch zweimaliges Pflügen, vor dem Säen und nachdem er ein wenig erwachsen war, aus dem vorher noch nie bepflanzten Boden gezogen worden.

Der stille sanfte Lauf der nordamerikanischen Gewässer ist ein Beweis, daß das Gebiet der vereinigten Staaten beinahe flach liegt, und nur durch die vielen aber unbedeutend hohen Bergrücken Mannigfaltigkeit erlangt. Die Urwaldungen bestehen aus Laubholz, wie selbe von G. Duden beschrieben werden. Nadelhölzer sieht man hier keine. Am Newyork-Canal trafen wir unter jungem Gestrüppe auch die Weißtanne und Föhre an, aber unter den großen erwachsenen Bäumen konnten wir keine von beiden finden. Alles steht noch in einem so kräftigen Grün da, wie es bei uns auch der Frühling nicht hervorzubringen im Stande ist. Stellen, die der gewöhnlichen Ueberschwemmung unterworfen sind, erkennt man durch das gelblichere abgestorbene Grün der Bäume, besonders niedrige Inseln.

Der Bau der hiesigen Dampfschiffe ist von dem der atlandischen Küste und des Eriesees ganz verschieden. Ganz aber der Natur ihrer Standorte angemessen. Je nach der Wassertiefe, wo man ein Schiff gebraucht, wird der Bau eingerichtet, daß es tiefer oder weniger tief läuft. Hier auf dem obern Ohio, wo bei niedrigem Wasserstande oft Stellen vorkommen die nur 5 — 6 Fuß Wasser haben, sind die Fahrzeuge, die man am längsten benutzen kann so gebaut, daß dieselben nur 4 Fuß tief laufen. Weil nun sowohl Dampfmaschinen, als Reisende-Cabinets oberhalb gehalten werden müssen, erforderte es zwei Stockwerke um für alles gehörigen Raum zu bekommen. Der Keller oder was im Wasser läuft, wird nun gewöhnlich für die Waaren benutzt. Auf dem ersten Boden gerade über dem Wasser steht nun vornen der Dampfkessel, gerade dahinter die Maschine mit Cylinder-Kolben und Condensator sammt Pumpwerk, der Schwengel erreicht gerade die Curbel der Räder die circa in der Mitte sind. Ueberall ist das Schwungrad an der Achse der Räder. Auf beiden Seiten neben der Maschine ist der Raum für die Küche Abtritte, Schlafgemache der Matrosen u. dgl. benutzt und der hintere Theil für die Verdeckreisenden mit einem eisernen Feuerheerd. — Die zweite Etage nun enthält vornen den Platz des Steuermanns, so wie die Schreib-

und Schlafkabinette des Kapitains und innerhalb die Cajüten der Herren und Damen. Auf sehr vielen Schiffen ist aber die Cajüte unten hinter der Maschine angebracht und die Verdeckpassagiere hausen dann auf dem zweiten Boden. Unser jetziges Schiff Namens Emigrant wird vom Kapitain H. Thomson Baylett befehliget, hat seinen Marsch von Pittsburg nach Louisville, enthält 20 männliche und 8 weibliche Schlafstellen. In der Männer-Cajüte wird gemeinschaftlich Tafel gehalten.

Die Dampfschiffe sind meistens niedlich gemahlt, so wie ihr Inneres aufs schönste ausgarniert und mit Teppichen belegt ist. Jede Bettstelle hat ihr eigenes Fensterchen das man nach der Temperatur schließen oder öffnen und statt dessen mit einem Jalousieladen vermachen kann. Gegen das Zimmer zu Vorhänge. — Eben so zierlich sind auch die Dampfschiffe des Eriesee, vielleicht noch kostbilliger. Weil aber auf tiefem stürmischen Wasser ein Schiff nach obiger Gestalt leicht umgeworfen wäre, müssen selbige tiefer im Wasser laufen, wodurch selbige Raum erhalten unter dem Wasserspiegel der Cajüte, Dampfmaschinen und Waarenbehälter anzubringen, und somit auf dem Verdecke kein zweites Stockwerk nöthig haben. Indem auf dem Hintertheile des Schiffes gewöhnlich die Damenkajüte, Küche und Waschzimmer und vorderhalb für den Holzbedarf, Pferde rc. Platz genug gewonnen wird.

Heute um 6 Uhr kamen wir bei Maysvill im Kentukistaate vorbei. Dieser Ort muß seit kurzer Zeit gestiegen sein, denn gegen den Fluß hin hat es schon bedeutende Mauerwerke, welche theils die Landung der Schiffe bei jedem Wasserstande erleichtern, theils die Stadt vor dem Wegspülen der Dammerde sichern sollen. Unser

Schiff hatte für den hiesigen Ort eine große Ladung Waaren aus den Fabriken von Pittsburg. Erst gegen 11 — 12 Uhr in der Nacht fuhren wir weiters, und Morgens 6 Uhr kamen wir in Cincinnati an.

Sonntag, den 21. August.

Wir wußten nicht bestimmt ob wir mit dem gleichen Schiffe bis nach Louisville, oder hier verweilen und erst von hieraus auf ein anderes gehen wollten. Der Capitain wollte nur zwei Stunden Halt machen. Wir gingen sogleich zu einem jungen Franzosen Namens Paul Lacroix der sich bei Hr. M. Neilly hier aufhalten sollte. Dessen Adresse erhielten wir in Newyork von Hrn. X. Blanc einem Freunde Hrn. Wanner's in Havre. Allein unser Nachfragen war fruchtlos. Zum Schiffe zurückgekehrt, lasen wir schon auf dem Anschlagzettel, daß es erst Morgens 9 Uhr abgehe, (vermuthlich war Ladung versprochen worden). Dieses erfreute uns, weil wir dadurch Zeit gewonnen uns in Cincinnati umzusehen zumal das Aus- und Einladen auf die Schiffe uns endlich überdrüssig und mühselig vorkam und weil wir doch von hier aus keine Dampfschiffe bis St. Louis gefunden hätten, weil der Wasserstand zu niedrig ist, um über die Fälle bei Louisville hinunterfahren zu können, und wir also daselbst doch auf ein anderes Steamboot gehen müssen.

Der Sonntag wird in den ganzen vereinigten Staaten strenge gefeiert. Keine Spiele und kein Handel viel weniger Handwerk darf getrieben werden. Auch die Dampfmaschinen stehen ohne besondere Ursache und Erlaubniß still. Man wollte sogar die Posten und andere Fahrzeuge einstellen, was aber aus guten Gründen verworfen wurde. In merkantilischer Hinsicht konnten wir also heute in

Cincinnati nichts auskundschaften; alle Stores (Laden) waren geschlossen, um so bessere Gelegenheit blieb uns zur Besichtigung der Stadt.

G. Duden beschreibt den mit ungeheuren Kosten erbauten Landungsplatz, oberhalb welchem die Stadt angelegt ist. Aber wie würde jetzt Duden selbst erstaunen; die Stadt mag vielleicht damals nicht halb so groß gewesen sein, denn die meisten und prächtigsten Gebäude stammen von den Jahren 1828 bis 1831, die er noch nicht sehen konnte. Letztes Jahr allein sollen 1500 neue Gebäude aufgeführt worden sein und dieses Jahr würden noch mehr hergestellt, wenn man nur nicht Mangel an Arbeitern hätte. Es ist unbegreiflich wie ein Ort sich so schnell vergrößern kann. Der Canal von Dayton wird ins Herz der Stadt geführt, er ist innerhalb der Stadt noch im Bau begriffen und wird in den Ohio hinabgeleitet. Hügel werden abgegraben und Schluchten damit aufgefüllt. Oberhalb dem zweiten Ansteigen wird alles verebnet, bis zu dem weit zurückliegenden Hügel, neben welchen hin sich das Thal des Miami eröffnet. Die Lage ist herrlich und muß sehr gesund sein. Es befinden sich mehrere Deutsche hier, ja sogar aus dem Canton Luzern, worüber wir nicht wenig staunten. Daß wir sie besuchten versteht sich von selbst. — Diese sind in den Jahren 1816 und 1817 eingewandert. Hatten unterwegs ungeheuer gelitten und waren fast ganz geplündert worden. Daher entstunden die schlechten Nachrichten, welche für Amerika so große Abneigung pflanzten. Man kann mit Recht sagen, diese Leute seien damals in Hände von Seeräuber'n gefallen. Der eine Namens Sebastian Tös von Fischbach blieb von Basel aus über Amsterdam bis nach Philadelphia

26 Wochen auf dem Wasser und dessen jetzige Frau eine Würtembergerin, befand sich bei einem Transport der vom 26. April 1817 bis zum Neujahr 1818 auf dem Meere herumgefahren wurde, bis Niemand vom Schiffvolk mehr ein Kreuzer Vermögen hatte. — Solche Beispiele mußten abschrecken und die Auswanderung ersticken! — ? — Dieser Tös spinnt jetzt Cigaren. Die andern heißen Franz Weibel von Großen-Dietwyl und Johann Müller von Willisau, der jetzt nach dem Missouri zu ziehen gedenkt, und ein N. Grünenwald von Wäggis. Obschon diese Leute sich kein Vermögen erworben, wünschen sie sich doch nicht in die Heimath zurück. Allein es bedarf keiner langen Unterhaltung mit denselben, so erkennt man die Ursache bald, warum sie mit ihren Zeitgenossen nicht vorgeschritten. Nebst der Unanschicklichkeit mag religiöser Fanatismus ein Hauptgrund sein, und derjenige der in Amerika auf den Verdienst sehen muß, darf sich nicht einschränken, nur da wohnen zu wollen, wo man täglich die hl. Messe hören kann, besonders wo diese hinkamen war die katholische Sekte sehr schwach. — Jetzt ists eher möglich sich an Orten niederzulassen wo es mehrere Priester hat. In Cincinnati und auch in St. Louis ist der Sitz eines Bischofs.

Weil es der erste *gute* Trunk war den wir seit der Abreise von Europa genossen, finde ich es bemerkungswerth genug anzuzeigen, daß wir hier ächten amerikanischen Viviser-Wein uns recht schmecken ließen. Die Flasche kostet nicht weniger als 25 Cents, aber dieses Schweizergeschenk ist es werth. G. Duden muß nicht vom ächten erwischt haben, sonst hätte er ihm auch besseres Lob gezollt.

Die Stimmung für die westlichen Staaten ist hier äußerst schlecht und weil man Mangel an Arbeitern hat verschreit man die Gegenden am Missouri auf alle mögliche Weise. Alle Fieber und Krankheiten sollen daselbst hausen u. dgl.

Der hiesige Platz ist gut für Handwerker und Taglöhner; sie sind gesucht, werden gut bezahlt und können sich etwas verdienen. Der gewöhnliche Lohn ist 2 Dollar pr. Tag ohne Kost, und diese kann er sich für 2 — 3 Dollars pr. Woche fürstlich verschaffen. Landarbeiter erhalten 10 — 15 Dollars monatlich sammt Verpflegung. Wer sich aber hier frisch ansiedeln will, darf die Geldkisten nicht zu Hause vergessen, denn Hausplätze und Landstücke sind ziemlich theuer. Ein Platz in der Stadt für eine Wohnung darauf zu bauen kostet 300 — 600 Dollars und wie manchen Dollarwerthen Taglohn mag es kosten bis man zum Fenster hinausgucken kann. Land um die Stadt herum ist keines feil, als wer es mit Geld wirklich haben will, auch 3 — 4 Meilen von der Stadt kostet es noch 15 — 20 und noch mehr Dollar der Acker. — Cincinnati dürfte die zweite Stadt nach Newyork werden. Um die Größte im Innern der vereinigten Staaten zu werden hat sie den Vorsprung schon gethan. — Hier wurden sehr viele Dampfschiffe gebaut. Auch andere Fabriken sind in Menge da. — Mehrere Dampfschiffe kamen heute an, viele gingen ab. Alle nach verschiedenen Punkten. Den Canal befuhren auch viel elegantere Böte als wir bis jetzt gesehen. Jeder sucht durch Empfehlung Verdienst.

Montag, den 22. August.

Um 9 Uhr ging es fort gegen Louisville das von hier 150 Meilen entfernt ist. — Die Gegend blieb sich stets gleich. Duden's Nachrichten hierüber mögen genügen. An Vavey (Vivis) kamen wir Nachts vorbei und bedauerten nur ihre Weinberg-Anlagen nicht sehen zu können, die bedeutend vorgerückt sein sollen.

Dienstag, den 23. August.

Morgens 5 Uhr befanden wir uns schon in Louisville; für die Fracht hieher kostete es gerade die Hälfte, als von Marietta nach Cincinnati, wir bezahlten 37 Dollars. Mit den Schiffen nach St. Louis verhielt es sich wirklich so wie wir früher vernommen, aber wir waren nicht gar lange angekommen, als uns schon ein Kapitain ansprach ob wir nicht mit ihm reisen wollten. Dieser sagte uns dann bestimmt daß die Schiffe in Shipingport halten müßten; dahin gekommen trafen wir mehrere und größere Schiffe an als wir bishin gesehen. Für St. Louis war noch ein zweites da, ohne jenes wovon uns der Kapitain in Louisville diesen Morgen gesprochen, dessen Schiff gerade renoviert wurde und wenigstens drei Tage Zeit erforderte. Da der Talismann, so hieß das andere Steamboot, diesen Nachmittag noch abzufahren bestimmt war, trafen wir auf demselben den Accort, wobei die Concurrenz nicht wenig dazu beitrug uns einen wohlfeilen Preis zu verschaffen.

Von Zaneswille nach St. Louis sind es noch 600 Meilen. Hiefür wird in der Cajüte jetzt noch gewöhnlich 12 Dollar pr. Kopf bezahlt, und für die Fracht der Waaren 1/2 Dollar. Der Kapitain vom renoviert werdenden Schiffe Cumberland wollte uns für 120 Dollars sammt allem Gepäcke hinnehmen. Auf dem weit schönern Schiffe Talismann accordirten wir aber zu 100 Dollars auch mußte der Kapitain für unser Gepäcke den Fuhrlohn bis nach Shippingport aushalten, das 2 Meilen unterhalb Louisville liegt. Diese zwei Schiffsleute waren aber einander so neidig, daß uns nun derjenige vom Cumberland, welcher deutsch sprach, für noch 20 Dollars billiger mitgenommen hätte. Sie waren früher mit einander associert auf einem Schiffe, das ihr ganz Vermögen war, und nun seit einigen Wochen haben sie sich getrennt, daher ihre Feindschaft. Die Dampfschiffe verdienen hier besonders im Frühjahr ein ungeheures Geld. Eine Gesellschaft, welche dieses Jahr ein neues Schiff für 9000 Dollars angeschafft hat, soll bis jetzt in 8 Monaten schon 36,000 Dollars verdient haben. Dies sei reine Wahrheit. !— Es soll aber eines der schönsten und größten Schiffe sein und bei seiner ersten Fahrt von Neworleans aus über 300 Reisende auf dem Verdecke und 150 in der Cajüte gehabt haben, d. h. nicht alle auf einmal sondern auf seiner ganzen Fahrt bis nach Louisville.

Es ist von Louisville nach Shippingport ein Kanal gebaut worden, damit die Dampfschiffe bei jedem Wasserstande durchfahren können. Er ist ganz durch Felsen gesprengt, die hier die Fälle bilden, auch wird wirklich noch daran gearbeitet. Die Kosten sollen sich auf viele Millionen Dollars belaufen und man fürchtet erst noch es werde nicht gelingen, weil bei nidrigem Wasserstande beim Eingang zu Louisville doch zu wenig Wasser sei. Allein eben daselbst ist der Kanal noch nicht vollendet und ich kann mir nicht vorstellen, daß man ein so riesenhaftes und kostspieliges Werk unternommen, ohne alle mögliche Fälle vorher durchdacht zu haben. Er ist ganz schnurgerade angelegt und bei Shippingport führen vier Schleußen wieder in den Ohio hinab. Was für ein Maaßstab diese haben müssen, kann man aus Folgendem entnehmen.

Das Dampfschiff Washington, welches gerade da lag, gleicht einem Meerschiff an Größe, oder übertrifft es vielmehr. Es läuft fast so tief als ein Dreimaster und kann daher nur beim großen Wasserstande laufen. Es ist 150 bis 170 Fuß lang und mit dem Verdecke 44 Fuß breit, hat drei Stockwerke auf einander und wird von einer doppelten Dampfmaschine getrieben, wovon jede drei Dampfkessel hat. Gerade daran lag der fast eben so große Enclyde mit zwei Stockwerken, der nur mit einer Dampfmaschine in Bewegung gesetzt wurde, die aber 4 Kessel hatte. Der Cylinder war gerade geöffnet und ich maß den Colben der 2½ Fuß französisch Maaß Durchmesser hielt.

Mittwoch, den 24. August.

Obwohl wir bis gestern Abends 5 Uhr unsre Sachen mit Eile ans Bord gebracht und wirklich schon zum Abmarsch eingeheizt wurde, sind wir doch heute noch da. Unser Kapitain muß noch Ladung oder andere Reisende erwartet haben. Es war wirklich so, diesen Vormittag erhielten wir noch ziemlich viele Gesellschafter. Dies gab uns Zeit die an den Fällen erbaute Säge- und Mehlmühle in Augenschein zu nehmen. Beide werden durchs Wasser getrieben, weil aber der Fall unbedeutend ist mußte die Kraft durch breite Räder gewonnen werden.

Nachmittags 3 Uhr fuhren wir ab. Sobald auf einem Schiffe der Accort getroffen worden hat man Kost und Logie darin. Einige Meilen lang unterhalb der Fälle zeigte sich der Lauf des Ohio etwas lebhafter, was er aber nach und nach verlor und wieder seinen sanften Gang annahm. Er läuft daselbst lange in einem Felsenbeete fort, was auch für die Schiffe ziemlich gefährlich sein mag, denn stets wurde mit dem Senkblei die Tiefe gemessen. — Die Aussicht hat viel ähnliches mit der Aargegend, nur sind die Hügel unbedeutend hoch und mit herrlichen Waldungen bekleidet. Nur an einem Orte sahen wir kahle Felsen, welche mit dem Gebirgszuge der Wasserfälle in einer Linie liegen.

Donnerstag, den 25. August.

Nicht wenig erschütterte uns diese Nacht ein Gepolter des linken Wasserrades, welches an seiner Verdachung etwas losriß und mehrere Schaufeln und Arme zerschlug. Heute ward es schnell geflickt. Es scheint daß solche Vorfälle nicht zu den Seltenheiten gehören, denn sie haben eine Menge Arme auf dem Schiffe in Bereitschaft, die schon in die gußeisernen Zackenscheiben des Wendelbaumes eingepaßt sind und nur angeschraubt werden dürfen. Die Gegend blieb sich unterhalb Henderson, das wir zur Mittagszeit erreichten, immer gleich, nachher traten die Hügel mehr zurück, allein die Aussicht hatte doch stets wechselnden Reiz. Nirgends fehlte den Bäumen das kräftige Grün. Im Durchschnitt ist längs den Ufern unterhalb Louisville mehr gelichtet, als am obern Ohio, wenn schon die Ortschaften noch zu keiner Bedeutung gestiegen. Die Zeit wird selbe bald fördern.

Freitag, den 26. August.

Immer dasselbe buntabwechselnde Schauspiel, nur schien der Boden etwas dünkler zu werden. Den Baumwuchs haben wir am Newyork-Canal noch gigantischer gefunden. Dort sahen wir fast alle Bäume von 80 — 100 Fuß hohen geraden Stämmen, bevor die Kronen begannen, und man denke sich dabei daß es lauter Laubholz ist. —

Gegen 5 Uhr erreichten wir den Mississippi. Schon früher hatte der Ohio oft die Ausdehnung eines großen See's, hier aber beim Zusammenfluße dieser zwei großen Gewässer war die Breite noch bedeutender. Doch still und sanft verlieren sie sich ineinander, und macht nicht mehr Aufsehen, als wenn sich früher die durch Inseln getrennten Ohioarme wieder vereinigten. Der Unterschied unsrer Fahrt bestund nun darin daß wir aufwärts und durch noch weit trüberes Wasser fuhren. Eben so schön schien mir das Mischungsspiel bei der Vereinigung der Flüße Cumberland und Tenessee mit dem Ohio, wo das helle Wasser derselben über zwei Stunden Wegs sich noch nicht mit dem trüben Ohio vermischte; ganz wolkenartig schwamm es am Ende unter einander noch über eine Meile fort, wo man sehr leicht die trüben Flecken in dem helleren Wasser unterschied.

Samstag, den 27. August.

Morgens 8 Uhr fuhren wir am Cap Girardeau vorbei, das noch ein unbedeutender Ort ist. Oberhalb fing das westliche Ufer höher zu werden. Sehr dicht stehen daherum die Waldungen, aber desto dünner Holz. Es kann nicht alt sein. Der Boden ist noch wie am Ohio.

Sonntag, den 28. August.

Diese Nacht waren wir zweimal aufgefahren. Auch auf dem Mississippi muß der Weg genau gekannt werden um überall tief genug Wasser zu haben. Er läuft eben so sanft und spiegelglatt als der Ohio und Hudson. Da wo diesen Morgen früh unser Schiff wieder weit rückwärts ziehen mußte, um eine andere Durchfahrt zu suchen, bildete er eine seeartige Bucht die über zwei Stunden breit sein mag. Die heutige Fahrt hat für das berggewöhnte Auge eines Schweizers manche liebliche Parthie. Das westliche Ufer war meistens mit 50 — 100 Fuß hohen Felsenhügeln begrenzt deren Steinwerk alten Gemäuern, Festungswerken und Ritterburgen, mit Nische, Fenstern und Thüren nicht unähnlich war. — Herculanum hat gerade oberhalb diesen Vormauern eine angenehme Lage. Es sollen mehrere Schmelzöfen und Schrottfabriken hier im Gange sein. — Jedoch der Ort ist unbedeutend.

Nun begannen sich die Hügel gegen den Fluß zu immer wieder mehr abzudachen, doch nur kleines Buschwerk besetzte es. Eine liebliche wenn schon am Fluße vielleicht nicht die fruchtbarste Gegend hat sich hier oberhalb Herculanum die Militärschule des Staates Missouri gewählt. Es ist mit herrlichen Gebäuden belegt. Hier wie in jedem andern Staate des Bundes sind stehende Truppen, welche freiwillig geworben werden. Die Soldaten erhalten nebst Kleidung und guter Kost monatlich 6 Dollars Sold. Ihre militärische Uebungen rauben aber die wenigste Zeit, welche sie mit Bearbeitung des zur Militärschule gehörenden Landes zubringen müssen. — Uebrigens ist hier auch jeder Bürger vom 21sten bis zum 51sten Jahre Soldat, wovon aber der Unterschied darin besteht, daß man zweimal, im Frühling und Herbst an eine Musterung gerufen wird, die oft bis 2 Tage dauern kann. — Hier im Missouri versammeln sie sich nur einmal. Je jünger der Staat, desto weniger Exactität ist in dieser Hinsicht, so auch mit Beobachtung mancher Gesetze, die hier so buchstäblich gehalten werden, daß man hier mit 10 Kegeln schiebt, weil es heißt, daß das Kegelschieben mit 3 und 9 Kegeln verbothen sei u. dgl.

Carandolet unterhalb St. Louis (6 Meilen) scheint ein artiger Ort zu sein. Es ist eine Ansiedlung von Franzosen, die den Plan gemacht, hier eine große Stadt anzulegen. Die Gassen sind wirklich schon alle planirt und ausgesteckt und wäre St. Louis nicht Meister geworden, wäre ihnen das Projekt gelungen. Nichts desto weniger kann mit der Zeit ein bedeutender Ort daraus werden, denn die Lage ist herrlich.

Um 3 Uhr Nachmittag erblickten wir endlich das längst ersehnte St. Louis. Den ersten Eindruck, welchen dieser Ort auf mich machte ist nicht zu beschreiben. Wir erwarteten ein Städtchen etwa wie Sursee, aber es übertrifft an Größe in jeder Hinsicht Luzern. — Da mußt du bleiben, sprach es in meinem Innern. Hier ist gut wohnen, laßt uns Hütten bauen! — Nein es ist nicht Vorurtheil. Die wirklich schöne und gesunde Lage an einem herrlichen sanften Abhange, der sich oberhalb in eine große schöne Ebene verliert, die lieblichen Begrüßungen in deutschen und französischen Zungen, das rege Leben, kurz alles sprach Jeden von uns an, daß wir die Heimath darüber vergessen hätten wenn nur alle die Unsrigen bei uns gewesen wären. O! wie froh, wie zufrieden blickten wir umher. — Wir durch viele amerikanische Städte Verwöhnte fanden uns nach einer langen Reise nicht getäuscht! — das will viel sagen! — aber es ist buchstäblich wahr daß unsre Erwartungen in dieser Hinsicht übertroffen wurden.

Es wäre zu voreilig und ohne Ueberlegung, wenn ich jetzt schon mein Urtheil über das hiesige Land und den Staat Missouri besonders ablegen wollte. Diese Notizen seien einsweilen für nichts anders als bloßen Reisebericht zu betrachten. Schließt Jemand daraus schon, daß das hiesige Land für ihn geschaffen sei, so wünsche ich ihm Glück, denn in meinem Innern glaube ich es gut. Daß ich aber jetzt schon zur Auswanderung rufen wolle, das sei fern von mir. Was ich sah war gut und schön, aber ich sah es nur im Vorbeigehen. Ich sah die Blume und Knospe, den Stachel fühlte ich noch nicht. Ich will also erst noch eine Zeit im Lande leben und prüfen. — Das muß ich bekennen, daß alle Erforschungen und alles mit eigenen Augen Gesehene mit Dudens Nachrichten übereinstimmt. Nur ist Manches in der kurzen Zeit schon weiter vorgerückt, allein das zeugt nicht wider ihn, sondern bestätiget seine wahren Andeutungen.

Ueberall wo wir einen Eingewanderten fragten, wie es ihm gehe, und ob er nicht heim wünsche, erhielten wir zur Antwort: „Ich bin zufrieden, jetzt bin ich wohl daran die ersten zwei Jahre wie ich herkam, wars mir manchmal säuer, aber jetzt des Landes, seiner Sitten und Sprache gewöhnt, habe ich meine alte Heimath längst vergessen.“ Solche Reden hört man gewöhnlich. Es ist auch kein Wunder, der gemeinste Mann lebt hier zu gut! — Bettler erblickte ich in ganz Amerika keinen.

Montag, den 29. Augnst.

Heute mietheten wir ein Haus auf der Anhöhe und zogen ein. Dieß ist um einstweilen einen festen Standpunkt zu haben um von da aus uns mit Muße umsehen zu können. Ich schließe also mit diesem mein Tagebuch und füge demselben nur noch einige Notizen bei über Geld, Maaß und Gewicht, um es mit demjenigen bei Hause vergleichen zu können.

Geld, Maas und Gewicht.

Geld-Cours. Die Vereinigten Staaten haben ihren eigenen nach dem Decimal-System eingerichteten Münzfuß. Dollar heißt eine Silbermünze (wovon die Stücke höchst selten sind) welcher in Hundert Cents getheilt wird. Von diesen hat man Kupfermünzen. Es giebt nun auch noch 1/5 und 1/10 Dollar, oder 20 und 10 Cents und endlich 5 Cents Stücke oder 1/20 Dollar.

In Gold hat man die sogenannten Adler, welche fünf Dollar Werth halten. — Der reelle Werth, nach dem schweizerschen Münzfuße, wo der Brabanter Thaler zu 36 Batzen 6½ Rap., und der französische Fünffrankenthaler zu 33 Batz. 6 Rap. gewerthet ist, von einem hiesigen Dollar ist 36 Batz. 4 Rap. — Hieraus läßt sich alles berechnen.

Nebst dem eigenen Geld koursiert aber hier sehr viel spanisches und mexikanisches Geld. Der spanische Thaler ist gleich einem Dollar. Auch die kleinern Abtheilungen dieser Münze werden nach ihrem Werthe genommen. Nämlich der 1/4 Thaler zu 25 Cents, der 1/8 Thlr. zu 12½ Cents und der 1/16 Thlr. zu 6 Cents. — Der spanische Thaler ist eigentlich nur 36 Batz. ½ Rap. reell werth; der mexikanische Thaler ist gleich dem hiesigen Dollar. Auch sieht man hier und da einen Brabanter Thaler, der aber nicht höher angenommen wird als zu 1 Dollar. Hingegen die fanzösischen Fünffranken-Thaler sind nicht selten.

Sie werden zu 94 Cents oder vielmehr für 93½ Cents angenommen; wenn man nämlich $^1/_{16}$ spanischen Thaler darauf legt macht es 1 Dollar. Aber an den kleinen französischen Silbermünzen wird viel verloren.

Die Benennung der kleinen Silbermünzen ändert fast in jedem Staate ab, obwohl ein und dasselbe Geldstück darunter verstanden wird. Allein, ob man $^1/_8$ spanischen Thaler in Newyork Schilling, in Ohio Eleventens und in Missouri Pitt heißt, mag Euch wenig interessieren.

Fuß- und Ellenmaaß. Der hiesige Fuß entspricht genau dem englischen, so wie auch die Elle von dort herübergekommen. Nach dem französischen Maaße ist der hiesige Fuß 11¼ Zoll, und die Elle oder Yard drei solcher Füße, was also 33¾ französische Zolle (oder circa ¾ aune de france) ausmacht. Bei großen Stücken zu messen würde es etwas mehr bringen, indem man für die Yard wohl 34 Zolle wird annehmen dürfen.

Stundenmaaß. Meistens rechnet man hier nach englischen Meilen, wovon auf eine Stunde drei gehen.

Fruchtmaaß. Von diesem kenne ich noch nichts anders, als das sogenannte Buschel. Ein solches Maaß habe ich 6 Zoll, 8 Linien hoch, und 13 Zoll, 3 Linien breit französisches Maaß gefunden. Er war nämlich Cilinderförmig, wie unsre gewöhnliche Halbviertel.

Flüßigkeits-Maaße. Dieses ist die Gallone, wovon ich noch keine in die Hände bekommen. Sie wird in Halbe und Quart eingetheilt und wird dem Luzerner Milchmaaß sehr nahe kommen. Hierüber werde noch genauer nachsehen.

Landmaaß. Dasselbe ist die Acre, welche im Duden

angegeben, und nun nach meiner Fußangabe leicht zu berechnen ist.

Holzmaaß. Dazu hat man die Klafter, die aber länger als die unsrige aber weniger hoch sind. Selbe sind nämlich 8 Fuß lang, 4 Fuß hoch.

Gewichte. Diese sind gläublich die englischen. Wir haben dieselben mit den von Hause mitgebrachten Apothekergewichten untersucht, allein im Kleinen kann man die Sache nicht so genau herausfinden. Das hiesige Pfund machte ungefähr 29 Loth aus.

Vierter Theil.

Briefe aus New-Switzerland.

Die Familie Köpfli in New-Switzerland an jene in Sursee.

New-Switzerland, den 11. Decemb. 1831.

Lieber Bruder!

Schon von Havre weg haben wir nichts mehr von Dir vernommen, zwar wenn ich unserm zurückgelegten Wege nachdenke, ich wundre mich nicht über das Verspäten. — Deutsche Zeitungen haben wir noch keine, aber wahrscheinlich wird uns künftig durch Hr. Iselin von Newyork der Schweizerbote übermacht werden. Hr. Iselin meldet uns in seinem letzten Schreiben nur ganz kurz „in Ihrem Vaterlande gehts bunt her" diese Worte füllen uns mit Bangigkeit; wir wissen nicht wie sie gemeint sind, obwohl diese uns kein Räthsel sein können. Sollten unruhige Zeiten in unserm alten uns allen noch lieben Schweizerlande einkehren! — wollte Gott du und die deinigen, deine und unsere Freunde wären hier, ihr alle würdet einen weit größern und angemessenern Wirkungskreis finden, und aus dem Neuschweizerland sollte bald ein Ländchen entstehen, das dem alten gewiß nicht Unehre bringen würde. — Doch du weißt noch nicht einmal in welcher Himmelsgegend wir uns jetzt befinden. — Einige Zeit nämlich vor dem ich dir meinen letzten Brief von St. Louis zuschickte, hatte uns ein junger Mann vom

Illinois-Staat herüber, sein 27 Meilen östlich von St. Louis liegendes, in 450 Acker meistens Wald bestehendes Landgut, angetragen. Wegen dem Verkaufe verhielt es sich, wie wir später erfuhren, folgendermaßen: Der jetzige Verkäufer ein junger Mann, der durch Buchhandel ein ziemliches Vermögen sich erworben, war Willens sich zu verheirathen. Nun suchte er sich ein schöngelegenes Landgut aus, damit seine Auserwählte ihm desto lieber folgen sollte; aber, o weh! nach dem Zusammenkauf der obigen Länder, soll er von seiner Allerliebsten einen höchst widerlichen Korb erhalten haben. Er für sich war aber nicht Willens seinen Sitz auf dem Land zu nehmen, hätte dies Geld im Buchhandel gleich gut zu benutzen gewußt, welches ihn bewog uns alles um den höchst billigen Preis von 1900 Dollars gegen baare Bezahlung, abtreten zu wollen. Damit wir nicht Uebereilungen zu bereuen hätten, nahmen wir uns vor, dieses Land zu besichtigen. Vater, Suppiger und Bernhard benutzten also das Anerbieten eines eben in St. Louis sich befindenden deutschen Mannes, der sie in seinem Wagen bis in die Nähe obiger Landereien zu bringen versprach. Dieser Mann ein Hannoveraner, hatte sich seit etwa 10 Jahren in Vandalia der Hauptstadt vom Staate Illinois angesetzt, mit 300 fl. die er ins Land brachte, soll er in dieser Zeit durch kleine Spekulationen, sich ein Vermögen von wenigstens 60,000 Dollars erworben haben. Dieser rieth ihnen mit nach Vandalia zu kommen, um die dortigen Gegenden in Augenschein zu nehmen. Sie nahmen den Antrag an und fanden dort nicht ganz zu verwerfende Lagen, von denen wir nachher erfuhren, daß sie ziemlich ungesund und nicht den besten Boden hätten. — Sie besichtigten also, ihrem Zwecke gemäß, des erstern Landgut und wurden gleich durch seine höchst angenehme Lage überrascht. Der Verkäufer war nicht auf dem Platze und hatte einem nahe bei Edwardsville sich befindenden Deutschen, Namens Bearnsbeck über das Ganze Aufträge ertheilt. Dieser ein junger Mann, der von der Universität weg (zu Sands Zeit) Deutschland verließ, sich in den hiesigen Gegenden ansiedelte, und nun vor einigen Jahren zum Friedensrichter ernannt wurde, hat mit vieler Thätigkeit und Zeitverlurst sich unser angenommen. Auf dem zu verkaufenden Gute welches früher aus 3 Farmen (Höfe) bestanden hatte, befinden sich 12 amerikanische Gebäude, 2 Sodbrunnen mit vortrefflichem Wasser, gegen 150 schöne Obstbäume, über 80 Acker eingezäuntes, angebautes Land, das Uebrige guten Wald, durch welchen der Silberfluß nebst mehreren kleinen Bächen fließt; dort haben auch einige Brunnquellen ihren Ursprung, und es finden sich, was in diesen Gegenden ziemlich selten ist, schöne Kalksteine nebst Steinkohlenlager vor. Bäume sind eine Menge, Nußbaum und Eichenarten, Akatie, Sassafraß, Eschen, Linden, Maulbeeren, Ahorn (der Zuckerahorn nicht) rothe und weiße Ulmen, wilde Aepfel, Pflaumen, Kirschen und Reben, nebst einer Menge anderer, die ich noch nicht kenne.

Die Lage ist ganz der Art, daß die Gegend mit Recht den Namen New-Switzerland verdient, und ohne alle Rücksicht frei gesprochen, darf ich sagen, daß auf unserer ganzen Reise, keine Gegend uns zum Vorschein gekommen ist, wo wir lieber den biblischen Spruch: „Hier laßt uns Hütten bauen“ in Anwendung gebracht hätten. Rings mehrere Meilen umher, erheben sich hie und da aus den fetten Sawanenwiesen sanft ansteigende liebliche Hügel, das ganze ist ein Theil der, von uns weg sich über 40 Meilen gegen Westen und Süden sich ziehenden Spiegelpräri, und diese ebenfalls nur wieder ein Stück von einem über 300 Meilen weit sich erstreckenden flachen Stück Landes, welches nur hie und da durch einen Hügel, Fluß oder einen Waldstrich unterbrochen ist. Was Duden Seite 48 und 49 über die Illinois-Sawanen sagt, hat viel richtiges, darf aber nicht so allgemein angewendet werden. Das Trinkwasser mag er auf seinem Wege so angetroffen haben, wir haben noch nichts bemerkt; was hingegen für einen Ackerwirth Sawanen für Vortheile bringen, kann nur der begreifen, der den Unterschied kennt, in Wäldern oder in Sawanen, Land urbar zu machen. — Gegen Süden und Westen sind beinahe keine Ansiedlungen, so daß Nachkommende hier wahrscheinlich immer noch einige Zeit gutes Land genug vom Staate erhalten können; überdies ist jenes der Viehzucht wegen sehr in Betracht zu ziehen, indem unser Eigenthum bloß zu Ackerland gebraucht wird, hingegen unsern Heerden die ungeheuren Graswiesen zu Gebote stehen; zudem ist in unserer Nachbarschaft eine reiche Salzquelle, auf die zu alles Vieh oft 8 und 10 Meilen weit her läuft, was auf dessen Gutbefinden sehr wohlthätig wirkt. Ein für uns noch höchst wichtiger Umstand gab noch den Ausschlag zum Ankauf dieser Ländereien. Die große National-Roads, welche auf Kosten der Regierung, von Baltimore der Hauptstadt des Reiches aus, westlich durch das ganze Land gezogen wird, die bis jetzt schon über Vandalia vorgerückt ist und künftiges Jahr bis St. Louis soll fortgesetzt werden; diese wichtige Landstraße soll dann bis an 1 oder

2 Meilen obiges Gut streifen. — Nachdem auch wir Uebrigen das Ganze besichtigt hatten, und alle sich an diesen Platz angezogen fühlten, ging der Handel am 5. Oct. vor sich, wo sich der Verkäufer noch verpflichtete, alle seine letztjährlichen Renten, welche in 400 Buschel Mais, 60 Buschel Waizen und einigem Hafer bestund, uns zu überlassen. (Ein Buschel ist ungefähr von der Größe eines Surseer Viertels). Gleichen Tages zogen wir nach Edwardsville (15 Meilen von hier) um auf dem Haupt-Landoffice, 3 für uns höchst wichtige und überdies gut gelegene Landstücke, die von der National-Straße durchschnitten werden, anzukaufen. Wir hatten 1¼ Dollars, den Staatspreis für den Acker zu bezahlen, diese 240 Acker stoßen mit den erstern Ländereien zusammen, (der Acker glauben wir sei etwas größer als die Jucharte.) Folgende Woche nach dem Kaufe zogen wir in unserm lieben Neuschweizerlande (welchen Namen wir unserm jetzigen Wohnsitze gegeben) ein, alles war in der fröhlichsten Stimmung, und dankte Gott, daß er uns nach so langer Heimathlosigkeit, jetzt nun mit einem desto angenehmern Vaterländchen überraschte; täglich finden wir in unserer Umgebung neue Reize; nicht so an unsern Wohnhäusern, die schlecht genug eingerichtet sind, jedoch aber auch von diesem Uebel hoffen wir bald erlöst zu sein, schon sind einige Anstalten dafür getroffen und vor einigen Tagen haben wir 80 Acker Land zu einem neuen Bauplatz vom Staate gekauft. Hiervon künftig mehr.

Gestern haben wir von einem Privatmanne wieder 120 Acker gutes Land gekauft, wovon das meiste schöner Wald ist, ein Stück aber einen herrlichen Hügel bildet. — Die erste Arbeit hier war, daß die Weinreben wieder ihrer

Mutter übergeben wurden, einige glauben wir, haben sich erhalten, andere nicht. Künftiges Frühjahr wird das Urtheil sprechen. Melde dies nebst tausend Dank und Grüßen Dr. Troxler. — Nach dem Rebensetzen verbesserten wir einiges an unsern Gebäuden, und nun mußten wir uns gegen die Sawanenbrände in Sicherheit stellen, welches durch Abbrennen des großen Grases rings den Umzäunungen nach erzweckt wird; im Herbste wird nämlich das auf den unabsehbaren Graswiesen oft mehrere Fuß hohe und abgedörrte Gras in Brand gesteckt; solche abgebrannte Landstrecken liefern künftiges Jahr viel besseres Futter. Diese Brände können aber für den Güterbesitzer so gefährlich werden, daß wenn er nicht obige Vorsichtsmaaßregeln ergreift, ihm leicht alle seine Umzäunungen und Pflanzungen in Feuer aufgehen können. — Nachher hatten wir ungefähr 8 Acker Waizen gepflanzt, und wir würden vielmehr in Ordnung gestellt haben, wenn der Frost nicht außer der Regel zu früh eingetreten wäre; andere hatten sich mit Heuen, Türkischkornablesen und solchen nöthigen Arbeiten beschäftigt. Bis jetzt haben wir folgenden kleinen (der Fütterung über den Winter wegen) unentbehrlichen Viehstand gelegentlich angeschafft: 7 Kühe mit 3 Kalbern (mittlerer Preis 10 Dollars), 4 Zugochsen (zu 40 Dollars), 3 Mastochsen (diese sind ganz jung. Der mittlere Preis ist 20 — 30 Dollars), 4 Pferde mit 1 Füllen (Pferdepreis 80 bis 100 und 120 Dollars), 8 Schafe (Stück 2½ Doll.), 30 Schweine (zu 4 — 5 Doll.), 6 Ziegen (Stück 2 Doll.), 50 Hühner (Stück 4 — 5 Batzen) ꝛc. Geschlachtet haben wir: 1 Rind, 1 Ochs, 1 Schaf, 1 Schwein und gestern 1 Hirsch, der nach dem Herausnehmen der Gedärme 120 Pfund wog. Hirsche hat es hier sehr viel, und es giebt Farmer, die den letzten Winter 180 — 200 Stück schoßen.

Unsere Mutter ist wieder in ihrem Elemente, ihr fehlt nur eine Kirche, zwar ist sie ganz vergnügt, und die sonntäglichen Vorlesungen aus religiösen Schriften, ersetzen ihr selbe schon ziemlich. Der Vater würde hier als Arzt gleich in einem bedeutenden Namen stehen, wenn er sich gehörig damit abgeben wollte. Krankheiten sind hier vorzüglich das kalte Fieber, und wir hörten schon einigemal, daß die meisten neuen Einwanderer davon befallen werden, von den unsrigen sind alle in der Regel so wohl oder wöhler als bei Haus, nur Anton Suppiger ist einige Zeit in St. Louis am kalten Fieber niedergelegen. St. Louis ist aber der Ort wo kalte Fieber sich einnisten können, indem ja allgemein bekannt ist, daß sich diese so wie auch die Musquiten, von denen wir letzten Sommer sehr zu leiden hatten, sich hauptsächlich den großen oft übertretenden Strömen nachziehen. — Schlimmere Folgen möchte vielleicht die schnelle Abwechslung von Kälte und Wärme auf die Gesundheit haben. Erfahrungen haben wir hierüber keine. Im Illinois-Staat ist das Sclaven halten verboten, und jeder Schwarze, der das 20ste Jahr zurückgelegt hat, ist frei. Dies ist die Ursache, warum wir, seitdem mit St. Louis verlassen haben, selten mehr schwarze Gesichter erblicken, was einem wahrhaft wohl thut. Indianer haben wir in St. Louis genug gesehen, es waren meistens Oberhäupter, die wegen Handelsspekulationen sich dort befanden.

Viel hätte ich noch zu plaudern, aber über die meisten Gegenstände sind wir noch zu unerfahren, als daß ich mit Sicherheit dir das Wahre davon mittheilen könnte, besser also geschwiegen. Nun ich scheide wieder auf kurze Zeit von dir, mit Grüßen will ich diesmal nicht meinen Raum beengen, ich verweise also auf meine letzten Briefe; für dich und die deinigen sei ein wahrhaftes Lebewohl genug, was unser aller sehnlichster Wunsch ist.

Im Namen der deinigen dein Bruder Salomon.

Schreiben von Herrn Joseph Suppiger aus New-Switzerland an die Familie Suppiger in Sursee, im Kanton Luzern.

New-Schwitzerland, den 19. März 1831.

Liebwerthe Eltern und Geschwisterte!

Gottlob der Winter scheint vorüber zu sein. Alle Nachbarn sprechen von frühern mildern Wintern als der letztjährige, wie der von jetzt soll eine Strenge gehabt haben, von welcher alte Einwohner nichts Aehnliches wissen. Auch mich würde es freuen es niemals mehr erfahren zu müssen. Allein dabei muß ich doch sagen daß unsre Schweizerwinter kälter und anhaltender sind. Aber eben diese schnelle Abwechslung macht die Kälte empfindlicher; auch mag sie uns an europäische Heizaparaten gewöhnten Neulingen härter zugesetzt haben in Wohnungen, die gar für keinen Winter eingericht zu sein scheinen. Alle blieben doch Gott sei Dank gesund. Nur die alte Frau Köpfli kränkelte einige Wochen, doch nie gefährlich und ist wieder bestens hergestellt. Einige Jänner- und Hornungstage waren warm genug um im Freien beim

Arbeiten die Kleider ablegen zu müssen, aber wenn der Nordwind brauste, schloß man sich froh in die Wohnung ein, und saß zum Kaminofen.

Je länger wir in diesem wunderlichen Lande leben, je besser lernen wir G. Dudens Schrift verstehen. O noch manches sahen wir bei Hause schief an! Nur keine Plane geschmiedet und keine europäische Wirthschaftsregeln mitgebracht. Von selbst kommt man ins hiesige Geleise, auch der etwas in der besten Meinung Besseres einzuführen wähnt. Alles lernt sich bald und leicht, nur kein Starrsinn. Dieser wird erst durch Schaden gebändigt. Einige Beispiele erklären meine Aeußerung deutlicher.

1) Sie werden sich der Warnung G. Dudens erinnern keine männliche Diensten von Europa mitzunehmen, und sagt warum. Nun sind Hr. Keller und Lütolf bei Hrn. Vonarx, der ihnen, wie wir glauben, einen den Amerikanern gleichen Lohn versprochen haben wird, und den sie in der ersten Zeit unmöglich verdienen konnten, wenn sie auch wollten. — Nun ist unsre Käserei dahin, aus der es aber dies Jahr noch nichts hätte geben können, und für die Zukunft werden wir schon zu sorgen wissen. Es würde zu viele Zeit geraubt haben, so viele Kühe zu melken.

2) Es ist fast unglaublich was ein Amerikaner thun kann. Er spaltet täglich 150 — 200 Rigelhölzer zu den Gehägen, welche 11 Fuß lang und 3 — 4 Zoll dick gemacht werden. Hierzu muß er im Walde erst die Bäume umhauen. Alles Laubholz, wo selten mehr als zwei Längen, und meistens nur eine Länge brauchbar ist. Dazu hat er ein Beil, ein eiserne Wegge und macht sich im Walde noch einige Holzschlägel und einige Holzbissen.

Es kam uns anfänglich unsinnig vor, ein Gehäge im Zikzak wie es die Amerikaner stets pflegen zu machen. Es werden nämlich 11 Fuß lange Stücke im Zikzak auf den Boden gelegt und als dann 8 — 9 Stücke bei jedem in die Höhe geschichtet und in den Ecken von beiden Seiten gegeneinander Ständer aufgestellt, über deren Kreuzzung ein 9tes oder 10tes Stück quer übergelegt wird, was eine feste Schranke bildet. Selbe muß wenigstens 6 Fuß hoch sein. Ein solcher Hag ist sehr schnell aufgestellt, wenn die Scheithölzer gemacht und an Ort und Stelle liegen. Je größere Stücke man einzäunt um so weniger Ringel bedarf man nach Verhältniß der Aker. Für 40 Aker ins Quadrat erfordert es circa 5000 Riegel. Der Arbeitslohn von 100 St. kostet ohne Speisung 62½ Cents und mit Kost 50 Cents. Wir glaubten anfänglich mit einem geraden Hag viel Holz zu ersparen; allein die größere Mühe denselben zu machen und daher größere Auslagen bewogen uns bei der Zikzak-Methode zu verbleiben.

3) Was glauben sie nun wenn ich ihnen sage, daß ein amerikanischer Ackerwirth mit Hilfe eines Knaben gar leicht 30 — 40 Aker Mais bestellt, welches 4 — 5 Mal gepflügt werden muß, d. h. zur Vertilgung des Unkrautes. Eben so viel noch dazu in Waizen zu säen hält er gar nicht zu schwierig. Ich vernahm daß einer unserer Nachbarn 80 Aker bestellte. — Wie würde dieß ein Europäer für möglich halten? — Aber was sagen sie zu einem gewöhnlichen Jahrlohne von 120 Dollars? circa 432 Schw. Franken Wechselwerth? — wozu erst noch Kost, Wohnung und Wäsche kömmt? — 10 Dollars bis 14 Dollars pr. Monat kostet ein guter Arbeiter gewöhnlich. Dafür muß doch etwas gethan werden, denn das Geld ist hier viel-

leicht noch werther als in Europa. Wir könnten genug zu 20 — 25 pr. % ausleihen. Oft werden 40 pr. % bezahlt. Hier kann man es nicht Wucher heißen, denn jeder kann es mit seinem Gelde oder seiner Arbeit verdienen. — O wie bald könnte sich ein europäischer guter arbeitsamer Knecht ein bedeutendes Vermögen verdienen, wenn er die hiesige Arbeitsmethode erlernt hätte und das Geld sparen könnte. — Nach 5 — 6 Jahren Herr von einigen hundert Aker Landes und vielem Vieh zu werden, würde die sichere Frucht seiner Arbeiten sein. Und hier hieße er erst nicht Knecht sondern Mitarbeiter. — Allein ein Unglück ist's daß sich die Meisten ans Trinken gebrannter Wässer lassen, und so ihren physischen u. moralischen Tod einsaugen. — Zu großer Verdienst zeugt große Verschwendung, und bei Ungebildeten erzeugt die hiesige Freiheit und Geichheit nicht selten Verachtung seiner frühern Wohlthäter, und ein Stolz der sie über ihren eigenen Werth stellt. Zu spät sehen sie oft die erklommene Höhe ein, auf der sie sich nicht festzuhalten wissen.

Wir haben für unser künftiges Wohngebäude ziemlich viel vorbereitet, und hoffen vor Ende nächsten Herbstes einziehen zu können. Allein wir sahen noch keinen Sommer und besitzen überhaupt noch zu kleinen Begriff was man in Jahresfrist hier zu thun im Stande ist. Es liegen auch mehrere Tausende Scheithölzer zu Zäumen bereit, um frischen Grund zum Aufbrechen vor dem Vieh sichern zu können. Der Aufbruch geschieht meistens im Monat Juni und wird im Herbst nach starkem Eggen in Waizen gesäet, was den reichlichsten Ertrag abwerfen soll. Vom Düngen ist hier keine Rede. Nach 15 — 20 Jahren brachte der hiesige Boden gleiche Früchte, nur Abwechslung der Fruchtarten erfordert der Boden. Hingegen Waizen soll nicht zweimal nacheinander gut gedeihen, aber in frischem oder geruhtem Grunde vervielfältiget er sich noch mehr als wir bei uns wissen. Die gewöhnliche Saat auf ein Aker beträgt $^5/_4$ Buschel.

Unser jetzige Plan, der aber noch wie mancher frühere durch Umstände Abänderungen erleiden kann, besteht nun vorerst in der Erbauung einer angenehmen Wohnung. Hernach lassen wir so viel möglich Land aufbrechen, wovon der erstjährige Waizenertrag beinahe alle Umkosten sammt dem Ankauf des Landes zahlt. Später errichten wir mehrere Block- oder Bretterwohnungen für Miethmänner, um die Ländereien vermiethen zu können und behalten für den eigenen Gebrauch niemals mehr als zur Fütterung des Viehes nöthig ist, circa 40 Aker werden hinreichen. Miethmänner findet man leichter als Arbeiter. Ein solcher Renter übernimmt gewöhnlich 30 — 40 Aker und bezahlt entweder den dritten Theil alles Ertrages, oder 10 Buschel Mais pr. Aker. Man zieht ersteres vor, da es bei einem fleißigen Manne 15 bis 18 Buschel abwerfen kann.

Wer nun weiß was das Land kostet, wie viel die Umzäunungen und daß der erste Aufbruch pr. Aker auf ungefähr 2 — 3 Dollars steigt, der kann leicht heraus finden, daß die erste Waizenernte ziemlich viel aushält, wo der Aker gewöhnlich 20 — 30 Buschel, ja oft 35 — 40 Buschel abwerfen kann. Der seit vielen Jahren ziemlich gleiche Stand des Waizenpreises, wenn er am wohlfeilsten ist, ist 50 Cents pr. Buschel.

Es mag fast jeder beginnen was er will, wenn er es nur mit Ernst betreibt und so daß es den hiesigen Umständen angepaßt ist, muß es gelingen. An Absatz fehlt es nicht. Nur muß er zum Voraus das umgekehrte Verhältniß von Europa wohl in Betracht ziehen. Hier ist das Land billig, die menschliche Hilfe theuer. Was der Mensch thut, hat Werth.

Für viele hundert Stücke Viehes findet sich hier die beste Weide vor. Noch manche Decennien mag es daran nicht fehlen und tausende Akerlandes werden lange nicht aufgenommen und angebaut werden können aus Mangel an Holz die gehörigen Zäunungen zu machen. Erst wenn starke Bevölkerung den Waidgang unmöglich machen, und man auf offenen Feldern anbauen darf, kann der hiesige Staat ganz benutzt werden. So lange aber noch Millionen Aker Landes im Westen auf neue Ankömmlinge warten hat man dafür nicht zu sorgen. Alles zieht stets vorwärts. Heu für die Winterfütterung kann sich jeder nach Lust mähen so viel er will oder bedarf. Jeder läßt sein Vieh laufen, das reiche Gras mästet es und das ganze Jahr bekümmert er sich wenig darum, nur beim strengsten Winter wo es von selbst zum Füttern sich einstellt. Die jungen Kälber, welche in einem Platze bei der Wohnung eingezäunt werden, locken ihre Mütter Morgens und Abends heim und nach dem man ihnen einen Theil Milch abgenommen, den andern Theil den Kälbern überlassen treibt man selbe wieder ins Freie. Mastvieh bedarf von dieser Waide weg für den Markt bloß einige Wochen Maisfütterung, denn es ist schon im Durchschnitt weit fetter als bei uns im Durchschnitte die besten Mastochsen. Wir wissen dieß aus Erfahrung. — Wer sich also anfangs einen Stock (so heißt man hier ein Assortiment Vieh) ankaufen kann, dem wachst in einigen Jahren eine große Heerde nach. Die Kühe kalbern ohne menschliche Hilfe und immer glücklich, gewöhnlich schon im zweiten Jahre, weil der Zuchtochs im Freien herumlauft mit denselben. Dies bewirkt aber einen Rückhalt des Wachsthumes, daher die hiesige Race etwas kleiner ist, als die großen Schweizerkühe. Hingegen milchreich wie die unsrigen und dazu eine kräftige rahmreiche Milch, was uns schließen läßt, daß man treffliche Käse daraus würde bereiten können. Am meisten und leichtesten scheint hier mit der Nachzucht junger Ochsen etwas verdient zu werden, welche so zu sagen keine Pflege bedürfen als in den letzten Wochen, wo sie für den Markt mit Mais gefüttert werden. Nach 4 — 5 Jahren wirft ein solches Stück Vieh 14 bis 20 Dollars ab, und hat man die Kühe nicht selbst zur Zucht so kann man Jährlinge je nach der Größe leicht für 2 — 3 Dollars kaufen. Eben so leicht ist die Schweinezucht, die sich im Freien mit Eicheln, Nüssen, wilden Kartoffeln u. dgl. füttern. Die Mutterschweine werfen im Freien, oft zur Winterzeit im Schnee. Wenige Wochen Maisfutter machen sie fett genug zum Markt, wo der Centner 2½ — 3 Dollars gilt je nach der Qualität. Unser Nachbar schlachtete diesen Winter über 120 Centn., meistens zweijährige, und im Durchschnitt 180 — 200 ℔ schwer.

Die ersten Jahre aber jedes Ansiedlers sind mehr oder weniger mit Schwierigkeiten und Unannehmlichkeiten verbunden, und ob manches gewißlich reell Gutes hier zu erlangen ist, möchte doch dieses Land besonders für diejenigen nicht ansprechend sein, welche glauben, sie würden aus ihrem alten europäischen Kreise sogleich hier in einen ähnlichen einsitzen können, wo sie sogleich eine bequeme Wohnung rc. fänden, bevor sie sich selbe geschaffen. Wer Vermögen genug besitzt und einige tausend Dollars für Bequemlichkeiten auszugeben vermag, für den findet dieß eine Ausnahme. Wer aber mit einer Familie hieherzieht und gerne spart, der muß sich, bevor er sich selbst recht eingerichtet hat, in den ersten Jahren einige Unbequemlichkeiten gefallen lassen. — Wer von Lustbarkeiten träumet, darf ebenfalls zu Hause bleiben. Erst später können ächte Familien-Vergnügen statt haben. Kleinmüthigkeit taugt daher auch nicht.

Wer aber in Europa mit allem Fleiße nicht so viel erübrigen kann, um seine Familie ehrbar durchzubringen, und mit Besorgniß über seine Kinder in die Zukunft blicken muß, und er noch so viel erübrigen kann um die Reiseköśten, nöthige Ankäufe und einjährige Auslagen (bis er hier sammeln kann) der wird sich von hier nicht mehr nach Europa zurücksehnen, nachdem die ersten 2 — 3 Jahre überstanden sind. Die Leichtigkeit, mit welcher sich hiesige Familien durchbringen, mag auch der Hauptgrund sein, warum es unter den hiesigen Amerikanern so viele giebt, die man bei uns Bettlerfamilien heißen würde, die nämlich blos soviel haben, um ein gemächliches Leben zu führen, und am Ende des Jahres keinen Schritt weiter in finanzieller Hinsicht vorgerückt sind. Daher von der Hand ins Maul leben, wie man bei uns es nennt. Sie leben in einem leichtsinnigen Ueberfluße dahin, ohne Sorge, daß ihre Kinder einst schlechtere Aussichten haben möchten; denn schnell und leicht baut sich der Amerikaner eine Hofstelle und vermag er das Land nicht zu kaufen, so setzt er sich auf Staatsland an, wo er sogar Abgabenfrei haust; und damit er nicht so bald durch den Kauf des Landes von einem andern verdrängt werde, versetzt er sich recht ferne von Ansiedlern. So leben Tausende in Illinois. — Daß es aber an thätigen und unternehmenden Männern ganz fehle, kann nur der vermuthen, der von den hiesigen Unternehmungen nichts weiß. Viele verschaffen sich in kurzer Zeit bedeutendes Vermögen. Aber aller Erwerb hat seine Eigenthümlichkeit. Künstler und Handwerker halten sich in Städten auf; daselbst erfodert es täglicher Markt mit Viktualien. Die Ackerwirthe strömen damit herbei und tauschen selbe gegen ihre Bedürfnisse aus; so entsteht Gegenverkehr, das Aufkommen eines Platzes und das Glück einer Umgegend. Ein Ort wie St. Louis wirkt auf einen Umkreis von 10—15 Stunden, wichtigern Handelsverkehr mit fernern Städten ungerechnet, der sich auf viele hundert Meilen erstrecken kann. — Mir scheint das gute Gedeihen einer Auswanderung müsse hauptsächlich in dem Verbande mehrerer bekannten Familien liegen, die besonders in den ersten Jahren zusammenhalten; dadurch wird manch Unangenehmes versüßt. Daher glaube ich daß zum vollendeten Glücke wir nur noch einiger befreundeter Familien bedürften und dann obendrein noch — Wein! Durch Ersteres könnten die alten europäischen Vergnügungen eingeführt werden und durch Letzteres würden die Zusammenkünfte gewürzt. Die hieländischen Amerikaner enthalten sich beinahe ganz des geistigen Getränks. Verachtung trifft jeden Betrunkenen, und Ausschweifungen sind seltener als in Europa. Es bestehen hier Gesellschaften deren Mitglieder es sich zur Pflicht machen, nicht nur keine geistigen Getränke zu genießen oder

Jemanden anzubiethen, sondern auch keine solche im Hause zu halten. Dies wirkt sehr auf Sparsamkeit; auch ist man nicht gewöhnt den Arbeitern Schnapps aufzustellen. Statt dessen trinkt man Milch, Thee ꝛc. und ißt kräftige Speisen.

Die Familie Köpfli in New-Switzerland an jene in Sursee.

New-Switzerland, den 21. März 1831.

Lieber Bruder!

Nun unsere wenigen Angelegenheiten. Der verflossene Winter ist außer unsrer Vorstellung hart gewesen; daher wir in unsern leicht eingerichteten Wohnungen an den unzweckmäßigen Kaminen oft tüchtig kalt hatten. Die ältesten Leute erinnerten sich auch keines so kalten Winters. In dem neu zu bauenden Hause, zu dem schon bedeutende Vorkehrungen getroffen, wird man sich diesseits sicher zu stellen wissen. Dennoch hatten wir im Jänner viele warme Tage wie sie sich bei euch nur im April und Mai zeigen. Die Nächte waren aber meistens kalt; einigemal hatten wir bedeutenden Schnee, was uns bei dem Stein- und Holzführen von Nutzen war; durch das schnelle Schmelzen des Schnee's wurde aber eine solche Menge Wassers erzeugt, daß wo dieses nicht guten Abzug hatte, man ohne Pferde durch den großen Koth kaum durchkommen konnte. Dies läßt sich bei dem aus mehrern Fuß hohen Dammerde bestehenden Boden leicht erklären. Nirgends als nur in besondern Lagern stößt man auf Steine; in unserm Walde besitzen wir mehrere der schönsten Kalksteinbrüche. Die

Wege waren schnell wieder trocken, sobald der Frost in den Nächten aufhörte.

Seit einigen Tagen nun fängt das Wetter unbeschreiblich schön zu werden an; eine Menge für uns neue Vögel stellen sich ein; Schaaren von Kranichen, Gansen und Entenarten nehmen ihren Flug durch unsere Gegend, nördlichere Länder aufsuchend. So hatten wir an einem lachenden Tage einen angenehmen Auftritt; höchst bunt geschmückte Vögel (ihre Hauptfarbe war smaragdgrün, dann orangegelb und roth) schwärmten über unsrer Hofstelle hin, einigemal kehrten sie zurück als wenn sie sich recht in ihrer Pracht zeigen wollten; nur einige Fuß oberhalb der Obstbäume waren sie in einer Stellung, daß sie uns durch den Metallglanz ihres Gefieders, von welchem die Sonnenstrahlen zurückprallten, eigentlich blendeten. Ich glaubte sie ihrer Größe, Form und Schnäbeln nach zu den Papagayen rechnen zu müßen; wenn ich mich nicht geirrt habe, so bekommt man wirklich in Menagerien schlechte Begriffe von der Schönheit einiger Vögel dieser Klasse. Eine besondere Hühnergattung findet sich hier in Menge und zu allen Jahreszeiten; es ist der sogenannte Schneemerkur (Cupido), etwas größer und schwerer als eure wilden Enten; ihr vortreffliches Fleisch und die üble Gewohnheit, sich auf unsern Waizenfeldern mästen zu wollen, bewirkt, daß man täglich Jagd auf sie macht. Dieser Vogel hätte mich bald an Hexen glauben gelernt; ich hatte nämlich oft 3 bis 4 Mal auf das gleiche Huhn geschossen, diesem aber trotz all meinem Schießen und Bestreichen mit Hagel doch nicht so viel Furcht einjagen können, daß es seinen Platz verändert hätte; erst als ich auf selbes zulief, ergriff es die Flucht: seitdem habe ich erfahren, daß ich im Verhältniß zur Federmasse in zu großer Entfernung geschossen habe. Trutthühner zeigen sich nur hie und da in Truppen. Im Winter haben wir ein Thierchen gefangen, das mit einem kleinen Mopshündchen viel Aehnlichkeit hatte, ich glaube es sei der Edelmarter (Didelphus Opossum); der hiesige Hase (eigentlich wildes Kaninchen) findet sich sehr häufig, ebenso auch einige Eichhornarten, darunter auch das fliegende. Einmal hatte uns auch das Stinkthier (vivera putrius) mit seinem unausstehlichen Gestanke belästigt.

Wir hatten mehrere Arbeiter, die in unsern Wäldern Hänsen (Hölzer zu den Unzäunungen) verfertigen; ein guter Arbeiter spaltet deren 150—200, wo wir ihm das Hundert mit 22½ Batzen bezahlen; einen andern haben wir für den Jahrlohn von 120 Dollars (432 Schweiz. Fr.) gemiethet, für seine Kost, Wohnung und Wäsche haben wir zu sorgen. Wir denken nämlich dies Jahr wenigstens 80 Aker neu einzuzäunen ünd anzupflanzen (das Einzäunen ist beinahe das wichtigste, indem jeder Zaun des Viehes wegen, 6--7 Fuß hoch sein muß). In diesem Verhältniß denken wir jährlich zu steigen. Unser Viehstand nimmt unserm Plane gemäß zu. — Noch hat der Congreß die Richtung der großen Landstraße nicht bestimmt, indessen ist solche bereits von dem obern Haus (oder der Deputirten-Kammer) durch unsere Gegend geleitet worden. Auch wird hier allgemein von einer Eisenbahn (mit Dampfwagen) gesprochen, die von St. Louis her, durch unser Länder gehen sollte. — Noch eine kleine Bemerkung: Die Einwanderer aus Deutschland fangen an ihren Weg über New-Orleans zu nehmen. So ging zu gleicher Zeit mit uns, am 16. April 1831 das Schiff Boston mit Auswandrern beladen von Havre nach New-Orleans unter Segel.

Wir haben seitdem mit einigen die diese Reise mit obigem Schiffe gemacht haben, gesprochen, die ihren Weg (sogar in dieser gefährlichen Zeit) sehr loben. Sie waren ohne Sturm, mit schönem Wetter, und alles wohlbehalten in 58 Tagen in New-Orleans angekommen. Sie hatten im Schiffsraum 130 franz. Fr. bezahlt, und Kinder unter 6 Jahren kamen 3 auf die Person. — Wie viel bequemer und wohlfeiler diese Reise sein muß, wird jeder einsehen, jedoch mußten hier Dudens Räthe berücksichtiget werden.

Dein dich liebender Bruder Salomon Köpfli.

Joseph Suppiger aus New-Switzerland an die Familie Suppiger in Sursee.

New-Switzerland, im Herbstmonat 1832.*)

Liebste Eltern und Geschwisterte!

Jetzt laß ich meistens beim Monat arbeiten, was sehr theuer ist. Dabei hält man aber außer der dringendsten Zeit keine andere Arbeiter. Wie mancher gute Knecht arbeitet im Kanton Luzern für geringen Lohn. Wenn ich etwa zwei gute und treue Subjekte erhalten könnte, so würde ich jedem gerne schon im ersten Jahre 60 Dollars zusichern, bevor sie Sitten und Sprache kennen, und ihnen später noch mehr zahlen, wenn sie alle Arbeit verstünden. Es wäre vielleicht mancher der gerne hieher käme. Solltet ihr jemand kennen und von deren Redlichkeit überzeugt seid, so schickt sie mir zu mit einem Briefe

*) Auch die beiden vorhergehenden Briefe sind vom Jahre 1832.

an mich. Die Reise über New-Orleans mag nicht so viel kosten. Etwa 300 Gulden reichen für einen Knecht wohl hin und hat er noch zwei hundert Gulden mehr, so würde ich ihm rathen sich mit gar nichts anderm (ich meine andere Effekten als etwa doppelte Kleidung) zu belasten, um schnell von der Stelle zu kommen. Er verdiente bald genug um sich hier verköstigen zu können. — Nur lassen sie sich mit Niemanden ein, dieselben auf Rechnung frei hinüber senden zu wollen. Wer die Fahrt und Reise nicht bezahlen kann der bleibe in Europa. Kann er sie bestreiten, so ist er sein eigner Herr und freier wie der Amerikaner. Das Gegentheil macht ihn aber mißtrauisch. Wenn er aber frei ist und selbstherrlich thun kann was er will, hat er Niemanden keinen Vorwurf zu machen und wird auch von Niemanden beeinträchtigt werden. Was er verdient, ist sein Eigenthum, und wäre er gebunden für alte Schuld Jemanden einige Zeit zu dienen, würde er glauben mehr zu verdienen; dieß reizte ihn zur Untreuheit und dürfte den alten Meister im Stiche lassen. Ist er frei und sieht seine Arbeit bezahlt, verschwindet aller Verdacht und beide, Meister und Knecht sind vor Mißliebigkeit geborgen. — Dies zur allfälligen Richtschnur. — Zu wissen aber, daß man hier thätige Leute verlangt; von Sonnen-Aufgang bis Sonnen-Untergang im Felde. An die Kost gewöhnt sich jeder bald, weil selbe besser, kräftiger und vernünftiger als in Europa ist. — Aber auf Kirchweihen und Tanztage muß man verzichten.

Gerne würde ich in diesen Blättern noch etwas vom Ertrag des hiesigen Landbaues sprechen, wenn ich nur die Sache aus eigener Erfahrung und nicht vom bloßen Hersagen erklären könnte. Wir sind zwar bald oder ganz ein Jahr auf dem Platze und sollten über einige Erndten urtheilen können, aber ihr wißt laut frühern Berichten daß wir erst spät im Oktober aufgezogen, und daß es einige Wochen Zeit kostete, um nur so weit mit Vieh und Geräthschaften eingerichtet zu sein, daß wir einige Arbeit thun konnten. Dieß hinderte uns am Waizensäen, d. h. zur rechten Zeit, denn der wenige, so wir in Boden brachten, mochte vor Winter nicht mehr keimen, und die Härte des Winters richtete das meiste zu Grunde; doch mehrere unserer Nachbarn zogen ziemlich guten, und so Gott will, werde ich nächstes Jahr eine artige Erndte machen. Was wir in Mais erndten werden weiß ich nicht, doch mit diesem füttert man bloß das Vieh, und der Farmer rechnet dabei auf keinen directen Gewinn, sondern nur beim Anwachs des Viehes und der Schweine, und wer hier sein Vieh vor dem 4ten und 5ten Jahre verkauft, steht übel, und in der Schweiz würde man sagen, er fängt an zu Lumpen. — Die Hauptsache um beim hiesigen Landbau etwas Geld zurückzulegen, besteht vorzüglich im Waizenbau, in der Vieh- und Schweinezucht. Darüber will ich nun eine kleine Betrachtung, soweit es in meiner Erfahrung steht, anstellen, um Ihnen einiges Licht beizubringen. Ich verbürge nicht, daß ich in Einigem etwas, doch nicht viel, irrig sein könnte. Ich will es so gewissenhaft thun als ich es jetzt kann.

Stellen wir uns nun vor, es kaufte hier jemand 160 Aker rohes Land vom Staate, hätte das Glück eine gute Wahl zu treffen, (nur so gut wie wir, jeder dürfte höchlichst zufrieden sein). Wäre es halb Land (Wiesen) und halb Wald, würde es ein ziemliches Gütchen bilden. Ohne Wald ist hier, was ich früher schon sagte, nichts zu machen.

Die 160 Acres würden kosten	200 Dllrs
Nun kann die Hälfte Land aufgebrochen werden pr. Acre zu 1 1/2 Doll., das macht .	120 —
Diese 80 Acres einzuzäunen bedarf es 9,000 Riegel; diese kosten für Spalten und Fuhrlohn auf den Platz 1 1/4 Dllr. pr. % .	112 1/2 —
Die Fense aufzustellen mag kosten	10 —

Sagen wir nun, das Gütchen soll in 60 Acres Weizenfeld und der Rest für Mais und andere Pflanzung getheilt werden, und ist das Land im Frühjahre zur rechten Zeit gebrochen worden, so daß die Graswurzeln durch's Brachliegen zerstört sind, so reicht zweimaliges eggen hin, um die Saat einpflügen zu können.

60 Acres zweimal zu eggen kostet	45 Dllrs.
Nun pflügt ein Mann täglich circa 1 bis 1 1/2 Acre ein, und das mag kosten für 60 Acres auf's Höchste	20 —
Auf 1 Acre säet man gewöhnlich 1 Buschel Weizen. Dieser kostet gewöhnlich 1/2 Dllr. (jetzt 75 Cents) 60 Buschel also . . .	30 —
Das Abmähen des Weizens kostet für 6 Acres ungefähr	15 —
Das Sammeln und Einbringen (weiß ich nicht recht) mag ungefähr die Hälfte des Schneidens kosten	7 1/2 —
Nun das Gütchen zu vollenden gehören noch etwa 3,000 Riegel dazu um die Hofstelle vom Vieh u. dgl. abzusperren	37 1/2 —
Werden nun auf 1 Gärtchen und Häuschen verwendet	200 —

Der Rest des Landes noch bestellt, so ist die Einrichtung ziemlich gediegen. Ich rechne nun 15 Acre für Mais.

Dies mag mit eggen und pflügen im nächsten Frühjahr kosten sammt Saamen . . . 16 Dllrs.

Der Rest von 5 Acres wird in Kartoffeln, Flachs rc. verwendet und bringe alles in keine andere Rechnung, bloß daß ich etwa 100 Fruchtbäume pflanzen würde.

Diese kosteten 10 Dll. und das pflanzen etwa 2½ Dollrs. . . . . 12½ Dll.

Nun sollte der Viehstand nach Verhältniß eingerichtet sein. Aber da ich davon nachher besonders reden will, so schließe ich diese Rechnung nur noch mit dem Zusatz von

1 Wagen, 2 Pflüge, 1 Egge und einiges andere Geräth für circa . . . . . . 150 Dllrs.

Die Summe aller Auslagen eines solchen Gütchens würde daher ausmachen . . . 976 Dllrs.

Ich glaube nicht daß diese Summe viel Unrichtiges einschließe. Meiner Erachtung nach könnte es dafür leicht angeschafft werden. Unglück und Unschicklichkeiten ausgenommen, die in Amerika freilich auch zu Hause aber in Europa eben so wenig ausgestorben sind. Laßt uns nun den Ertrag sehen was dieß Gütchen (mit Gewißheit) abwerfen kann, wenn Gott von nun an nicht die Productionskraft des hiesigen Bodens auf immer verwandelt und mit völligem Mißwachs die Amerikaner straft. Solch frischer Boden ist im Stande die 4 ersten Jahre von 30 — 45 Buschel Waizen abzuwerfen. Nehmen wir nun nur 25 Buschel an; das wäre auf 60 Acres 1500 Bschl. dafür schlagen wir den gewöhnlichen Preis 50 Cents. an, wie der Saame auch berechnet worden, so ist es 750 Dllrs.

Auf 15 Acres Maiskorn sollte in jedem Falle 450 bis 600 Buschel gezogen werden, dürfte auch 750 abwerfen. Hier ist aber der Preis sehr schwer zu bestimmen, da er auf's 4 und 8fache steigen kann. Dieses Jahr stieg er auf 37½ und 50 Cents kann oft für 12½ Cents gekauft werden. Ich glaube 6 Buschel für 1 Dollar dürfte der beste Mittelweg sein, und der Ertrag auf 100 Dllrs. geschätzt werden dürfen, weil er in jedem Falle mehr werth ist, wenn er zum füttern des Viehes benutzt wird wodurch erst diese Getreidart dem Farmer von großem Nutzen ist. Also der Gesammtertrag wirft ab 850 Dllrs. und könnte im glücklichen Falle mehr als um die Hälfte gesteigert werden — und so viele Jahre nacheinander.

Hier schweige ich nun stille und lasse Sie selbst die Betrachtungen darüber anstellen, ob es werth sei hier Ackerbau zu treiben. Sie können die Rechnung für die künftigen Jahre selbst fortsetzen, da es sehr leicht ist aus dem Angegebenen die künftigen Kosten zu berechnen. Nur noch einige Bemerkungen dürfen nicht fehlen, daß eine Familie für ein Jahr den Lebensunterhalt muß bestreiten können. Diese Kosten hängen von der Zahl der Personen ab, und je nachdem die Einrichtungen getroffen werden. Es kann leicht ein Ueberschlag gemacht werden, wenn man weiß, daß der Waizen 50 Cents, Erdäpfel pr. Buschel 20 Cents, Fleisch pr. Pf. 2 — 3½ Cents kosten. Wer einige Kühe anschafft, deren Unterhalt eigentlich nichts kostet, der kann ja Milch und Butter genug haben. Der Kaffee und Zucker hat den Werth wie in der Schweiz, und nebst diesem sehe ich nicht gar viel Nothwendigers mehr zum einstweiligen Lebensunterhalt. Hühner für's Eierlegen kosten wenig. Bestellt die Familie einen Garten so kann sie manches zu kaufen ersparen. Das Land dazu ist gerechnet. Für die Winterzeit das Vieh zu füttern kostet wenig, für 5 — 6 Dollars kann man für 10 Stück Vieh überflüßig Heu mähen lassen. — Also noch etwas von der Viehzucht. — In diesem Fache bin ich aber wahrhaftig noch nicht im Stande eine Uebersichts-Rechnung zu geben, weil dazu mehrere Jahre Erfahrung gehört. Ein Kentukier sagte einst: „Ich verstehe nichts auf Procente der Handelsleute, aber wenn ich etwas für 50 Cents kaufe und für 1 Dollar verkaufe, so weiß ich, daß ich Geld mache.„ Viehzucht, sagt hier jede alter Farmer, sei das Erträglichste, und ich glaube es auch, weil man etwa 3 Monate lang ausgenommen, gar keine Mühe damit hat. Ich will blos einige Angaben machen, und sie können sich selbst davon eine Berechnung aufstellen. — In unsrer Gegend kann jeder so viel Vieh anschaffen, als er nur vermag, dafür darf er keine Hand breit Land kaufen d. h. für Weide. Ich glaube nach 50 — 100 Jahren wird es noch keine oder wenige Einschränkung erleiden, weil zu viele tausende Aker Prairie da liegen, die aus Mangel an Waldung nicht angepflanzt und somit nicht gekauft werden können. Den ganzen Sommer aber läßt man sein Vieh laufen, nur hie und da reicht man ihm etwas Salz wenn es heim kömmt. Kälber sperrt man in ein Gehäge ein und dieß bringt die Kühe Morgens und Abends zum melken nach Hause (freilich nicht oft zur gewünschten Minute) und nachdem man ihnen einen Theil Milch abgenommen und einen Theil durch die Kälber aussaugen ließ, treibt man selbe wieder ins Freie. Dieß ist die ganze Mühe die man mit den Kälbern hat. — Nur beim hartesten Winter öffnet man dem Vieh die geerndteten Maisfelder, worin selbes von den Blättern und Stängeln mehrere Wochen sich selbst füttert, und wenn dieß abgenutzt, muß man Heu füttern. Dieß wird dem Vieh in Leitern auf dem Freien täglich vorgeworfen. In Ställe kömmt kein Vieh als etwa Pferde und schwächliche Kälber. Heu kann jeder so viele hundert Acres mähen lassen als er will oder nöthig hat, dazu braucht er kein Land zu kaufen, da wie gesagt noch lange genug ist. Alte Farmer pflanzen aber 5 bis 10 Acres Wiesen (zahmes Futter) vorzüglich für Pferde. Dieß ist aber vor der Hand gar nicht nöthig. — Der Preis des Salzes ist viel geringer als in der Schweiz. 100 Pfund vom besten Salz kosten 1 Dll. 75 Cents (etwa 55 Batzen) und man kann auch 100 Pfund Salz für das Vieh genug zu 30 — 40 Batzen kaufen. Nun wissen Sie, daß eine gute Kuh mit dem Kalbe 10 Dollars werth ist, und daß man einjährige Stiere im Durchschnitt für 3 Dollars kaufen kann. Wer nun Butter machen will und deßhalb viele Kühe hält, kann die halbe Milch benutzen und mit der andern Hälfte eben so viele Kälber erziehen. Butter findet beständig guten Markt, ist am wohlfeilsten nicht weniger als 4½ Batzen werth, und steigt in St. Louis im Spätjahr auf 9 und im Winter auf 18 Batzen pr. Pfund. (Eben so ist es mit andern Producten.) Hält man nun seine Jährlinge auf, so sind die Stierlein im zweiten Jahre 6 Dollars, und die jungen Kühe 5 — 6 Dollars werth. Gewöhnlich kalbern letztere im zweiten Jahre, weil die Zuchtstiere mit dem Vieh herumlaufen, und es daher viele Mühe machte das Belegen zu verhindern, so wie im Gegentheil kein Farmer für's Belegen besorgt sein darf. — Im dritten Jahre sind Stiere je nach dem Wuchse 9 — 10, im vierten Jahre 12 — 15 und im fünften Jahre 18 — 21 Dollars werth. Für das Verkaufen hat man nicht zu sorgen, indem stets Absatz genug ist, und wer nur das Vieh gut mästen kann, löst noch mehr. Obiges sind Preise desjenigen Viehes, welches nur grasfett von der Weide weggenommen wird. Setzen Sie die Rechnung selbst auf.

Schweinemutter kosten 2½ — 4 Dollars je nach der Art. Diese bedürfen keine andere Pflege als im Winter einige Zeit Fütterung mit Mais und Erdäpfel. Selbe werfen gewöhnlich 2 — 3 mal im Jahre, und im Durchschnitte jedesmal 5 — 6 Ferkel. Gewöhnlich läßt man die Jungen 1½ Jahr laufen, fängt sie dann ein und mästet selbe 6 — 8 Wochen mit Korn (Mais) schlachtet selbe und zieht pr. 100 Pfund 3 Dollars daraus. Gewöhnlich wiegt ein solches Schwein 2 Zentner. Große Farmer salzen es in Fäßer ein, 200 Pfund pr. Faß und verkaufen es gewöhnlich im Frühjahre und zur Sommerszeit zu 10 Dollars, oft 15 Dollars pr. Fäßchen. Dieses kostet 75 Cents und das Salz dazu etwa 30 Cents. Da ich nicht weiß wie viel Mais es kostet, ein Schwein zu mästen, muß ich die fernere Berechnung Ihnen überlassen. Ich weiß so viel, daß 10 Acres Mais für 100 — 150 Schweine hinreichen.

Allein diese etwas unvollständigen Angaben, werde ich in Zukunft durch Erfahrung da zu vervollständigen suchen, wo jetzt noch Lücken erscheinen. Aber so weit bin ich im Oberflächlichen gekommen, daß ich einsehe, daß in einem Lande nicht übel zu leben sein müßte, wo man an kein Düngen des Landes denken darf und die Viehzucht nicht mehr Mühe kostet. Wären nur mehr Einwohner hier, daß man genug Arbeiter bekommen könnte, wenn schon nicht wohlfeiler! — Von Schaf- und Pferdezucht mag ich nicht reden. Jedes Schaf zahlt im ersten Jahre mit seiner Wolle den Werth und die Jungen hat man als Zugabe. Pferde bedürfen auch wenig Besorgung, bloß im Winter Ställe. Zu 50 — 60 Dollars kann man gute Stuten kaufen, und mit Glück zahlt im zweiten Jahre das Junge die Mutter. — Es kostet aber mehr Kapital.

Fünfter Theil.

Licht und Schattenseite der Gegend die wir zu unserm Aufenthalte auserkohren.

Erster Abschnitt.

Lage der Ländereien unserer Nachbarschaft, sowohl der natürlichen Wiesen als der Wälder. — Wie wird hier der Ackerbau und die Viehzucht betrieben, und welches sind deren Vortheile?

Nimmt man ein Kärtchen von dem westlichen Theile des Staates Illinois zur Hand, so wird man eine Menge kleiner Flüsse finden, welche mehr oder weniger parallel ihren Lauf von Norden nach Süden nehmen. Diesen Flüßchen entlang befinden sich unsere Wälder, in der Mitte liegen die Sawannen oder natürlichen Wiesen. Diese letztern nehmen den größten Theil des Staates ein. Sie breiten sich gemeiniglich auf zwei Seiten hin in unabsehbare Entfernung aus. Die unserige, zwischen dem Zucker und Silber Bach gelegen, zieht sich gegen Norden in unermeßliche Länge, man behauptet ungefähr 2 bis 300 Meilen weit, gegen Süden soll sie bis an den Ohio reichen, östlich und westlich aber kann von jedem Punkte unserer Fluren aus, das Band der Wälder von obigen zwei sie bildenden Flüssen leicht gesehen werden; denn obwohl deren Breite sehr verschieden ist, übersteigt sie selten 6 Meilen, beträgt aber meistens nicht mehr als 2 — 3 Meilen. In unsern Gegenden wechseln diese Wiesen mit niedlichen Hügeln von 20 — 150 Fuß Höhe, mit flachern Strichen nur durch Flußarme (die in naßen Zeiten das Wasser fortschaffen) unterbrochen, ab. Sehr eigen und regelmäßig sind diese erhöhten Plätze oft geformt, bald erscheinen sie uns in der Form eines oben zugeglatteten Uhrenglases, bald wie ein Bollwerk 2c., es zeigt sich aber auch ein bedeutender Hügel in unserer Nachbarschaft, ähnlich jenen um St. Louis herum, der seinen Ursprung aus sichern Gründen geschlossen, Menschenhänden verdankt. Seine Form ist eine große abgeschnittene Pyramide und auf der abgeschnittenen Fläche erhebt sich wieder ein zweiter solcher Körper von derselben Form; das Ganze ist ein kolossales Werk und in etwas mit den ägyptischen Pyramiden zu vergleichen. Von den Indianern, wie sie heute sich zeigen, kann ein solches Werk unmöglich herstammen. Was aber alle andern Hügel betrifft, bedarf wohl keiner Erwähnung, daß ihre eignen Gestaltungen nichts als ein Naturspiel seien. Alle diese Hügel sind niemals steil und enthalten reichen Boden. Die ansteigenden wie die ebnen Ländereien finden sich nie holprich, sondern sind von der Natur dem Pflanzer als verebnet dargereicht, ausgenommen wo diese von den Schweinen durchwühlt sind. Hohes Gras mit den schönsten Blumen durchmischt, die monatlich mit einander abwechseln, ist die Decke unserer Fluren in den Frühling, Sommer und Herbst Monaten. Oft ehe das Auge die blauen Hügel in weiter Ferne trifft, wird es von einem Büschel schön grupirter Bäume unterbrochen, die sich einzeln entweder an Hügeln erheben, oder aber den Flußarmen nachziehen. Häufig zeigen sich auch Plätze von niederm Gestrüppe, von Haslen, Sumach, Schwarzbeeren, Reben 2c. gebildet. Quellen sind seltener in den Sawannen als in den Wäldern; in diesen sind sie selbst zahlreich und oft sehr stark. Die Wiesen liegen meistens hoch; übrigens giebt es auch hie und da welche, die tief liegen, und zu Zeiten naß sind; solche übertreffen zwar an Reichthum des Bodens alle übrigen, werden aber nie zum guten brauchbaren Lande gerechnet, und selten findet man Pflanzungen an solchen der Gesundheit wegen in bösem Rufe stehenden Plätzen. — Was nun die Wälder unseres Staates betrifft, so sind diese sehr verschieden. An manchen Orten findet man sehr guten Wald. In unsrer Nachbarschaft gilt das Sprichwort, wo recht guter und genug Wald, stehe die Wiese zurück vor der, wo der Wald seltener sei. Dieses mag übrigens hier gelten, schwerlich aber für den ganzen Staat als allgemein angenommen werden. Viele glauben, daß sich die Wälder in Wiesenländern jährlich vermindern; wohl ist es wahr, daß durch das Abbrennen des hohen abgedörrten Grases in den Wiesen, der Saum der Wälder immer etwas beschädigt wird, nämlich der junge noch zarte Schutz; wo aber die Ansiedelungen nur einigermaßen vorgeschritten sind, kann dem Feuer leicht eine Gränze gesetzt werden. Die Zeit hat aber gelehrt, daß an vielen großen Strichen, wo früher nur kleines Gesträuch war, innert wenigen Jahren bedeutender Wald emporgeschossen ist, und wo glatte Wiesen waren, hat sich kleiner Waldbusch gezeigt, so daß die Pflanzer behaupten, die Wälder unsers Staats dehnten sich jährlich bedeutend aus. Wo dieses Aufkommen von Wald aber nicht gerne gesehen wird, kann diesem durch regelmäßiges Abbrennen des todten Grases in der Savanne vorgebeugt werden. — Man kann sich kaum vorstellen, wie schnell die Bäume emporwachsen; was sich nicht anders, als durch den fetten Boden von Wiese und Wald, erklären läßt. Kleine Eichenbüsche sollen in 30 Jahren zu bedeutenden Bäumen heranwachsen. — Der Silver Creek (Fluß) dem sich unsere Wälder nachziehen, ist in unserer Gegend noch unbedeutend, er ist seinem Ursprunge noch zu nahe. Im Frühjahre steigt sein Wasser sehr, im Sommer und Herbst wird er sehr niedrig. Einige Säge- und Getreidemühlen werden von demselben getrieben, die aber nicht das ganze Jahr durch hinlänglich Wasser haben. Sein Lauf ist matt und schleichend, wie dies durchgehend allen Gewässern im westlichen der vereinigten Staaten eigen ist. Es finden sich in diesem einige gute Gattungen Fische, die aber vor Nachstellungen der Leute ziemlich sicher sind. Das Thal, durch welches die Flüße ihren Lauf nehmen wird allgemein Bottam genannt, alle diese tiefen Länder zeichnen sich wo Wald ist an Größe und Dicke der Bäume, vor allem andern Walde aus; einige Baumarten finden sich wenn dieselben nicht weiter verpflanzt werden, nirgends als an diesen Stellen z. B. die jedem Europäer im Anfange durch ihren wohlgestalteten und ungeheuer hohen Bau auffallenden Platanen. Die ganze Breite der Wälder beträgt 2 — 3 Meilen oft weniger, manchmal aber auch 5 — 9 Meilen, solche Angaben müssen nur sehr unbestimmt sein; öfters liegt der meiste Wald nur rechts vom Fluße oder das Gegentheil, oder aber, und dieß ist auch am gewöhnlichsten der Fall, schneidet der Fluß den Wald in zwei an Größe beinahe gleiche Theile. Manchmal wenn zwei Flüsse in ihrer Richtung sehr nahe zusammen kommen, grenzen die Wälder von beiden an einander, dort fehlt die Wiese ganz. — Wir (hierunter verstehe ich immer unsere Familie) besitzen gegenwärtig bei 500 Ackern guten ziemlich schweren Wald, denn in unserer Gegend befindet sich der Beste in den Händen von Privaten, wohl erklärlich ist es, daß innert wenigen Jahren derselbe bedeutend im Preise steigen müsse. Demjenigen, der die Wälder der Umgegend inne hat, steht auch die unentgeltliche Benutzung der Wiesen für seine Herden frei, weil ohne Wald hier nicht wohl eine Ansiedlung möglich ist. — Die Nadelhölzer gehören in diesem Staate nur den nördlichen Ländern an und doch finden sich in St. Louis große Magazine voll von Föhren- und Tannenladen zum Verkaufe, diese stehen beinahe in doppelt hohem Preis als die Wallnuß-, Eichen- und Eschenladen und finden bei den Amerikanern großen Absatz, sie sollen aber auch die europäischen von dieser Gattung weit übertreffen. Laden von den drei besagten Sorten werden das hundert Fuß, ungefähr 1 — 2 Zoll dick, zu 5 — 6 Schw. Fr. bei unsern Sägemühlen verkauft. — Unsere Wälder bestehen hauptsächlich aus vielen Eichen, Wallnuß, Ulmen und Ahorn-Arten, aus Eschen, Platanen, Akatie, Sassafras, Linden nebst einigen wilden Papeln, Maulbeer- Kirschen- und Pflaumen-Bäumen. — Andere Gesträuche und Bäume ohne viel Anwendung übergehe ich absichtlich, wer Beschreibungen von ausgeschmückten und in Europa schlecht verstanden werdenden Kleinigkeiten zu lesen wünscht, der findet solche nebst vielen guten, nützlichen und interessanten häufig in Dudens Schrift. Eigentliche Obstbäume soll niemand weder im Illinois noch Missuri in den Wäldern wildwachsend suchen; ausgenommen eine kleine Pflaumenart, deren Frucht in etwas Aehnlichkeit hat mit den Zuckerpflaumen, jedoch nur nicht so süß. — Auch Kalksteine finden sich in den schönsteu leicht zu erhebenden Lagern in unsern Wäldern; wir eröffneten mehrere solcher Brüche und brauchten diese theils als Mauersteine, theils zum Kalkbrennen. — Denselben Hügeln entlang fanden wir gute sehr brauchbare Steinkohlen in unerschöpflichen Lagern, einer unserer Nachbaren hat ohne viel Mühe bei hundert Wagenladungen letzten Sommer herausgegraben, dieser Gegenstand kann mit der Zeit sehr bedeutend werden, denn diese Lager finden sich selten und meistens nur unserm Silberflußgebiete entlang, an welchem sich auch hie und da Sandsteine zeigen. — Der größte Theil unseres Holzes umgrenzt nordwestlich unsere Aecker. Im allgemeinen sucht jeder seine Wohnung und Felder in den Wiesen so nahe dem Walde zu ziehen, als es die Umstände erlauben. Beim Auswählen der Ländereien hat man zu sehen, daß die Wahl auf ein durchgehend trockenes Stück fällt, nicht daß das Wasser in naßen Frühjahren erst aus den Feldern geleitet werden müßte, bevor mit Arbeiten angefangen werden könnte. Bei der ersten Eröffnung dieser Wiesenländer hegten die Einwanderer meistens die Meinung, weil in flachen Stücken die Dammerde tiefer sei, müsse auch die Erndte ergiebiger sein, als an den Hügeln; jetzt aber ist Grundsatz die Felder den sanftansteigenden Hügeln entlang anzulegen, denn auch an diesen ist die Dammerde keineswegs fortgewaschen, obwohl vielleicht durch vieljährige Pflanzung der Boden schneller erschöpft wäre, als an flachern Stücken. In diesen Ländern haben wir niemals etwas einem Abzugsgraben ähnliches gesehen. Nach geschehener Auswählung kann in unserer glatten Wiese gleich der Pflug angesetzt werden; der gewöhnliche für diesen Zweckwirft eine ungefähr 17 Zoll weite Furche, wem der Zug nicht fehlt und einen guten Acker wünscht, geht mit dem Pfluge ungefähr 4 Zoll tief. Zwei Personen mit 3 bis 4 Paar Ochsen, können im Tage zwei

Acker in Kultur setzen; immer genug Gelegenheit findet man solches im Akorde den Acker zu 7 Schw. Fr. brächen zu lassen, welches für den neuen Ankömmling unstreitig das Empfehlungswertheste ist. Mai und Brachmonat ist die beste Zeit dazu, weil dann die Wurzeln in vollem Safte umgeworfen, den Sommer durch, der glühenden Hitze preisgegeben und so am besten abgetödtet werden können; diese Arbeit kann aber auch, bei gefrornem Boden ausgenommen, zu allen Jahreszeiten vollbracht werden. Warum aber immer die Graszeit vorzuziehn ist, trägt auch folgendes bei, weil dann Niemand an Fütterung der Ochsen denkt, sondern diese nach der Arbeitszeit ausgejocht und die Nacht über in die Weide hinausgejagt werden. Letzten Sommer legten wir nahe 150 Acker auf diese Art Brach und auf den ganzen Stücken trafen wir nicht mehr als auf einen Stein, der ungefähr 1 Pfund möchte gewogen haben. Früher schon muß für die Einzäunungsbalken gesorgt werden, diese 11 Fuß langen Balken (Riegel) werden aus den größten und schönsten Bäumen gespaltet, Wallnuß und Eichen werden meistens dazu verwendet. Einen ziemlich großer, den Stamm hinunter astlosen gutgewachsenen Baum erfordert es wenn 100 Einzäunungsbalken sollen daraus gespaltet werden. Dieses wird genugsam erklären, wie nöthig viel Wald, zu einer guten Niederlassung sei. Das Ausspalten aber, noch mehr das Fällen der Bäume (dieses geschieht mit der Axt) ist eine sehr harte Arbeit, ungeübte Leute thun besser sich im Anfange solche verfertigen zu lassen, es finden sich genug Amerikaner die das Hundert dieser Balken zu 22½ Batzen verfertigen. Zu 160 Acker verwendeten wir bei 12000 Rigel, an obigen Preis angeschlagen würde die ganze Summe sich auf 270 Schw. Fr.

kommen. Ein Acker hält 38327 franz. □ Fuß. Zu einer Höhe von 6 Fuß, was gewöhnlich ist, werden 8 bis 9 solcher Balken im Zickzack übereinander gelegt, so daß z. B. (siehe Figur) der Winkel a, 130⁰ betragen würde oder die wagrechte Linie c d 4 Fuß in sich hätte, auf

solche Weise muß kein Stück des Zaunes in den Boden vergraben werden, denn hier bei dem fetten Boden, wäre auch das sonst dauerhafteste Holz, bald zerstört. Ueberdies ist ein solcher Zaun für seinen Zweck die Schweine wie das Rindvieh und die Pferde von den Feldern abzuhalten, sehr gut aber kostbillig und unansehnlich, Land und Holz raubend. Er findet sich beinahe durch alle Staaten, was seine Vorzüge noch mehr beweist. Ist ein solcher Zaun aus gutem Holz verfertigt, so verlangt er vor 12 Jahren keine bedeutende Ausbesserung. Was das Holen der Riegel aus den Wäldern zum ausgewählten Stücken betrifft, muß es auch in Anschlag gebracht werden, übrigens ist dieß eine Arbeit, die vom Unternehmer leicht vollbracht werden kann; auch das Aufsetzen derselben zu Einzäunungen ist sehr leicht, und alle diese 160 Acker einzuzäunen wenn die Riegel auf dem Platze liegen, kann füglich von zwei Männern in drei Wochen geschehen. — Wenn also das Feld im Frühjahr auf solche Weise aufgeackert und den Sommer über für die Einzäunungen gesorgt worden ist, so wird z. B. im Herbst der Acker in Weizen gepflanzt. Dieses geschieht auf zwei Arten, in beiden wird der Boden mit mehrmaligem Eggen durchgearbeitet, nachher der Saame, der in einem Buschel auf jeden Acker besteht, von einigen eingepflügt, von andern eingeeggt. In der Erndte wird das Getreide mit gut eingerichteten Sensen gemäht, ein guter Arbeiter kann zwei Acker im Tage schneiden. Auf dem Felde wird solches in kleine Garben gebunden und zu Hause mit Pferden ausgedroschen. Bedeutende Landwirthe beginnen zweckmäßig eingerichtete Dreschmaschinen zu halten, solche können in St. Louis billig (180 Schw. Fr. die Maschinerei) angekauft werden. — Mittelmäßiger Ertrag von einem solchen auf obige Weise gerüstetes Acker-Land ist 20 Buschel, fällt aber häufig besser aus. 1 Buschel gleich 1775 franz. Kubik Zoll, das Luzerner Viertel hält aber deren nur 1733 Zoll. — Das Buschel Waizen kann aber zu jeder Zeit für 18 Batzen ohne alles Ungemach und sicher abgesetzt werden, dieses Jahr weil solcher nicht gediehen, steht er im doppelten Preise. Der Waizenbau so wie die Zahl der Dampfmühlen nimmt jährlich außerordentlich zu, in letztern wird der Waizen sehr gesucht, nie kann denselben genug geliefert werden. Das Mehl wird in Fäßchen gepreßt, diese dann theils den Ohio hinauf nach den östlichen Staaten, theils den Missisippi hinunter nach New-Orleans durch Dampfschiffe geliefert. Von letzterm Platze aus wird es theils nach Frankreich und England, theils nach Mexico und Südamerika gesendet. Das eingepöckelte Schweine- und Rindfleisch nimmt den gleichen Weg. In den letzten europäischen Kriegen sollen hier alle Lebensmittel unglaublich im Preise gestiegen sein, so daß man häufig über die letzten Zeiten als Mangeljahre schelten hört. Wie mehr also Noth und Elend in Europa durch Kriege und Revolutionen steigt, wie mehr dankt der Amerikaner zu Gott für die guten Zeiten. — Eigentliche Fehljahre wie in der Schweiz soll man hier nicht zu fürchten haben. Aus obigen Angaben mag sich jeder wem es nicht zu viel Mühe gibt, berechnen mit wie wenig Unkosten unsere Savannen zum Anbau fähig zu machen seien, ja daß sogar der Ertrag der ersten Benutzung solche schon mehr denn einbringt. Lohn für Landarbeiter kann 36 Schweizerfranken pr. Monat angenommen werden. Schweizerische Landwirthe erhalten am leichtesten einen Begriff vom Kultiviren unserer Wiesen, wenn sie sich eine Matte vorstellen, die seit vielen Jahren nie umgeworfen worden ist, und die jetzt für Getreidebau benutzt werden soll. Nach der ersten Benutzung mag noch einige Jahre mit Waitzenbau fortgefahren werden, wo denn der Ertrag in den nächstfolgenden zwei Jahren sich eher erhöht als fällt, die Arbeit aber natürlich um vieles schwindet. Besser thut man nach 2 — 3 jährigem Waitzenbau, den Acker zum Wechsel ein Jahr mit Roggen, Hafer, Mais ꝛc. zu bepflanzen. Von unserm beinahe unerschöpflich reichen Boden zeugt auch, daß gerade nach dem Anbau von Hafer der Weitzen besser gedeiht, als nach jeder andern Benutzung. Hafer wird als Pferdefutter durch das Mais in etwas ersetzt. Ein Acker bringt im Durchschnitte 18 — 20 Buschel; das Buschel wird für 9 — 12 Batzen verkauft. Der Ertrag von Roggen und Weitzen ist ungefähr derselbe, er wird in die Branntweinbrennereien verkauft. Gerste sieht man nirgends angepflanzt; sehr zu bemerken wäre für Auswanderer, einige Bouteillen voll von der besten Art mitzunehmen; Bierbrauern fehlt diese hier sehr und um Absatz müßte Niemand bekümmert sein. Mais, Türkischkorn (hier Korn genannt) findet sich beinahe durch die ganzen vereinigten Staaten durch in mächtigen Pflanzungen; der vielen Arbeit wegen scheint dasselbe nicht so einträglich zu sein, es ist gewöhnlich kein Handelsartikel für das Ausland, jeder pflanzt, was er für sich und seine Viehheerde für nöthig erachtet. Der Acker Mais bringt circa 50 Buschel, das Buschel wird von 5 — 12 Batzen verkauft.

Ein Theil von unsern Feldern ist schon bei 15 Jahren in Kultur, ohne daß wir einen Unterschied in Güte des Bodens einsehen. Noch bemerkt muß werden, daß in angebaut gewesenem Boden nie mehr als mit einem Paar Ochsen oder Pferden gepflügt wird, was nur eine Person erfordert; auch ist in Anschlag zu bringen, daß hier eine Person unverhältnißmäßig mehr Land bebauen kann als in der Schweiz. Zum Jätten und Auflockern dis Bodens in Mais wird nur 1 Pferd gebraucht. Fellenbergs Jättpflug würde vielleicht gute Dienste thun, eine Zeichnung desselben wäre von Auswanderern der Mühe werth, mitgenommen zu werden. Die gewöhnlichen hiesigen Pflüge sind ohne Räder und äußerst leicht und klein, man verkauft solche von 18 — 30 Schw. Fr. Die Wagen sind besser und schöner gearbeitet als wie die Landwirthe in der Schweiz dieselben besitzen, die Räder sind ähnlich den Postkutschen-Rädern, jedoch schmal, im Uebrigen sind sie nach den Straßen und dem Oertlichen eingerichtet. Wagner und Schmid sind für diese Arbeit meist mit einander verbunden, den letztern erleichtern die Giessereien manches, was in der Schweiz ihnen zufällt. Ein für 2 Pferde eingerichteter Wagen wird ungefähr für 13 Louisdo'r, ein großer schwerer Wagen für Ochsen und Pferde für 20 Louisd'or verkauft. Die Zugochsen behaupten (ihrer Vortheile wegen) den Vorrang vor den Pferden zum allgemeinen Gebrauch des Farmers; sie sind hier sehr gut abgerichtet, und laufen auf die Worte, links und rechts, wie die Pferde; auch deren Joche scheinen äußerst vortheilhaft beschaffen zu sein, es ist eine Art von doppeltem Kähl und kann schnell und billig verfertiget werden. Ein paar Ochsen sammt Joch wird für 8 bis 12 Louisd'or verkauft; Kühe gebraucht Niemand zum Ziehen.

Die Erdäpfel mißkennen ihr Vaterland nicht, sie gedeihen hier sowohl in Menge als Güte trefflich. Ein Leckerbissen sind für den neuen Ankömmling die süßen Bataten. Sie kommen hier gut fort. Diese beiden Knollengewächse sind auf dem Markte von St. Louis sehr gesucht. Diese, wie überhaupt alle Lebensmittel steigen, je näher das Frühjahr kommt, außerordentlich im Preise, oft sehr frühe schon stellen sich gar keine Kartoffeln mehr auf dem geräumigen Marktplatze ein. Von einem gewöhnlichen Pflanzer wäre es zu viel gefordert, sich einen Keller zu graben, um seine Produkte darin zu verwahren, bis dieselben den höchsten Preis erreichen würden. Andere Gartenfrüchte, wie Kohlarten, Zwiebeln, Salat ꝛc. gedeihen außerordentlich, z. B. Zwiebeln erreichen im ersten Jahre ihre vollkommene Größe. Kürbisse, Gurken, Melonen, Bohnen ꝛc., werden bei Pflanzung des Maises in die gleichen Haufen versetzt und auf diese Art erhält man ohne alle Mühe überflüßig von diesen Produkten. Baumwolle und Tabak zieht man hier nicht für den Handel, wohl für eigenen Gebrauch; Flachs, Rübsaamen, Wunderbaum, wie alle unter diesem Striche gedeihenden Oelpflanzen, würden bedeutende Prozente abwerfen. Alle Oehle stehen in hohem Preis, und doch ist der Boden für Fettöhle erzeugende Pflanzen so überaus günstig. Höchst selten sieht man etwas auf diesen Gegenstand verwendet; dem Pflanzer hier genügt es, sein Mais gut bestellt zu haben, er kann sich zu leicht durchhelfen, so daß gewöhnlich keiner von heute auf morgen denkt. Hie und da findet man den Wunderbaum gepflanzt, dessen Erzeugniß in den europäischen Apotheken unter dem Namen Ricinus-Oel anzutreffen ist. Von diesem wirklich schönen, hier einjährigen Gewächse fanden wir sogar bedeutende Pflanzungen, ohne alle Umzäunung, in unsern fetten Wiesen, und doch hatten solche Felder unbedeutend von dem weidenden Vieh gelitten. Es befindet sich auch eine für diesen Saamen eingerichtete Oehlmühle in unserer Nachbarschaft.

Am Ende dieses Zweiges muß noch gesagt werden, wie hier gewöhnlich das Ausreuten des Landes geschieht. Ist man versichert, daß derjenige der das Land verlangt, ein fleißiger Arbeiter ist, so wird ihm dasselbe an 1/3 der gezogenen Produkte übergeben. Kennt man aber den Mann nicht, so muß er 10 — 12 Buschel Mais von jedem Acker verabfolgen. Auch verlangen einige Zug und Geräthe von dem Eigenthümer des Landes, diese haben das halbe von dem gezogenen abzubezahlen. Nimmt jemand 20 — 40 Acker, so muß demselben eine Wohnung übergeben werden.

Viehzucht. Wichtig für jeden, leicht und ohne Mühe neben jedem Geschäfte zu betreiben ist dieser Gegenstand.

Unsere Wiesen im Vergleich mit den Schweizeralpen, behaupten den Vorzug im Meisten. Die ungeheure Ausdehnung ist früher angeführt worden, warum aber dieselben als freie Weide benutzt werden können, wird aus Folgendem einleuchten. Nur ein kleiner Theil dieser natürlichen Wiesen kann nämlich in Aecker verwandelt werden, denn zur vollständigen Einzäunung fehlt der Wald, so daß bis zu Waldanpflanzungen geschritten oder eine holzersparendere Art von Zaun erforderlich wird, nur schmale Striche den Wäldern entlang zum Ackerbau benutzt werden können, also weit der größte Theil zur Viehweide dient; Heerden von tausend Stücken werden also und wahrscheinlich noch für lange Zeit, auf dem, dem Staate zugehörenden Lande, überflüßig Futter finden. Das Gras in diesen Wiesen ist etwas stenglicht und grob, jedoch fanden wir, daß die Milch unserer Kühe mehr Butterstoff enthalte als in der Schweiz. Schon einmal ist das Abbrennen der Wiesen erwähnt worden; früher geschah dieß von den Jägern, um das Wild aus ihren Schlupfwinkeln heraus zu treiben, jetzt aber wird dem weidenden Viehe zu beliebigen Zeiten durch dieses Mittel junges Gras verschafft. Wenn man das abgedörrte Gras im Herbste an einem ausgewählten Platze anzündet, wird durch dieses Verfahren dort im Frühjahr schneller Gras zum Vorschein kommen; setzt man aber z. B. in der Mitte des Sommers ein anderes im Herbstbrande verschont gebliebenes Stück in Brand, wo das letztjährige trockene Gras noch mit dem neuen, aber auch schon etwas überreifen vermischt ist, so wird durch das Abbrennen des alten Grases das jährige, theils verbrennt oder wenigstens abgetödtet, und hierdurch auch mitten im Sommer neues erzweckt. Wenn man also die nächstliegende Weide beim Abbrennen etwas abtheilt, kann man den ganzen Sommer hindurch seinem Vieh nach Belieben junges Gras verschaffen. Beim Abbrennen dieses hohen alten Grases in den Wiesen, muß aber Vorsicht gehandhabt werden, denn wo z. B. die Einzäunungen der Felder durch keine Straßen von den Wiesen geschieden sind, können, wenn nicht eine von folgenden Maßregeln ergriffen wird, diese leicht in Rauch aufgehen. Als Sicherheitsmittel gilt, mit dem Pfluge einige Furchen außer dem Felde herum zu ziehen, oder aber bei günstigem Winde die dem Felde nahe liegende Wiese in Brand zu stecken. Wenn eine große Gegend auf solche Weise in hellen, mannshohen Flammen lodert, ist dieses, besonders in der Nacht zu sehen, ein fürchterliches Schauspiel. — Das Vieh hat von der Mitte Aprils bis gegen Ende Novembers überflüßig gutes Futter, und braucht keiner andern Unterstützung als hie und da ein wenig Salz, dieses sowohl als die Gewohnheit bringt das junge Vieh zu Zeiten zur Hofstelle; die Kühe hingegen werden, durch ihre in einem eingezäunten Stück Lande eingeschlossenen Kälber gezwungen sich immer in der Nähe aufzuhalten, wenn sich diese nicht regelmäßig zur Melkezeit einstellen ist die Mühe klein, solche, (besonders bei einer bedeutenden Zahl) einzutreiben. Ein Theil der Milch wird dem Kalbe zum Aussaugen überlassen. — Wasser findet das Vieh genug in Quellen und Flüssen, es schwärmt Tag und Nacht in der freien Natur herum und befindet sich trefflich dabei. Wir würden demjenigen, der uns ein halbes Dutzend gut harmonirende eherne Glocken überbrächte, nebst guter Bezahlung vielen Dank wissen; solche Glocken wie man sie bei Heerden in der Schweiz hat, dürften sich hier auch hören lassen, man kennt hier für diesen Gebrauch nur kleine eiserne Ziegenglöckchen. — Mit Anfang August wird jeder für sein Stück Vieh auch nur einigermassen bekümmerte Pflanzer sich ein grasreiches Plätzchen in der weitschichtigen Weide aufsuchen, gewöhnlich ein wenig von der Hofstelle entfernt, damit das Gras nicht eingetreten sei und wird sich dort nach der Menge seines Viehes Heu machen. Dieses bildet er nahe an seiner Wohnung in Schober und wirft dort nach der Witterung und Bedürftigkeit des Viehes, demselben den Winter über etwas vor. Fällt Schnee oder ist der Boden fest gefroren, so werden überdies noch die futterreichen Mais- oder Türkischkorn-Pflanzungen geöffnet, (natürlich nach der Erndte), auch wird das Stroh von Weitzen, Hafer und Roggen rc. aufgefüttert, denn hier wo man keine Stallung hält, gebraucht man auch keine Streue; was Dünger sei, muß hier erklärt werden, denn dessen Gebrauch kennt niemand.

So reitzend der Zustand des Viehes den Sommer über ist, so erbarmungswürdig wird dieser oft, wenn in der Winterszeit recht rauhes Wetter eintritt, das Beste ist, daß solches Wetter nie lange anhält. Neu Eingewanderte glauben solchem jedoch gemeiniglich abhelfen zu müssen, durch Bauen einer Art von leichter Ställe, die das Vieh bei solchem harten Wetter doch einigermaßen beschützen sollten; aber gewöhnlich sind dies und bleiben es nur Plöne, die mit dem kalten Wetter auch wieder aus dem Kopfe verschwinden. Ein den Umständen angemessener Schutzort für das Vieh, müßte ohne anders vortheilhaft sein, nicht aber solches den ganzen Winter über zusammen einzusperren und zu füttern. — Sind dem Viehe seine Wasserbehälter zugefroren, ist man auch mit der Mühe beschwert, solchem aus einem Sodbrunnen Wasser zu verschaffen. — Aus dem bisher gesagten mag jeder entnehmen, wie leicht und mit welch wenig Mühe und Auslagen das Vieh hier durchgebracht wird, was aber der Nutzen eines bedeutenden Viehstandes hier sei, wollen wir kurz anführen. Der Butter kann, wenn man denselben bis in den Winter aufspart, das Pf. zu 9 Batzen auf dem St. Louis Markte abgesetzt werden; letztes Frühjahr wurde er dort zu 18 Batzen verkauft, im letztern Preise soll er auch das ganze Jahr in New-Orleans stehen. In St. Louis findet sich immer zu wenig auf dem Markte ein, zwar fällt er dort den Sommer durch bedeutend im Preise, gewöhnlich bis 4½ Batzen. Jeder weiß aber, wie leicht der Butter für den Winter aufzubewahren ist, jedes Pf. wird hier mit ⅛ Pf. Salz geschwängert, in Fäßchen geschlagen, wo er sich auf solche Weise so lange frisch erhält, als es nöthig ist, bevor dem Gebrauche darf das Salz nur ausgewaschen werden. — Guter Käse versteht im allgemeinen niemand zu bereiten, er findet im Handel zu sehr hohem Preise genug Absatz, wie wichtig eine tüchtige Käserei werden müßte, ist zu einleuchtend. — Eine mittlere Kuh mit Kalb gilt 10 Dollars (36 Schw. Fr.) Beim Ankauf von einer Kuh geht gewöhnlich das jüngste Kalb derselben, mit in den Handel. Die Zeit wo die Kühe ihre Jungen bringen ist meistens März und April, das Werfen geht viel glücklicher und leichter als in der Schweiz, auch trägt hier Niemand so Sorgfalt wie dort. Der Zuchtochse läuft mit der Herde auf der Weide. Unter fettem Viehe hat man zwei Meinungen. 1) Solches im Herbste von der Wiese weggenommen, 2) im Herbste noch einige Zeit mit Mais gemästet. Mit diesem Türkischkorn werden auch in der Winterzeit Zugochsen und Pferde gefüttert, die ganzen Kölben werden letztern vorgelegt, erstern gereicht. Ein fetter Ochse von circa 7 Centner gilt bei 60 Sch. Fr. Entweder wird das fette Vieh nach St. Louis geliefert, oder in Herden von oft 100 Stücken nach dem Ohio getrieben, von wo aus das Fleisch eingepöckelt nach den östlichen Staaten oder nach dem Golf von Mexiko versandt wird. Das Pfund Rindfleisch wird zu 2 Cent ($7\frac{1}{2}$ Rap.), getrocknete Rinderhäute zu 10 Cent (36 Rap.) das Pfund verkauft. Setzte man ein Kapital in junges Rindvieh würde dieses wahrscheinlich die größten Zinsen bringen z. B. ein einjähriges Stierkalb wird zu 12 Fr., ein zweijähriges zu 20, ein dreijähriger Stier zu 30 — 40 Fr. verkauft; ein Jahr altes Kuhkalb steht zu 12 Fr., wenn dieses das zweite Jahr zurückgelegt hat, bringt es meist schon 1 Kalb, mit diesem ist die Kuh auf 30 Fr. anzuschlagen. Zwar setzt dieses frühe trächtig werden, dem schnellen Wachsthum einiges Hinderniß entgegen, solches wäre aber nicht leicht abzuhalten, indem der Zuchtochse immer auf der Weide geht, übrigens erheben sich solche junge Kühe schnell, nach dem dritten Jahr. Setzt man nun den obigen Angaben die geringe Mühe und Unkosten, so wie den geringen Verlurst der unter den Herden statt findet, entgegen (von eigentlichen Viehseuchen, habe ich nie gehört), so wird man finden, daß kein einträchlicheres und leichteres Unternehmen für einen Mann mit etwas Vermögen möglich ist, als das Halten einer großen Viehherde, und dazu das Ankaufen von jungem Vieh um solches aufzuziehen. Diese zwei Gegenstände dürften vielleicht dem Landbaue noch vorzuziehen sein, besonders für Familien, die keine an Landarbeit gewöhnte Söhne besitzen, denn nur von fremden Arbeitern abhängen zu müssrn, ist besonders hier wie überall mißlich. —

Schweine zu halten ist ebenfalls sehr leicht und dennoch wichtig, niemand ist für diese um ein Obdach bekümmert. Im Winter müssen sie mit Mais ein wenig unterstützt werden, nämlich zu Zeiten, wo der Boden fest gefroren ist, dann ist ihnen ihr Hauptnahrungsmittel, die

Wurzeln, abgeschnitten. Für Schweine ist der Herbst eine besonders günstige Jahreszeit, der Menge Eicheln und Nüsse wegen. Voriges Jahr (Herbst 1832) bedurften die Schweine keiner besondern Mästung, gewöhnlich aber werden solche einige Wochen bevor man sie schlachtet, mit Türkischkorn gefüttert. Man läßt solche gewöhnlich 1½ bis 2 Jahr alt werden, wo sie dann geschlachtet 130 bis 180 Pf. wiegen. Die hiesigen Schweine scheinen eine etwas wildere Raçe zu sein, als die in der Schweiz aufgezogenen; das Fleisch schmekt aber gerade gleich, obwohl ich mich erinnere, einst in einem Berichte das Gegentheil gelesen zu haben. Besitzt ein Pflanzer eine bedeutende Anzahl fetter Schweine und wünscht solche oder einige davon zu schlachten, findet er solche nicht in der Nähe seines Hauses, wo sie sich zu gewissen Zeiten immer einfinden, so reitet er mit seinem Stutzer durch Wald und Wiese, beobachtet alle Schweine, findet er solche die sein Zeichen tragen (was bei diesen wie beim Rindvieh und Schafen in verschiedenen Einschnitten in die Ohren besteht) und er sie für alt und fett genug hält, so schießt er sie todt und transportirt solche in einem Wagen nach Hause, wo er sie denn gehörig zertheilt, reinigt und in Fässer die circa 190 Pf. halten, verpackt und versendet. Ein solches Fäßchen voll eingepöckelten Schweinenfleisch, kann im Herbst und Winter an Handelsleute in St. Louis ungefähr zu 23 Schw. Fr. verkauft werden, im Sommer steigt dieses aber gewöhnlich bis auf 36 Schw. Fr. Von den Pflanzern unter sich wird das Schweinefleisch im Herbst das Pf. zu 2½ Cent. (9 Rap.) erhandelt. Für eigenen Gebrauch wird dieses oft geräuchert. — Auch Schafe würden in großen Herden sehr gut thun, die hiesige Gattung trägt eine schöne Wolle. Ein mittleres Schaf kostet 54 Batzen, das Fleisch findet in St. Louis genug Liebhaber, aber was mehr ist, die Wolle kann zu jeder Zeit zu 13½ Batzen das Pfund abgesetzt werden. Auch sahen wir hier einige spanische Schafe. Die Pferde in unserm Staate sind gewöhnlich sehr gut abgerichtete Reitpferde. Viel schöner findet man sie im Ohio Staate. Die hiesigen Pferde sind nicht so schwer aber dauerhafter als die schweizerischen, der Unterschied im Preise ist klein. Eine gute Pferdezucht erfordert bedeutendes Vermögen, überdieß scheint die Rindvieh- und Schweinezucht einträglicher zu sein. Die Hengste müssen natürlich der Sicherheit wegen in Ställen verwahrt werden. Ueberall finden sich genug Liebhaber die solche zum allgemeinen Gebrauche halten.

Zweiter Abschnitt.

Ungefähre geographische Lage unserer Gegend, deren Klima, hiesige Bauart ꝛc., Brunnen, Strassen. Vorzüge der Wiesenländer vor bloßem Walde. Wie steht es mit den Ansiedlungen längs der großen Ströme?

Unter dem 39sten Grade nördlicher Breite und 82sten Grade geographischer Länge westlich vom Meridian über Fero liegt die Gegend von der bisher gesprochen wurde; sie breitet sich im westlichen Theile des Staates Illinois aus, ihre Entfernung von der bekannten Stadt St. Louis am Missisippi beträgt 27 englische Meilen (ungefähr 9 Stunden) nach Osten hin. In Rücksicht des Klimas scheint ein offener freier Himmel, selten Nebel, niemals mehrere Tage anhaltend Regen oder Schnee, beständiges

Aendern der Winde, unserer Gegend eigen zu sein. Oft tritt ein plötzlicher Wetterwechsel ein, unglaublich wenig Zeit braucht es, besonders im Frühjahr und Herbst schönes warmes Wetter in rauhes kaltes umzuändern. Die offenen Sawannen sind sehr dem freien Luftzuge ausgestellt und zwar mehr denn mancher lieben möchte, herrscht hier der Wind vor. Diese häufigen oft heftigen Luftbewegungen machen die hiesigen Winter immer etwas rauh, sie verhüten aber auch, daß im Sommer nie eine so drückende Hitze entstehen kann, wie man sie unter diesem Himmelsstriche sonst erwarten würde. Der erste Winter, den wir hier zubrachten (von 1831 bis 1832) war nach jedermanns Versicherung über allermaßen ungewöhnlich kalt, beinahe ein Seitenstück zu einem Schweizer-Winter. Das Frühjahr war zu naß und der folgende Sommer zu trocken, jedoch stieg die Hitze nie auf einen Grad, die uns in der Arbeit sehr gehindert hätte und dieser Gegenstand der uns in Europa der Gesundheit wegen, bange Sorgen weckte, hatten wir sehr leidlich gefunden. Der Herbst war sehr angenehm bis im November, dann hatten wir einige Tage sehr kalt und windig, das klare Wetter stellte sich jedoch schnell wider ein und so hat dieser Winter bis am Ende Februar fortgefahren, wo wir zum Abschiede (hoffentlich?) noch einige sehr rauhe Wintertage mit etwas Schnee hatten. Diese heftige Kälte war den Graden unter denen wir leben gar nicht angemessen (etwas südlicher nach Lissabon) und hätte bessere Heizungsmanier erfodert als diese hier allgemein verbreiteten Kamine. Diesen letzten rauhen Anfall ausgenommen, hatten wir diesen Winter keinen Schnee, der nicht schon von der Vormittagssonne weggeschmolzen worden wäre. Den ganzen Winter über stellten sich immer in der Nacht ziemlich heftige Fröste ein, die heftigsten im Anfange. Solch ein Winter kann nach den Bemerkungen derjenigen, die viele Jahre unsere Gegend bewohnten, im allgemeinen mild und trocken geheißen werden. Wenige Tage ausgenommen war das Wetter warm und schön, der Himmel zeigte sich meist frei von den finstern schweren Schneewolken, nur der Wind machte es zu Zeiten unangenehm. Donnerwetter hatten wir alle Monate wenigstens eines, den Sommer durch werden diese nicht so häufig und heftig, als man befürchten könnte, auch hört man selten von Hagel sprechen. Der Regen fällt meist Gewitterregen ähnlich. Die Thaue sind weit stärker als in der Schweiz. — Das Land darf sehr wohl im allgemeinen gesprochen gesund geheißen werden; wir befinden uns so wohl, einige sind sogar munterer als wir es in der Schweiz waren. Die Fieber, besonders das kalte, ziehen sich weit häufiger den großen oft übertretenen Flüssen und Waldländern nach; Sümpfe oder stehende Wasser zeigen sich keine in unserer Nachbarschaft. Die meisten Krankheiten entstehen von Verkältungen, die Leute hier sind sehr unsorgsam und verschlimmern ihren Zustand gemeiniglich durch das Gebrauchen sehr unnatürlicher Hausmittel, z. B. Calomel ist beinahe Universa-Medicin und wird in fürchterlichen Dosen gebraucht. Die Aerzte befolgen beinahe die gleiche Methode und zeigen manchen den frühen Weg in's Grab. — Duden sagt, er habe das Trinkwasser im Illinois nach Einsenvitriol schmeckend gefunden, dieses trifft mit unsern Erfahrungen durchaus nicht zusammen. Wenigstens in unserer Gegend und so viel wir von diesem Staate kennen gelernt haben, ist das Trinkwasser gesund und rein von allem Beigeschmacke.

Am gewöhnlichsten sind die Sodbrunnen, diese können hier überall und äußerst leicht verfertiget werden, nirgends als wo man die Lager beinahe oberhalb siehet, trifft man auf Steine; beim Graben derselben kommt man nach der ungefähr 2 Fuß tiefen schwarzen Dammerde, durch einen gelblichen Leimthon, der wenn er auf das Wasser stößt in einen feinen Flugsand übergeht. Die ganze Tiefe dieser Brunnen ist sehr verschieden nach der Gegend und Höhe von 15 bis 30 Fuß. *) Der Boden ist so zusammenhängend, daß hier Niemand an ein Sperren mit Brettern um das Rutschen der Erde zu verhüten denkt, ja solch ungesperrte Brunnen können mehrere Jahre gebraucht werden, bevor solche zusammenfallen. Will man aber diese dauerhaft und überdieß ganz reines Wasser haben, müssen solche entweder mit Backsteinen oder besser mit Kalk- und Sandsteinen ausgemauert werden. Das Wasser in unserm Sodbrunnen ist so rein, klar und frisch wie man es selten in Quellen trifft, daß dieses beinahe unerschöpflich ist, zeugt daß wir letzten trockenen Sommer dreimal täglich bei 46 Arbeitsochsen tränkten, wenn der Wasserstand darin auch gesunken war, hatte er sich doch innert wenigen Stunden wieder hergestellt. Alle Arbeitskosten an einem solchen Sodbrunnen in Anschlag genommen würden circa auf 60 Schw. Fr. steigen. — Kurz wollen wir der hiesigen Bauart erwähnen. Für das erste Bedürfniß wird von den meisten Amerikanern ein sogenanntes Blockhaus aufgestellt. Diese werden aus auf zwei Seiten gehauenen Baumstämmen, die an den Enden in einander eingekerbt sind aufge-

*) Bemerkt muß werden, daß oft auf bedeutend hohen Hügeln so schnell Wasser gefunden wird, als am Fuß derselben.

führt und die Oeffnungen mit Leimthon ausgepflastert. Gedeckt werden diese Häuser mit 4 Fuß langen Schindeln und erst wenn das Ganze aufgestellt ist werden die Thüren und wer es für nöthig erachtet die Fenster herausgehauen. Diese gar nicht anzüglichen Wohnungen, sind doch im Anfange ziemlich zweckmäßig und Leute die entschlossen sind ihren erstgewählten Platz beizubehalten und sich kräftig genug fühlen, mögen sich ein besseres Haus nach einer von den zwei folgenden Manieren verfertigen lassen. Zwar zu bemerken ist, daß alles Bauen durch fremde Arbeiter sehr kostbillig ist und das Geld auf jede beliebige Weise angelegt, mehr Prozente bringt als durch das Aufführen schöner weitläufiger Gebäude. Jeder Handwerker verlangt wenigstens 36 Batzen täglich nebst Kost und Logie. — Ein Haus aus Backsteinen ist leicht zu verfertigen. Der gleich auf die Dammerde folgende Leim (Thon) wird in gewissen Mischungen zu Backsteinen verwendet, dieser Leim wird mit Ochsen durchgearbeitet, dann in hölzerne Modelle geschlagen und nachher an der Sonne getrocknet und zuletzt gebrannt. Ein Arbeiter soll täglich 2500 modeln, wenn ihm der Stoff gereicht wird. Aus Backsteinhäusern bestehen die meisten Städte in den vereinigten Staaten. Auf dem Lande findet man aber häufiger als letztere, eine andere Art die Frame-Häuser genannt werden. Bei diesen wird zuerst ein hölzernes Gerippe aufgestellt, ähnlich mit den Häusern in der Schweiz die man zu wiggeln gedenkt, dann wird auswendig dieses Gebäude mit einer dünnen und schmalen Art von Brettern überzogen (das obere Stück wird immer einige Zoll über das untere herabgelassen, wie bei einem Dache). Inwendig (anstatt mit Stroh und Leim wie beim Wiggeln) wird es hier mit Backsteinen ausgemauert. Die Dachstühle werden alle sehr leicht gearbeitet, weil man meist Schindeldächer gebraucht. Dach und Außenseite sollte nachher angestrichen werden. Wir verfertigten uns letzten Sommer ein solches Haus, welches ganz aus Wallnußholz zusammengesetzt ist. Wir halten diese Bauart für die wärmste und stärkste und überdieß fällt es gut in das Auge. — Warum sind wir von unserm ersten Plane uns im Staate Missuri an einem schiffbaren Fluße uns niederzulassen abgewichen? Uns rief der Ackerbau und die Viehzucht nach den Mississippi-Ländern, wir fanden aber nach langen Untersuchungen, daß die Wiesen dem Illinois in dieser Hinsicht den Vorzug vor dem Missuri weit geben. Was Wiesen der Viehzucht für Vortheile einräumen, so wie der Unterschied von Wiese oder Wald zu kultiviren, braucht hier wohl gar nicht angeführt zu werden, und daß nicht jedermann lieber 80 Acker Wiese als 12 Acker Wald zu Ackern verwandeln würde, wird wohl keines Beweises bedürfen; daß aber dann die erwähnten 80 Acker eigentlich zur Bepflanzung tauglich sind, wo man hingegen mit den 12 andern eine bedeutende Reihe von Jahren noch viel Unannehmlichkeiten und Zeitverlurst hat, der im ganzen Felde häufig und unregelmäßig vertheilten Baumstöcke und ihrer Wurzeln wegen, die nur mit äußerster Mühe und Kostenaufwand gleich im Anfang beseitigt werden können, dieses dürfte mancher übergehen. Das Wichtigste aber ist, daß unsere Wiesen in Hinsicht auf Reichthum des Bodens, dem Waldlande im Missuri gar nicht dürfen nachgesetzt werden, sondern viel richtiger in manchen wichtigen Pflanzungsartikeln z. B. Waizen, den Vorzug weit verdienten. Was aber nun das a n g e n e h m e r e Leben im W a l d e anbetrifft, so wollen wir dieses dem Geschmacksinne einst nachfolgender Schweizer überlassen, die als Schiedsrichter in solchen Angelegenheiten aufzurufen die ganze Welt billigen muß. Nur sagen muß ich, wenn der Missuri allgemein als Waldland angenommen, alle die Vorzüge besitzen würde, die der Illinois in Hinsicht auf Handel, Ackerbau und Viehzucht unstreitig darbiethet, ich dennoch für meinen Aufenthalt, die lieblichen Wiesen weit vorziehen würde, den finstern traurigen und gewiß auch ungesündern Waldgegenden. Auf alles dieses müßte mancher einwenden, hat nicht auch der Missuri seine Sawannen? wohl hat er solche aber 1) nicht so zahlreich, 2) nicht von so großem Umfange und 3) was am meisten in Anschlag zu bringen ist, die hochliegenden Sawannen dort verdienen, so lange der Preis des andern Landes nicht sehr steigt, nicht angepflanzt zu werden, denn ihr Boden steht demjenigen der dortigen Waldländer, so wie den Illinois-Wiesen sehr nach. — Nun zur zweiten Frage, warum wir unsern Aufenthalt nicht an einem schiffbaren Fluße gewählt haben? Die Ströme in diesen Ländern tragen meistens den Character, daß deren Ufer zu flach sind, und so das Wasser zu gewissen Zeiten übertritt. Höchst selten findet man daher Pflanzungen den Ohio, Mississippi und Missuri entlang. Diese Flußthäler (Bottams) sind zu ungesund als daß deren Vortheile den Nachtheilen die Wage halten könnte, wenn auch genug Plätze gefunden werden könnten, die vor Ueberschwemmungen ganz sicher wären, so ist doch die Luft durch naheliegende Sümpfe oder stehendes Wasser mit schädlichen Dünsten geschwängert. Ueberdieß wird man dort den ganzen Frühling, Sommer und Herbst durch von Millionen Muskiten

(Singmücken) gepeinigt, die ihren Ursprung den Ueberschwemmungen verdanken sollen. Dieses Geschmeiß ist wahrhaft keine geringe Plage, sie stellen sich am liebsten an schattigen Plätzen ein, die Nacht durch rauben sie einem allen Schlaf, einige von uns waren von denselben so zerstochen, daß die unbedeckten Glieder aufgeschwollen und ausschlagartig aussahen. In unsern sonnigen Wiesen, fanden wir keine Spur von denselben. — Ueberdieß hört man in Europa allgemein die Sorge wegen Absatz der Produkte, besonders wenn man im Inlande wohnte, was sehr irrig. Wenn jeder neue Ankömmling nur gleich in den ersten Jahren genug zum Verkaufe hätte, für den Absatz müßte er nicht bange sein. Wäre es ihm zu viel Mühe seinen Wagen voll zu stopfen mit seinen Erzeugnissen, Pferde oder Ochsen (?) vor seinen Wagen zu spannen und mit äußerst wenigen Unkosten nach St. Louis auf den Markt der alle Tage dauert zu fahren, wo immer mit Sehnsucht nach solchen Produkten gesehen wird und wo er alles in bedeutend hohem Preise absetzen kann, wenn ihm dazu 2 bis 3 Tage aufzuopfern zu viel ist, so findet er schon überall vertheilt seine Spekulanten, die dieses Ungemach schon, aber natürlich nicht umsonst, übernehmen. Wie die Hauptprodukte Waizen, eingepöckeltes Fleisch rc. Absatz findet, ist schon erwähnt worden.

Dritter Abschnitt.

Wie können hier schon begründete Pflanzungen und wie Ländereien vom Staate angekauft werden? Wie verhält es sich mit den Staatslasten, Indianern und der Sclaverei?

Für Familien die einiges Vermögen hieher bringen, denn dieses darf durchaus nicht fehlen, ist nach unserer Ansicht das Beste sich auf einem gut ausgewählten Platze eine schon begründete Pflanzung zu kaufen, wofür sich durch die starke Wanderungssucht der Amerikaner, so häufig Gelegenheit darbiethet. Gründe dafür sind zu viele, einige können hier angeführt werden. 1) Wenige Einwanderer von Europa sind fähig gleich alle die Arbeiten, die zu dem Anfange einer neuen Hofstelle nöthig sind, selbst zu vollbringen. Eine gewisse Uebung braucht es 100 bis 200 Einzäunungsbalken täglich zu spalten, der Amerikaner ist beinahe von Geburt an ein Holzhauer, die Säge gebraucht er selten; die für den Anfang zweckmäßigen Blockhäuser versteht er schnell und wohlfeil zu verfertigen. Das gleiche gilt von den Sodbrunnen; denn daß man seine Wohnungen einer Quelle zu gefallen an Orten anlege, wo sich diese zeigen, nur um die geringen Kosten, die etwa ein treffliche Dienste leistender Sod verursachen könnte, vermeiden zu wollen, wäre thöricht. 2) Schlägt der Amerikaner die Arbeiten, die er an seiner Pflanzung vorgenommen hatte, weit nicht so hoch an, als wenn er solche anderswo leisten müßte. 3) Spart es jedem neuen Ankömmling viel, wenn er gleich an einem Platze einziehen kann, als wenn er lange Zeit, bis er mit seinen Arbeiten vorgeschritten ist, auf seine Kosten anderswo sich und seine Familie aufhalten muß und dennoch mit der Aernte immer um ein Jahr zurück ist vor dem, der gleich im Anfange einen schicklich ausgewählten Platz ankaufen kann. 4) Leute die gedenken, ohne allen Anfang, auf eigene Faust hin sich eine Hofstelle zu gründen, müssen immer für einige Jahre auf einen Baumgarten verzichten, der hier zwar schneller heranwächst als in der Schweiz, aber doch immer einige Jahre erfordert. Ein Gütchen, wo für die ersten nothwendigsten Bedürfnisse in etwas gesorgt ist, wird gegenwärtig von 16 bis 1800 Schw. Fr. verkauft. Dieses sollte dann aus 80 Acker Wiese und 80 Acker Wald bestehen, von der Wiese sollten 30 — 40 Acker im Anbau und eingezäunet sein, darauf müßen ein oder mehrere Blockhäuser, einige aus Baumstämmen verfertigte Ställe, eine Art von Speicher aus demselben Stoff für das Mais und ein guter ausgemauerter Sodbrunnen stehen. Auch dürfte ein Obstgarten dazu gehören. Diese bestehen hier gewöhnlich aus Aepfelbäumen, von welchen es einige vorzügliche Gattungen, besonders saurer Art hat, und Pfirsichbäumen, die recht eigentlich in Amerika zu Haus sind. Ganze Hecken von diesen letztern sind äußerst leicht zu ziehen. Hingegen Birnen, Kirschen &c. findet man selten; sie sollen sehr gut gedeihen und warum sie der Amerikaner vernachläßigt, hat schwerlich ein anderer Grund, als daß er die Bäume nur liebt, wenn sie reife Früchte tragen; und auch selten läßt er seine Aepfel reif werden, wenn er nämlich nicht zu viel besitzt, denn seine Geduld ist nicht so groß. Doch zum Zwecke zurück. Derjenige welcher sich nicht gerade nach der Ernte ankauft, hat überdies noch den Vortheil, daß ein bedeutender Theil von den gemeldeten 30 — 40 kultivirten Aeckern angefürt ist, z. B. 10 — 12 Acker in Weizen, einige in Hafer, der Rest in Mais; hievon wäre abzuziehen, was von Gartengewächsen, Erdäpfel &c. eingenommen ist. Bei Landverkauf von Privaten hat man immer vorsichtig zu sein; ist aber in Illinois nie so gefährlich wie es in verschiedenen kleinen Schriften in Europa von den östlichen Staaten aus verbreitet worden ist. Hier hat die regelmäßige Vermessung der Ländereien, von der nachher noch gesprochen wird, alle Verwirrungen von dieser

Seite verhütet, wie es oft in den ältern Staaten, auch in der Umgegend von St. Louis der Fall war, z. B. an letzterm Platze sind die Länder zuerst von Spanien, ohne gute Ordnung, verkauft worden, so daß sich nun oft mehrere Besitzer des gleichen Stückes zeigen. Sollte einer, mit den hiesigen Gesetzen und Rechten unbekannt, dem Zeugniß des Esquire (so heißen hier allgemein die Beamteten), von dem alle Kaufbriefe müssen ausgefertigt werden, nicht genug Glauben schenken, so kann dieses in jedem Falle auf dem Office der öffentlichen Länderverkäufe eingesehen werden, ob das Stück wirklich dem vorgeblichen Besitzer sei, ob er die Staatssteuern richtig bezahlt habe, und endlich in einem besondern Buche kann besichtigt werden, ob Schulden auf dem Lande haften. Letzteres ist hier sehr selten. — Betrügereien sind hier auch nicht so häufig als in Europa, denn die hiesigen Spitzbuben sind für kleine Diebstähle zu stolz. Unwissende deutsche Auswanderer leiden unter den vorgeblich gutherzigen Landsleuten hier viel häufiger, als von den Amerikanern. Allgemein zu empfehlen wäre, in den ersten Jahren nur so viel Land anzukaufen, als es die Nothdurft und die Sicherheit erfordert, weil gewöhnlich der erste Eindruck den das Land auf neu Einwandernde macht, sehr falsch ist, und gewöhnlich nach zweijährigem Aufenthalte schon die ersten Pläne verworfen und ein anderes System ergriffen wird. Ist aber das ganze Vermögen an todte Ländereien gelegt, also wenig oder keines mehr da, dann hilft auch die bessere Erkenntniß nicht mehr, und der im Anfang eingeschlagene Weg muß gern oder ungern dennoch verfolgt werden. — Nun aber etwas über den Staatsländer-Verkauf. Um hievon einen richtigen Begriff zu bekommen, ist es jedoch nöthig zu wissen, wie hier die Ländereien vermessen worden sind. Zuerst ward das zu vermessende Stück vermittelst dem Compaß und der Kette, was hier überhaupt die ganze Ausrüstung der Feldmesser ist, in Quadrate getheilt, deren Seiten 9 englische Meilen betrugen, und ihre Richtung nach Ost, Süd, West und Nord nahmen. Diese, Township genannt, ward in 36 kleinere Quadrate geschnitten, die Sektionen geheissen werden, und eine Quadrat Meile in sich hielten. Diese Sektionen wurden abermals in Viertel und zuletzt in Achtel-Sektionen getheilt. — Unser Staat Illinois besteht gegenwärtig aus 55 Aemtern (Countis), diese sind zwar an Größe sehr verschieden, auch nicht festgegründet, sondern können und werden immer verändert, sie beschränken sie auch nicht in Quadrate, sondern ihre Seiten werden theils durch die natürliche Lage, theils durch die Bevölkerung bestimmt. Unsere Gegend liegt theils in Madison Counti, diese besteht aus 35 Townships (nach obiger Erklärung) 1 Township enthält 36 Sektionen, 1 Sektion 4 Quarters und 1 Quarter hält 160 Acker. Von jeder Township finden sich auf dem Land-Office besondere Karten und zur Erklärung derselben geschriebene Bücher, in welchen oberflächlich der Reihenfolge nach, immer von Osten nach Norden und dann zurück von Norden nach Osten ꝛc. die Güte jedes im Plane mit Buchstaben und Zahlen bezeichneten 80 Acker Stückes oder ½ Quarters, und dazu die besondern Zeichen und Marken des Landmessers nach welchen solches gefunden werden kann, angegeben ist. Diese Zeichen sind meist in Bäume eingebrennt, auf unserer Wiese werden Stöcke eingepflanzt und kleine Erdhügel aufgeworfen. Von einem neuen Ankömmling ist jedoch nie zu erwarten, daß er sich so schnell hierin zurecht finden könnte. Wenn er daher ein seinem Plane entsprechendes Stück Land findet, so geht er zu einem Manne der mit der Lage und Bezeichnung der Ländereien in der Umgegend bekannt ist; solche Leute finden sich überall, auch kann man um sicherer zu sein, sich an einen von der Regierung ernannten Landmesser wenden, von dem läßt man sich die Township, Sektion, Quarter ꝛc. des Stück Landes, das man zu kaufen wünscht, geben, und auf diese Angaben hin wird ihm auf dem Land-Office, wo dieser Distrikt hingehört, nach baarer Bezahlung von 1¼ Dollars (ungefähr 45 Batzen) für den Acker, das Stück bescheinigt. Dieses Jahr ist ein kleiner Zusatz in den Gesetzen gemacht worden, laut dem nun auch nach Beeidigung, daß der Käufer das Stück Land für seinen eigenen Gebrauch verlange, demselben eine 16tels Sektion oder 40 Acker überliefert wird. Diese Beeidigung hat den Zweck, Spekulanten abzuhalten. Hat man den Schein vom Landoffice in Handen und bezahlt man regelmäßig jährlich die Abgaben, so ist jeder mit seinem Lande sicher gestellt. Der Taxeneinnehmer begiebt sich zweimal jährlich zu jedem in das Haus, das erstemal müssen ihm alle Ländereien, Vieh, Luxusgegenstände ꝛc. angegeben werden, das zweitemal verlangt er das Geld. Von jedem Acker sind verschieden bald ½ bald 1 Cent zu bezahlen. 1 Cent hält circa 3⅗ Rap. Hier ist jedoch zu bemerken, daß vom Staate erkauften Ländereien die ersten 5 Jahre gar keine Abgaben zu entrichten sind. Die andern Gegenstände bezahlen im Verhältniß zum Lande viel weniger; warum die Staatslasten meistens auf den Ländereien ruhen, soll sein, weil durch diese Maßregel, eine Menge von Landspekulanten die im Auslande leben, einen bedeutenden Theil unserer Ausgaben mit zu bestreiten haben. Diese erwähnten Abgaben sind jedoch nur für die Kantonsregierung; der Kongreß hingegen legt dem Volke in gewöhnlichen Jahren keine Lasten auf, er hält sich an Länderverkauf, Eingangs-Zoll rc. genug schadlos. Die Gelder im Staatsseckel fangen sich an zu häufen, und unsere Tagsatzungsbeamten haben jährlich eine schwere Aufgabe zu lösen, wie diesem am nützlichsten einen Ausfluß verschafft werde; immer werden neue Straßen, Kanäle, den letztern fängt man an die Eisenbahnen mit Dampfwagen vorzuziehen, entworfen und ausgeführt. — Was die Regierungsform betrifft, so ist der Unterschied in den meisten konföderirten Staaten klein; der Hauptgrundsatz aller heißt religiöse, politische und merkantilische Freiheit im strengsten Sinn des Wortes, tiefer hier hinein zu gehen, wäre am unrechten Platze. — Militärpflichtig ist jeder, der sich 10 Tage im Lande aufhält, dieß kann aber keine große Beschwerde geheißen werden. Musterungen halten wir jährlich drei, wo es zwar etwas lächerlich hergeht, das ist aber auch all unser Manöveriren. Die Amerikaner, wenigstens hier im Westen, sind schlecht regulirte Militärs, aber in einem Kriege wahrscheinlich furchtbare Schützen. — Das Schlimmste für uns ist, wenn gegen Indianer gestreift werden muß, wozu sich aber gewöhnlich genug Freiwillige stellen, denn die Bezahlung ist gut. Damit aber künftig die Pflanzer nicht mehr an ihren Feldarbeiten gestört werden, sind letzten Herbst viele Compagnien Freiwilliger auf ein Jahr geworben worden, um die Grenzen gegen das wilde Gesindel (Indianer) zu beschützen, von diesen Freiwilligen stehen die meisten im Missuri Staate.

Diese Truppen sind natürlich alle Reiter, sie haben für ihre Pferde zu sorgen. Lebensmittel für sich erhalten sie, die Bezahlung wird ihnen theilweise, monatlich verabfolgt, und besteht jährlich in 1314 Schw. Fr. für den gemeinen Soldaten. Unstreitig sind diese Leute aber vielen Mühseligkeiten ausgesetzt. Vor den Indianern aber kann Niemand bei uns in Furcht stehen, denn diese müßten bevor sie bei uns vordringen könnten, ihren Weg sich mehrere hundert Meilen weit, durch bevölkerte Gegenden bahnen, was für diese Nation etwas an das Unmögliche grenzende wäre. Diese Barbaren sind nur gewohnt zur Aerndte Zeit in die nächst angrenzenden Gegenden zu dringen, um zu rauben; hingegen nie es wagen einem Feinde sich entgegen zu stellen, so daß solche wie im Gebüsche versteckte Wölfe gejagt werden müssen. In St. Louis hat man immer Gelegenheit einige Indianer zu sehen: da laufen sie gewöhnlich in weisse Wollendecken gewickelt, das Gesicht über und über bemalt, in den Gassen herum, diese die sich dort einstellen sind meist Häuptlinge und wegen Handel dort.

Die Sklaverei ist in unserm Staate gänzlich abgeschafft, jeder Schwarze, hat er einmal das 21 Jahr zurück gelegt, ist frei. Wir könnten Auftritte erzählen wie wir solche im Missuri, wo die Sklaverei bekanntlich herrscht, gesehen haben, die jedes Menschenherz beleidigen müßten. In St. Louis sind immer zum Verkauf ausgestellte Schwarze zu besichtigen, da werden sie von den Kauflustigen betastet, untersucht, angeboten, gesteigert, bespöttelt rc. Wie solche Scenen in einer Republik wo das Bild der größten Freiheit von einem Theile der Bevölkerung und niedere Sklaverei als Zustand der andern Hälfte, neben einander gesehen werden muß, wie so etwas auf jeden fühlenden Menschen wirken müsse und ob solch ein elender Menschenhandel in einem Staate wünschenswerth sei, lassen wir iedem selbst zu beantworten übrig.

Vierter Abschnitt.

Von den unrichtigen Begriffen, die gewöhnlich Einwanderer über die Ländereien des Mississippi-Gebietes bringen; auf welche Widerwärtigkeiten diese sich meist gefaßt halten sollten. Einige Sitten und Gebräuche der Amerikaner, nebst einigen Bemerkungen über die hiesige Jagd.

Die Vorstellungen die man von diesen Staaten in Europa meistens hegt, sind selten richtig; daher folgt auch, daß nicht die hieher passenden Leute zum Auswandern sich entschliessen. So kann man z. B. sagen, daß der größte Theil der Auswanderer besonders aus der Schweiz nicht Landarbeiter oder Handwerker gewesen sind, sondern Studenten, abgedankte Schullehrer, Handlungsjunge, unglückliche Spekulanten, ausgelumpte Junker, oder kurz eine Klasse von Leuten, die sich am allerwenigsten hiezu eignen. Solche mögen gelesen und gehört haben, wie wohlfeil das Land hier stehe, wie hoch alle Produkte abgesetzt werden können; aber nie recht überlegt haben, daß das Land wenn es etwas produziren soll, bearbeitet sein will. Daß hier Länderbesitzer für einige Batzen Leute finden könnten, die ihnen ihre Aecker rüsteten wie in der Schweiz, soll niemand erwarten; sehr leicht ist hier für unvermögende, thätige Leute, die der Sprache und des Landes kundig sind, sich selbst eine Pflanzung zu gründen, wenn dieses auch auf dem Kongreß-Lande geschehen müßte, was durchaus nichts Schimpfliches ist. Kommen denn solche Einwanderer wie sie oben bezeichnet, hier mit einem kleinen Ueberreste von Vermögen, und wenig Arbeitslust hier an, so finden sie gewöhnlich, daß ohne Arbeit und zwar härtere als sie zu Haus gewohnt waren, nicht auszukommen sei. Denn schon aus dem Grunde, weil alle Arbeit sehr gut bezahlt wird, folgt, daß für Leute die sich dieser zu entziehen gedenken, ein höchst kostspieliges Leben sein müsse. Gelehrsamkeit und Gewandtheit hilft hier, besonders denjenigen die der englischen Sprache unkundig sind, wenig, und ein Künstler (Mechaniker), Handwerker oder ein Landarbeiter, muß sich weit besser stehen. — Familienväter mit einigen zur Arbeit gewöhnten Kindern verbessern ihre Lage sehr, was aber diese hauptsächlich noch zur Auswanderung bewegen sollte, ist der Blick in die Zukunft; Europa fällt täglich, und das Loos seiner Einwohner wird täglich mißlicher; Amerika, besonders die Union, stellt einen schroffen Gegensatz; dort mehren sich anhaltend die Vortheile und das Widerliche dieses Landes wird immer gemildert. Was die Handwerker betrifft, ist Auswanderung besonders folgenden zu empfehlen: guten Schreinern und Zimmerleuten, Schmiden und Wagnern; wenn die beiden letztern verbunden wären, müßten die Vortheile weit größer sein, endlich noch Schneidern, Gerwern und Sattlern. Bei andern Handwerkern hängt das sichere Unterkommen mehr von den Umständen ab. Doch zum vorgesetzten Ziele zurück. Auswanderer hieher sind meist auf Unannehmlichkeiten gefaßt, die so vielen Kummers nicht werth sind; wo hingegen ihnen manches für unbedeutend erscheint, was sehr beachtungswerth wäre und was nach der Ankunft hier bekämpft sein will. Gewöhnlich hält man die Meerreise für eine Art von Folter, um hier einzugehen; vielleicht tausende mehr, würden auswandern, wäre diese nicht, und doch werden die meisten die sich ungeachtet dieser Gefahr doch dazu entschlossen und es ausgeführt haben, bekennen müssen, daß alle ihre frühern Einbildungen, höchst thöricht gewesen sind; und wenn es auch ihre Umstände erforderten, die gleiche Reise von neuem wieder anzutreten, ihr Entschluß viel schneller gemacht sein würde als das erste Mal. Die Seereise ist immer mit etwas Gefahr aber mehr Unannehmlichkeiten verbunden, dafür hat sie auch wieder viel Angenehmes. Gefahr glaube ich, daß diese auf vielen Schweizerseen mit den dort gewöhnlich elenden Fahrzeugen größer sei, als in einem tüchtigen Dreimaster auf dem offenen Meere. Unsere Meerreise war so mühsam, wie sie wenigen zu Theil wird. — Was man sich aber wieder von giftigen Schlangen und Kräutern, wilden Thieren und Menschen vorstellt, ist wieder sehr übertrieben. Es ist wahr es giebt hier im Lande mehrere Arten giftiger Schlangen, wir haben z. B. schon manche Klapperschlange vernichtet; aber von Unglücksfällen die durch diese entstanden sein sollten, hört man selten sprechen, obwohl der Amerikaner bei solchen Gelegenheiten nicht sehr zurückhaltend ist. Giftige Kräuter wüßte ich nicht, daß hier gefährlicher sein sollten als in der Schweiz. Man hört viel von einer Milchkrankheit, die sich unter dem Viehe zeigen und nur kleinen Strichen Landes eigen sein soll. Man schreibt diese Krankheit giftigen Kräutern zu, die vom Viehe gefressen werden sollten ꝛc. Das Ganze wird aber verschieden erzählt, von vielen als Aufschnitt verworfen. Besser thut jedoch jeder sich nie an einem in solchem Namen stehenden Platze anzukaufen, wenn es auch nur des Wiederverkaufes wegen wäre. Reissende Thiere kenne ich keine als zwei Arten Wölfe (wie man sie hier heißt), von denen der kleinere etwas wenig größer als ein Fuchs und ziemlich häufig ist, sie sind ganz jungen Schweinchen und Schäfchen gefährlich; andere kleine Thierchen wie Iltis, Beutel, Stinkthiere ꝛc. den Hühnern nicht Freunde, brauche ich doch nicht unter die reissenden zählen zu müssen. Wie sicher wir endlich mit den sogenanaten Wilden oder Indianern stehen, habe ich anderswo erwähnt. — Was Einwanderern hieher aber den meisten Kampf verursacht, das sind die Anfangsjahre, diese sind für ihn gewöhnlich sehr harte Zeiten, der Neuigkeit des Landes, der Sprache, Gebräuche und Wohnungen wegen. Dieses alles genau auseinander zu setzen fehlt der Raum. Doch sicher ist, daß die meisten neuen Ankömmlinge, wenn sie nicht ihr vorgesetztes Ziel, ihre Hoffnungen immer vor Augen halten, werden sie, bis die harten Anfangsjahre überstanden sind, den gethanen Schritt nicht billigen können. Viel trägt noch bei das Bild eines großen Theils der hiesigen Bevölkerung, denen der Wohlstand nicht leicht angesehen werden kann. Diesen Leuten ist es nicht darum zu thun, etwas zu erübrigen, sondern so recht unbekümmert, wie man sagt, in den Tag hinein zu leben; sie werden von keiner trüben Zukunft angetrieben; ihre Kinder sind so fest gestellt wie sie nun. — Als Volkscharakter, wenn von der hiesigen Bevölkerung, die bunt von allen Nationen durch einander gemischt, die sich freilich meistens unter die englischen Sitten und Sprache fügen müssen, ein solcher möglich ist, gilt: sehr freisinnig; ein großer Theil besitzt viele natürliche Vernunft und Scharfsinn, mit großer praktischer Behendigkeit, zu welch letzterer sie freilich durch die Umstände gebildet werden; im Sprechen von sich selbst und andern sehr prahlerisch, für uns Deutsche mag dies die englische Sprache noch erhöhen. Der Sinn für das Schöne ist gänzlich ungeweckt; daher die eintönige Bärenmusik und Gesang, daher der Geschmack für alles bunte, grelle, abstechende. — Eigentlichen Unterschied zwischen Bauer, Handwerker, Geistlichen und Kaufleuten findet man nicht, jeder fühlt sich gerade so hoch wie der andere. Diese genannten Stände finden sich oft alle vom gleichen Subjekte betrieben, so z. B. war der Mann, der das Aufrichten unsers Hauses leitete, ein vortrefflicher Prediger in der Methodistenkirche, überdies soll er ein sehr guter Schuh- und Stiefelmacher, und ein sehr guter Schreiner sein, auch versteht er Backsteine zu brennen, solche einzusetzen, zu pflastern; überhaupt als Maurer arbeitet er gewöhnlich, und am Ende besitzt er auch noch sein Land und Vieh. Höflichkeit ist, daß man sich grüßt, aber die Kopfbedeckung ruhig läßt. Der Amerikaner zeigt sich besonders höflich gegen Frauenzimmer, die überall einen gewissen Vorrang behaupten, auch verwendet ein Vater weit mehr auf die Erziehung seiner Tochter als seines Sohnes. In Gesellschaft ist man sehr ungezwungen, ohne daß es in eigentliche Grobheit ausarten darf. Die Amerikaner scheinen oft mit einander zu wetteifern, welcher krummer und verdrehter auf einem Stuhle sitzen könne. Tabak gebraucht das männliche Geschlecht nur zum Kauen, und nur das weibliche erlaubt sich aus Pfeifen zu rauchen. Der Speisetisch ist meist gut besetzt, zweierlei Fleisch sollte sich bei einem eingehausten Pflanzer Morgens, Mittags und Abends auf dem Tische finden. Die Suppen vergißt man schnell und mancher gern. Brod wird zu jeder Mahlzeit in eisernen Töpfen neues gebacken. Oft trifft man Maisbrod an, was aber die Meisten schnell lieben; lange zeigten wir gegen dieses Brod einen geheimen Eckel, jetzt aber ziehen wir es alle dem Waitzenbrode um vieles vor. Butter und gewöhnlich auch Honig darf nicht fehlen, wenigstens den Sommer über. Das Getränk vertritt Morgens und Abends Kaffee oder Thee, Mittags Milch. Manchem mag ein inniger Seufzer ausbrechen, wenn er an die in der Schweiz gefüllten Weinbecher denkt, und hier nun eine Schale faden Thees diesen vertreten soll. In St. Louis können zwar verschiedene Gattungen starker Weine erkauft werden, die Gallone (ungefähr 2¼ Luzerner-Maaß haltend) zu 27 bis 36 Bz., was solchen im Verhältniß zum Arbeitslohn in der Schweiz, auch hier trinkbar machen könnte. Geistige Getränke werden theils aus Mais und Roggen, theils aus Aepfel, auch aus Pfirsichen gebrannt, schmecken aber gewöhnlich den Europäern nicht sehr. Das hiesige Bier ist auch nicht mit Schweizerischem zu vergleichen, so wenig als der Aepfelwein mit dortigem Birnmoste. — Noch einiges zum Schlusse dieses Abschnittes, von unserer Jagd. Diese ist trefflich, obwohl wir das Hirschenfleisch, das beinahe nie auf unserm Tisch fehlen darf, nicht erjagen, sondern kaufen. Hirsche sehen wir zu allen Jahrszeiten, öfters sogar in unsern Feldern. Den Winter durch zeigen sie sich in Schaaren von 10—30, den Sommer über nur einzeln oder wenige zusammen. Die gewöhnlichen Hirsche sind eine kleine Art, und wiegen selten mehr als 100 oder 120 ℔. Für das Stück zahlen wir 36 Batzen sammt dem Felle, dieses kann immer zu 18 Batz. verkauft werden. Für das Erlegen des meisten hiesigen Wildes sind aber die Flinten, wie Einwanderer sie bringen, nicht tauglich. Die Doppelflinten scheinen hier gar keinen Gebrauch zu haben, denn unsere Wiesen- wie die Truthühner erfordern einen langen Entenlauf (wie man ihn heißt). Vielleicht zweckmäßiger wäre eine Art von Feldstutzer, die circa 30 — 40 Kugeln auf das ℔ führen sollten. Das Geschoß der Amerikaner ist ein sehr langer Stutzer, deren Kugeln 70 — 80 Stück auf ein ℔ gehen, hiemit schießt er auf eine Entfernung von ungefähr 100 Schritte unglaublich genau; die Kugeln nehmen den geraden Lauf, also muß auch die Ladung nicht geändert werden; ein solcher Stutzer wird hier zu 36 — 50 Schw. Fr. verkauft. Die hiesigen Pflanzer halten häufig kleine Schießtage, an welchen sie ein Stück Vieh rc. zum Preise machen. Dieses könnte leicht in eine Art von Freischießen umgewandelt werden. — Märkte kennt man keine andern als den täglichen in St. Louis; durch eine Ankündigung in öffentlichen Blättern könnte vielleicht auf einem Platze mit Nutzen ein Tausch- und Viehmarkt eingeführt werden.

Fünfter Abschnitt.

Enthaltend unsere Erfahrungen und Erkundigungen, mit was für Gegenständen Auswanderer hieher sich versehen sollten, und welcher Reiseplan nach den Mississipi-Ländern der vorzüglichste sei, nebst einigen Räthen rc.

Unserm vorgesetzten Zweck sind wir bis jetzt treu geblieben, wir haben jedem Auswanderungslustigen gezeigt, wie das Land unseres Aufenthalts beschaffen sei, was die Vortheile und Annehmlichkeiten desselben seien; wir haben aber auch nicht vergessen, wenigstens nie beflißentlich, das Widerwärtige, was Europäer gewöhnlich hier antreffen, anzuführen. Wer nun denkt seine Existenz durch Auswanderung hieher zu verbessern, genug Muth fühlt den Mißgeschicken, die jedem auf einer so weiten Reise begegnen können, Trotz zu biethen, auch die harten Anfangsjahre ihn nicht abschrecken, der mag nach langer reifer Ueberlegung den Schritt versuchen. Ob er aber dann sein gehofftes Glück findet, hängt von vielen Nebenursachen ab, am meisten aber von ihm selbst. Wer sich z. B. nur im Kreise jubelnder Gesellschaft glücklich schätzt, wer sich seine Lustparthien, Kränzchen, Bälle, Hochzeiten, Kindertaufen, Konzerte, Redouten ꝛc., und wie alle diese fröhlichen Zusammenkünfte heißen mögen, verspricht, für den giebt es nur zwei Mittel: entweder muß er die Gesellschaft selbst mitbringen, oder aber er muß zu Hause bleiben. Die meisten Engländer, oder die gebornen Amerikaner dürften sich in einem solchen Zirkel wie es mich dünkt, schlecht ausnehmen; viele von ihnen taugen weit besser in fanatische Zusammenkünfte, wo allen Weltfreuden abgeschworen wird. Hievon möchten die sogenannten Jünkis oder die Einwanderer aus den östlichen Staaten oder Neu-England eine Ausnahme machen, diese scheinen mehr Gefühl für gesellschaftliches Leben zu haben.

Ist aber endlich einer nach Erwägung alles Gesagten zur Auswanderung entschlossen, mag er aus der Schweiz mitnehmen: 1. Für Meerproviant, vorausgesetzt, daß die Reise über Havre genommen werde, wo denn folgendes gar nicht oder nur schlecht gefunden wird — eine Menge Schweizerkäse (thut treffliche Dienste), etwas gedörrtes Obst, besonders säuerliches, wie Zwetschgen, einiges gut geräuchertes Fleisch, Schinken, Zungen, Würste. 2. Gegenstände, die hier die besten Dienste leisten würden, wären: Für einige Jahre genug Leinenzeug, Hemder ꝛc.; hier findet sich gewöhnlich nur Flachs und Baumwolle. Sehr wichtig: guttüchene Kleider, (hier huldigt alles den Pariser-Moden), ja nicht zu vergessen gute Ueberröcke, Kapute. Leute, die sich ganz der Landwirthschaft zu widmen gedenken, sollten mehr auf einen starken Rock als nur auf einen schön zugeschnittenen sehen, gute Zwilchkleider thun im Sommer treffliche Dienste, für diese sind auch gutbeschlagene Schuhe und starke Stiefel sehr nützlich. Was mehr als den Preis das Mitnehmen guter Schuhe und Stiefel erfordert, ist die Güte des Leders; das hiesige ist schlecht gearbeitet und wahrscheinlich zu schnell gegerbt. Schuhnägel findet man keine taugliche. Betten sind nöthig, mitzunehmen, besonders der Meerreise wegen. Gute kleine Matratzen, einfache jedoch gut gefüllte Flaumendecken und Kopfkissen mit Wollendecke. — Handelsunternehmungen müssen sich Auswanderer aus dem Kopfe schlagen, so etwas erfordert genauere Kenntniß des Landes. Die Kisten für obige Gegenstände sollten leicht, jedoch gut mit Eisen beschlagen sein, besser flache Deckel als gewölbte, sie dürfen nie größer sein, als daß solche, voll gepackt, von zwei Männern getragen werden können. — Verschiedene Gartensämereien, Blumen (z. B. Nelken) ganz gewöhnliche mögen hier vielleicht am meisten bewundert werden. Pflanzer sollten etwas Same von den großen Rüben mitbringen, diese würden wahrscheinlich den Schweinen gut behagen, und Mais ersparen. Einige Kirschen- und Zwetschgensteine, so wie auch von verschiedenen Birnenarten Kernchen, auch könnte versucht werden, wie der Same des Weinstocks ausfallen würde, die von uns mitgenommenen Setzlinge und Stöcke waren der Erde zu lang entzogen auch mangelte es an Vorsicht von unserer Seite. Für Alleen dürften sich hier Tannenzweige prächtig ausnehmen, einiger Saamen sollte versucht werden. Sehr wichtig müßte Samen von allen Oelpflanzen besonders Rüps, Mohr rc. sein. Nicht zu vergessen wäre denn, ein oder mehrere Haartücher für Oelpressen, nebst einigen Plänen. Alle Sämereien müssen in wohlverstopfte Bouteillen gebracht oder auf andere Weise wohl von äusserm Luftzutritte geschützt werden, auf solche Weise kann auf dem Meere der Pflanzenkeim nie gefährdet werden. — Gewöhnliches Handwerks-, Acker- und Pferdegeschirr, Sättel rc. findet man in St. Louis ziemlich billig; Eisenwaaren wird man manches antreffen, was in wohlfeilerm Preise hier angekauft werden kann, als in der Schweiz. Den Unterschied der Preise dieser Gegenstände in den Seestädten und in den Magazinen in St. Louis ist gegenwärtig nicht so bedeutend daß es den Risquo bezahlen würde, dem man unbekannt bei dortigen großen Einkäufen immer ausgesetzt ist, entweder schlechte Waaren zu bekommen, oder für solche ungewöhnlich hohe Preise zu bezahlen, oder aber, und was am meisten in Anschlag zu bringen ist, sein hier überall hohe Zinsen tragendes Geld in unnöthige Waaren zu stecken. Wenn einer hier angekommen, mag er sich in St. Louis für die erste Nothdurft Geräthe ankaufen, aber erst dann wenn er einst mit den Arbeiten bekannter ist, sollte er sich sein vollständiges Arbeitsgeschirr anschaffen. Eine gute feinere und gröbere Hanfhechel, die vielleicht schon etwas gebraucht sein sollte, dürfte hievon eine Ausnahme machen. Für die Gelder können wir keinen vortheilhaftern Weg angeben, als Wechsel von s i c h e r n Handelshäusern in hiesige Seestädte. Daß Vorsicht bei solchen Geschäften immer sehr nöthig sei, darf wohl gar nicht angeführt werden. Empfehlen müssen wir jedem Schweizer die Herrn Gebrüder Iselin in Basel, wo wahrscheinlich immer Wechsel auf New-York an ihren H. Bruder zu haben sind.

Die Versilberung dieser Noten kann durch die schöne Einrichtung der vereinigten Staatenbank überall und ohne viel Mühe geschehen. Natürlich müssen die Wechsel zuerst nach New-York zur Anerkennung geschickt werden, was mit der Antwort von St. Louis nur 4 Wochen Zeit erfordert. Der Vorzug dieser Art, seine Gelder zu beziehen, wird noch dadurch erhöht, daß derjenige, der sein Vermögen in dem ersten Jahre nicht alles anzulegen gedenkt (was immer ein guter Plan ist) dem wird gewöhnlich von obigem Haus gestattet, sein anfangs überflüssiges Geld an guten Prozenten bei ihm liegen zu lassen, wo er zu beliebiger Zeit solches beziehen kann. Von den biedern wohlmeinenden Gesinnungen der Herren Iselin sowohl in Basel als Neu-York haben wir die sichersten Proben erhalten. Bei jeder Gelegenheit mußten wir sehen, daß diese Herren nicht ihr Interesse im Auge behielten, sondern nur suchten, ihren Landsleuten mit so wenig als möglichem Verluste zu helfen. — Derjenige Theil der Baarschaft, der zu Reisekosten rc. bestimmt ist, welche Summe nie sollte zu gering angeschlagen werden, oder wenn jemand baares Geld Wechseln vorziehen würde, so muß dieses in spanisches oder französisches umgetauscht werden. Die französischen 5 Livrethaler stehen hier im Innern der vereinigten Staaten für 93¾ Cent oder ungefähr 33 Bz. 7 Rp.; die alten französischen wie alles Schweizer- oder deutsches Geld kennt man nicht. Unserer Ansicht gemäß müßte die Einschiffung in Havre vor sich gehen; wohin die Personen am schleunigsten und billigsten mit der Post reisen. Für Leute, die recht sparen wollen, ist zu empfehlen, sich in der Post mit wenigen Lebensmitteln zu versehen, indem das Speisen in den Posthäusern hoch kömmt, und sodann nur die leeren Bouteillen mit etwas saurem Nektar füllen zu lassen. Ist die Einrichtung mit den Dampfschiffen von Paris bis Havre nicht besser als zur Zeit da wir durchreisten, so ist jedem davon abzurathen. Mit dem Uebergewicht an Gepäcke (was nicht durch die Post gehen kann) müßte sich einige Wochen vor der Abreise jemand mit demselben nach St. Louis (unter Basel) verfügen, vielleicht wäre Mühlhausen vorzuziehen, wo sich .n beiden Plätzen immer Gelegenheit darbiethet, solches Gepäcke sehr billig und mit guter Versicherung nach Havre zu schicken. Es kommen nämlich dort immer Wägen mit Baumwolle und andern Transitwaaren an, die ihren Weg meistens ohne Ladung zurück antreten müssen. Sehr vortheilhaft wäre aber bevor mit dem Schweizerischen Handelshause Wanner, Langer u. Cp. in Havre in Briefwechsel zu treten. Diese eifrigen Männer, die wenn etwas das Wohl ihrer Landsleute betrifft, keine Mühe und Uebelzeit scheuen, würden ohne Zweifel am sichersten angeben können: 1. wie gegenwärtig am wohlfeilsten und besten Gepäcke durch Frankreich zu liefern seien. 2. Wie es sich gegenwärtig mit Schiffen nach New-Orleans verhalte rc.

Der Unterschied der Reise über New-York oder New-Orleans hieher ist so bedeutend, daß hierin niemand lange zu schwanken braucht. Die Mühseligkeiten und Kosten die mit erstern verbunden sind, kann genugsam aus unserm kurzen Reiseberichte entnommen werden. Tritt man die Reise über New-Orleans nicht gerade so an, daß man in der wärmsten Zeit dort eintrifft, so ist es durchaus nichts gefährlicheres, als in den östlichern Häfen zu landen. Die Seereise ist wie alle Meerfahrten sehr verschieden, von 40 bis 70 Tage. — In Havre sollte man sich mit vielem Butter (der dort trefflich ist), Mehl, Eiern, Zucker, Kaffee und besonders vielen Erdäpfeln versehen. Dauert der Aufenthalt dort lang, so könnten mit Vortheil Nudeln rc. auf das Schiff vorbereitet werden. — Anstatt Zwiback (der hart zu beissen ist) wovon wir kein Scheibchen gegessen aber viel zu unserm Schaden mitgeschleppt hatten, sollte man eine Art von doppelt gebackenem Brode, das treffliche Dienste leistet, sich gut erhält und in Havre genug zu finden ist, ankaufen: ist nicht genug vorräthig, muß es besonders bestellt werden. Mit Wein versehe man sich gut, wenn auch etwas übrig bleibt, so kann er sehr leicht den Mississippi hinauf gebracht werden. Die weissen Weine wie man solche dort findet, halten sich auf dem Meere nicht, die rothen hingegen sehr gut. Essig ist gesetzlich wie viel mitgenommen werden muß. Wenn man vielleicht Rham in Havre mit Zucker etwas einsieden, nachher Bouteillen wohl damit füllen und vermachen würde, könnte dieser wahrscheinlich so für die Reise aufbehalten werden. Fleisch wie man es auf die Seereisen mitnimmt, nemlich fürchterlich gesalzen, hat wenig Werth; jenes welches wir mitgenommen, hatten wir in die See geschmießen; denn um das Salz herauszuwaschen, mangelt süsses Wasser. — Vorsichtswegen soll man sich ja mit Lebensmitteln aller Art gut versehen, oft ist die Reise kurz, sie kann sich aber auch verlängern wie Niemand es erwarten könnte. — Was den Akkord mit dem Schiffskapitän betrifft, denn wo möglich sollte man sich nicht mit Schiffsmäcklern einlassen, hängt es zu viel von der Zeit und Umständen ab, als daß hier der Weg könnte angezeigt werden; besonders hat man zu sehen, daß gutes und genug Wasser an Bord genommen wird, und den Leuten eine hinlängliche Menge zugesichert ist. Warnen möchte ich jedermann, vor einem gewissen Barbe der in Havre mit den unkundigen Auswanderern schlimm verfährt. Dagegen wären freundschaftliche thätige Männer, wie Wanner, Langer und Comp. zu empfehlen, welche manchem unerfahrnen und hülfsbedürftigen Schweizer mit Rath an die Hand gehen! — Der Meereise wegen ist hier wenig zu bemerken. Die Seekrankheit wird herbeigeführt durch das beständige Schwanken des Schiffes, dieses ist mit nichts besser zu vergleichen als mit der Bewegung in einer Schaukel. Wenn diese Schaukel z. B. ziemlich hoch angebracht ist, so fühlt derjenige der sich darin belustigt, gerade das unangenehme Gefühl in der Gegend des Magens, wie der Seefahrer bei unruhiger See in seinem Schiffe, wenn dasselbe hoch auf einer Woge sitzend, schnell in die Tiefe sinkt. Dieses abwechselnde Fallen und Steigen des Schiffes ist anhaltend, mehr oder weniger, ausgenommen bei eigentlicher Windstille. Ist das Meer bei der Ausfahrt sehr unruhig folgt das allgemeine Erbrechen in wenig Stunden; bei heftigem Sturme wird diese schaukelnde Bewegung oft so heftig, daß die meisten Reisenden von neuem ein Erbrechen überfällt. Wie näher natürlich dem mittleren Maste, wie geringer ist die Bewegung. Wohlthun wird jedem sich immer zu bekämpfen, seinen Anfangs genommenen Aufenthalt auf dem Verdecke beizubehalten, oder im heftigsten Anfalle nur kurze Zeit niederzuliegen. Wir hatten das Beispiel, daß Leute die die ersten Tage über der Seekrankheit wegen, ihr Bett hüteten, auch nachher die ganze Reise über sich nicht kräftig genug fühlten, dasselbe zu verlassen; von unsrer Familie waren einige von der Seekrankheit ganz verschont geblieben: aber mit allen ist sie gelind verfahren. Das Medizinirен besonders vor der Abfahrt halten wir für überflüssig. Das Erbrechen wird durch das Brauspulver (Sal. essent. tart. mit Magnesia) am besten erleichtert. — Hüten muß man sich den oft zudringlichen Matrosen, nicht zu viel geistige Getränke zu reichen, wodurch leicht Unordnung entstehen kann. — Auch sollte man sich für die Seereise die schlechtesten Kleider hervorsuchen, unsere eingepackten Kleider fanden wir alle gänzlich unbeschädigt. — Im schriftlichen Schiffsakkorde sollte bemerkt werden, daß der Kapitän das Spitalgeld zu bezahlen habe, was wie ich glaube 1 Dollar auf die Person beträgt. Die Gesetze sollen lauten wenn ein Arzt am Bord sei, daß dieses nicht bezahlt werde müsse?

In New-Orleans angelangt, mag man sich dort an Theodor Nicolet, schweizerischer Handelskonsul, der ein sehr artiger Mann sein soll, wenden. Von hier aus gehen, den Winter ausgenommen, wöchentlich mehrere Dampfschiffe nach St. Louis ab. Der Preis in der Kajütte soll ungefähr 10 Dollars, auf dem Verdecke 4—5 Doll. sein. Wer nur 4 Doll. bezahlt, hat bei verschiedenen Landungen Brennholz auf das Schiff zu tragen, was nicht immer angenehm ist. Die Reise dauert gewöhnlich 6 — 10 Tage. In New-Orleans wird sehr viel französisch gesprochen, weniger in St. Louis, doch befinden sich noch viele Franzosen da. Hier angelangt, muß zum englischen Dictionnaire gegriffen werden. Die englische Sprache ist für den Deutschen nicht sehr schwierig zu erlernen, besonders wenn er des Lateinischen oder Französischen mächtig ist. Aus Büchern oder von den Sprachmeistern kann höchstens im Schreiben etwas gewonnen werden. Keine Sprache erfordert für eine richtige Aussprache der Uebung im Sprechen so sehr wie die englische. Ein guter Lexikon und Grammatik sollte jedoch immer mitgenommen werden.

Viel ist in Deutschland in den letzten Jahren gearbeitet worden, an einem Plane für eine gemeinschaftliche Ansiedelung in den vereinigten Staaten. Bald hörten wir von einer würtembergischen bald von einer schweizerischen sprechen; von ersterer sahen wir sogar die Grund-Idee wo mit schönen Worten die Vortheile geschildert waren, wenn deutsche Auswanderer in Vereinen die Reise unternehmen und hier das ganze Unternehmen gesellschaftlich betreiben würden 2c. Die guten Leute berechneten nicht, was es brauche, eine Gesellschaft, hier angekommen, zusammen zu halten. Einer wird hier sein Glück zu machen gedenken, ein anderer dort und jeder glaubt, es sei zu viel von ihm gefordert, sein Wohl dem allgemeinen aufopfern zu müssen. — Die meisten Versuche dieser Art sind gescheitert; viele vermögliche Leute sind schon durch ihre schlimm angebrachte Gutherzigkeit um Hab und Gut gekommen. — Zur Warnung mag hier eines Hannoveraners trauriges Geschick stehen. Dieser gutgesinnte Mann bezahlte für eine Menge armer Leute aus seiner Gegend die Reisekosten, überdies versah er sich mit allem möglichen was zur Begründung einer tüchtigen Kolonie zu jener Zeit für nöthig erachtet wurde. Seine Reise gieng glücklich im Jahr 1819 von statten (mit einem gemietheten

Schiffe), hier, nachdem er sich einen, zwar nicht zweckmäßigen Platz ausgewählt, seine Felder umzäunt, kultivirt, Wohngebäude aufgestellt hatte ꝛc., wollte er nach eingegangenen Verpflichtungen jedem Mitgliede seine Hofstelle anweisen, damit die Pflanzungen angefangen werden möchten; nun wollte keiner arbeiten, einer suchte hier der andere dort besseres Unterkommen und der ganze fürchterliche Verlurst lag dem guten Ernst anheim gestellt. Dieser Mann der mit einem Vermögen von etwa 100,000 Fr. Europa verließ, war hier in den ersten Jahren genöthigt seine Zahlungen einzustellen; er, dieses Schlages nicht kräftig genug, unterlag und starb aus Gram, seine Familie in Nothdurft zurücklassend. —

Von allen Versuchen dieser Art hat vielleicht jener von Pf. Rapp allein eine Ausnahme von obiger Regel verdient. Doch wo folgt die Gesellschaft, in welcher alle Mitglieder durch die phantastischen Predigten eines Rapp zusammengehalten würden. Nur sektische religiöse Grundsätze knüpfte bisher diese Leute zusammen; jetzt hat sie sich in zwei Theile getrennt, so daß die baldige Auflösung nicht ferne sein kann. Wie nützlich und angenehm eine bedeutende Ansiedelung deutscher Auswanderer in einer Gegend nahe beisammen sein müßte, bedarf nicht angeführt zu werden; dieses müßte aber nicht zu gemeinschaftlich unternommen werden, oder der schlimme Ausgang wäre zum Voraus zu ersehen. Höchstens dürfte z. B. der Transport der Gepäcke durch Frankreich, das Miethen eines Schiffes ꝛc. gesellschaftlich betrieben werden. — Schriftliche Verpflichtungen außer den Grenzen der vereinigten Staaten geschrieben, sind hier ungültig. — Wohl zu hüten hat man sich also, nicht mit Arbeitern aus Europa mitgenommen, die Vortheile des reichen Landes höher bringen zu wollen; solche Leute, wenn sie hier angekommen, ergreift sie ein Freiheits- und Gleichheits-Schwindel, daß es sehr anhängliche, erprobte Dienstbothen bedarf, wenn sie nicht von ihrem Herrn weglaufen sollen. — (Bei Eröffnung der Ländereien unseres Staates kaufte ein gewisser Spekulant Schmid aus Boston 1500 Acker Land, wovon ungefähr die Hälfte guter Wald sein soll. Es liegt ungefähr 3 Stunden Nord-West vor uns und hat dem ersten Ueberblick nach uns vortheilhaft aber nicht sehr angenehm gelegen geschienen. Das Ganze wäre dieser Mann entschlossen für den Staatspreis fahren zu lassen, vorausgesetzt, wenn alles zusammen gekauft würde. Für einige Familien wäre vielleicht nach besserer Untersuchung dieser Platz sehr zweckmäßig, zwar liegt alles noch roh und unberührt, könnten aber leicht 8 bis 12 Pflanzungen daraus geschaffen werden. Empfehlungswerth macht ihn der gute noch ganz unbenutzte Wald.)

Wir sind gezwungen abzubrechen, unser erste Plan war, in wenigen Worten mehr zu sagen und doch glauben wir so viel möglich unnützes Wortspiel ausgewichen zu haben. Das Angeführte ist die gegenwärtige Meinung jedes Mitgliedes unserer Familie.

Geschrieben im März 1833.

Kaspar Köpfli, Arzt.

Ich finde mich verpflichtet hier noch einen Auszug aus einem Briefe, den ich den 28. Juni erhielt, und den mein Bruder Salomon den 13. Mai 1833 schrieb, dem Publikum mitzutheilen. Obschon manche meiner Bemühungen, manche schöne Hoffnung, die ich gehegt, niedergestürzt, so kann ich dennoch unmöglich diese Warnungen, die mir mein lieber Bruder wohlmeinend und gewiß wohlgegründet mittheilte, der Oeffentlichkeit vorenthalten, denn von Tag zu Tag werde ich mehr überzeugt von der Wahrheit dessen, was er mir schreibt.

Der Herausgeber.

Lieber Bruder!

Deine letzten Briefe, die mit größter Begeisterung gemeinschaftlichen Auswanderungen und Ansiedelungen das Wort führten, die nichts als von dem Zentralpunkte der schweizerischen Auswanderungen, dem Stern der Ausgewanderten, dem neuen Schweizerlande.... sprachen, konnten wir hier nicht anders als mit Kopfschütteln durchgehen.

Doch wir hatten die gleichen Begriffe, die gleichen unrichtigen Ideen, bevor wir die alte Schweiz verließen, wir träumten auch von großen gemeinschaftlichen Auswanderungen der Bessern aus der Schweiz hieher, wir bauten Städte, legten gemeinschaftliche Schul- und Kirchengebäude an, sogar Gütergemeinschaft wäre uns in einem solchen Staate erwünscht gewesen; aber fragen wir uns, was ist hieraus geworden? Nur zu sehr, nur immer deutlicher fangen wir an einzusehen, daß die Ausführung einer solch gemeinschaftlichen Ansiedelung, etwas an das unmöglich grenzende sei; nur die Erfahrung und die Ankunft hier vermag solches genüglich einsehen zu lassen. Solche Gesellschaften sind gewöhnlich schon gänzlich entzweit und ihr erst angenommener Hauptgrundsatz ist von den meisten Mitgliedern längst verworfen, bevor sie in einem hiesigen Meerhafen landen. Noch einmal muß ich den Satz wiederholen, den ich früher schon einmal angeführt: „Je gemeinschaftlicher ein solches Unternehmen betrieben wird, desto schneller wird ihm hiedurch der Todesschlag versetzt." Menschenfreundlich ist es gedacht, unwissende Leute auf ihrer Reise vor Prellereien zu bewahren, ihnen durch gehörig gesicherten Briefwechsel die beste Zeit zur Abreise, schickliche Schiffsgelegenheit auszumitteln, ihnen den Weg anzuzeigen, wie die Reise durch Frankreich am vortheilhaftesten zu machen wäre rc.; sie aber in gänzlicher Gemeinschaft reisen zu lassen, heißt ihnen den Teufel auf die Reise aufgebürdet; Zank, Streit und große Uneinigkeit folgen gewöhnlich in wenigen Tagen, und derjenige, der die Geschäfte zu führen erwählt ist, führt immer die schlechteste und traurigste Rolle; Mühe und Auslagen säet er aus, stinkenden Undank ärndtet er ein. Hier glaubt einer Betrug zu wittern, dort einer in seinem Antheil zu kurz gekommen zu sein, und das Ende ist dann bald eine völlige Auflösung, die in eine solche Feindschaft übergeht, daß, hier angekommen, die meisten nur sehen, sich recht weit von ihrem bundesbrüchigen, interessirten, diebischen Reisegefährten ansiedeln zu können. Der Leiter wird meist bei jeglicher Gelegenheit so verschwärzt und herabgewürdiget, was ihn oft auf lange Zeit in schlimmen Ruf versetzt. — Obiges Bild ist nicht aus der Luft gegriffen, wir sahen es leider öfters ausgeführt.

Wer auswandern will, der wandere wohl in Gesellschaft aus, aber ohne Verbindlichkeit mit andern wegen Ausgaben für Lebensmittel ꝛc.; wohl mag der Weisere den andern leiten; aber sein Vormund sei er nie, sonst wird Undank sein Loos und die größte Ehrlichkeit wird den Verdacht des Eigennutzes nie verscheuchen. Daß die Auswanderer keine zu phantastische Bilder mitbrächten, wäre zu wünschen; weil sie alsdann die Mühseligkeiten der ersten Jahre ihrer Ansiedelung leichter ertragen, und sich viele Unannehmlichkeiten sparen würden, wenn sie etwas vernünftigere angemessenere Begriffe mitbrächten, als die gewöhnlichen Einwanderer.

Um diese zu erhalten, ist vor allem nothwendig, die etwas zu bunten Vorstellungen von hiesigem Lande, die man durch Duden gewöhnlich, ohne seine Schuld erhielt, zu verscheuchen. Willst du dies, so nimm, was wir dir bisher berichteten, als treu und wahr an, wie es auch wirklich ist, aber setze nicht durch die gespannte Phantasie das gemeldete Gute und Schöne alles in weit höhern Vortheil, als es wirklich dargestellt ist, und übergehe, was als hart und mühsam bezeichnet ist, nicht leichtsinnigerweise. Die mahlerischen Landschaften, woran die Schweiz so reich ist, wirst du vergebens auf deiner ganzen Reise (nämlich über Neu-Orleans) suchen. Neu-Orleans ist sehr ungesund gelegen, mit Sümpfen umgeben, ja das Beet des Missisippi-Stroms liegt wirklich höher als die Stadt. Daher findet sich dort auch Niemand, als Spekulanten, meistens Franzosen, die dort einige Jahre durch gute Handelsgeschäfte Geld zusammenraffen, um es im Mutterlande wieder aufzehren zu können. Hier wird die Ruhe des Auswanderers, beim ersten Anblick von Amerika, hart geprüft. Den Missisippi hinauf, so weit das Auge desjenigen reicht, der auf einem Dampfschiffe selben befährt, erblickt er nichts als Wald, hie und da einige Magazine und Häuser zusammengeworfen, was dann gleich den Namen irgend einer weltberühmten Stadt erhält. Ansiedelungen finden sich wenige, die Ursachen habe ich allgemein in unserm kleinen Berichte angeführt (siehe Ende von Abschnitt 2). St. Louis ist ein bedeutender Ort, an Größe wenigen oder keiner Schweizer-Stadt nachgebend, immer im Wachsen und Vervollkommnen. Sommerszeit liegen oft 12 bis 18 Dampfschiffe dort am Ufer. Ueberhaupt scheint die Dampfmaschine nirgends häufiger angewendet zu werden, als in den vereinigten Staaten. Unsere Gegend, die mit keiner glänzenden Schweizergegend in Vergleich zu stellen ist, übertrifft jedoch nach unserer Ansicht, alle von uns im Westen hier gesehene. Die Natur hat das ihrige zu einer Niederlassung gethan, wo das Angenehme mit dem Nützlichen verbunden ist; zur eigentlichen Belebung derselben soll die Hand des Menschen nachhelfen.

Wohl zu bemerken, daß wir bei 8 Stunden vom Missisippi entfernt sind, da du früher geglaubt haben mußt, wir wohnten in dessen gänzlicher Nähe. — Du frägst in deinem letzten Schreiben, ob wirklich der Illinois dem Missuri vorzuziehen sei? Hier muß ich dich auf unsere letzte Nachricht verweisen, und sage hier nur, daß wir jedem Schweizer als Landsleute den Illinois anrathen müssen. Der Illinois hat der Vortheile so viele, daß er sicher den meisten verbrüderten Staaten, den Vorrang abgewinnen wird. Allgemein ist der Besitz von Ländereien sowohl an Güte des Bodens als auch in jeder andern Rücksicht in diesem Staate der erwünschteste; nur im Interesse von St. Louis liegt es, diesen Staat herabzuwürdigen. St. Louis liegt im Missuri, und ist von unserm Staate durch den dort ½ Stunde breiten Missisipi geschieden. Der Illinois liefert beinahe alle Lebensmittel für diese Stadt; übrigens soll Niemand glauben, daß die Pflanzer in unserm Staate immer gezwungen sein werden, ihre Produkte in St. Louis abzusetzen. Man arbeitet nämlich stark daran, ein Städtchen in unserm Staate, Alton genannt, oberhalb St. Louis, nahe der Mündung des Missuri und Missisippi, gelegen, in Aufschwung zu bringen. Zur Winterszeit kann sich der Fall ereignen, daß das Dampfschiff, das immerwährend die Verbindung zwischen unserer Seite und St. Louis unterhält, nicht fahren kann, (Grundeis), was dann schnell in St. Louis eine bedeutende Theurung verursacht, weil der Missuristaat noch wenig zu liefern hat. Nun arbeitet St. Louis, alle Einwanderer den Missuri hinauf zu schicken, aus dieser Ursache wird nun der ganze Illinois in schlimmes Licht gesetzt, als ungesund und sumpfig verschrieen, und zur Bestätigung ihnen, unserer Seite gegenüber, das niedere, tiefe Mississippi-Bottam gewiesen. Leichtgläubige, unkundige Leute kann solches Geschwätz bald von gehörigen Untersuchungen abhalten. Weit entfernt ist es von uns, Leute aus Interesse in unsere Gegend zu rufen.

Was ich dir hier zur Warnung mittheile; ist wahr und wohlgemeint, aber auch eben so wahr ist, daß wir jetzt glücklich leben; die Jahre der größten Mühseligkeiten sind vorbei, unsere Hoffnung ist erfüllt, wir sehen einer freien frohen Zukunft entgegen; kurz wir werden immer einheimischer; die Anfangs harte Sprache fängt an uns geläufiger und angenehm zu werden. Arbeit ist für jeden immer in Fülle vorhanden, was stets etwas Abwechslung bringt und uns vor langer Weile bewahrt. Hie und da kaufen wir uns noch ein neues Stück Land an, dessen beste Benutzung und Einrichtung wieder unsere Sorgfalt und Thätigkeit in Anspruch nimmt. Wir treiben Landwirthschaft schon ziemlich im Großen; 100 Kühe zählt unsere Heerde, 40 Zugochsen und viele Pferde stehen zu unserm Gebrauche bereit. Vor einigen Wochen versuchten wir das Käsen; nach vielen Mißgeburten brachten wir endlich einen heraus den man Schweizerkäs nennen darf.

Daß wir in den Abendstunden gewöhnlich den Zustand der Schweiz besprechen, magst du dir auch wohl denken, und jeder giebt seine Meinung, was dort zu hoffen oder zu fürchten sei ꝛc. Das vorzüglichste ist, daß wir alle gesund sind; die amerikanische Luft scheint allen recht gut anzuschlagen. Jedermann lebt hier in der sichern Hoffnung, eine vortreffliche Ernte zu haben; das Wetter war bisher sehr günstig.

Vater Suppiger und seine Reisegefährten sind letzter Tage hier glücklich angekommen.

Lebe wohl; Grüße an Alle, die Freunde der Freiheit und des Rechts sind, und die auch von uns getrennt noch unsere Freunde sind.

Neuschwyzerland, im Illinois, 13. Mai 1833.

Im Namen der Deinigen

Dein Bruder Salomon.

Inhalt.

ACHEVÉ D'IMPRIMER
SUR LES PRESSES OFFSET DE L'IMPRIMERIE REDA S.A.
A CHÊNE-BOURG (GENÈVE), SUISSE

MAI 1973